U0079498

# 救荒本草校注

【明】朱橚◎著

倪根金◎校注　張翠君◎參注

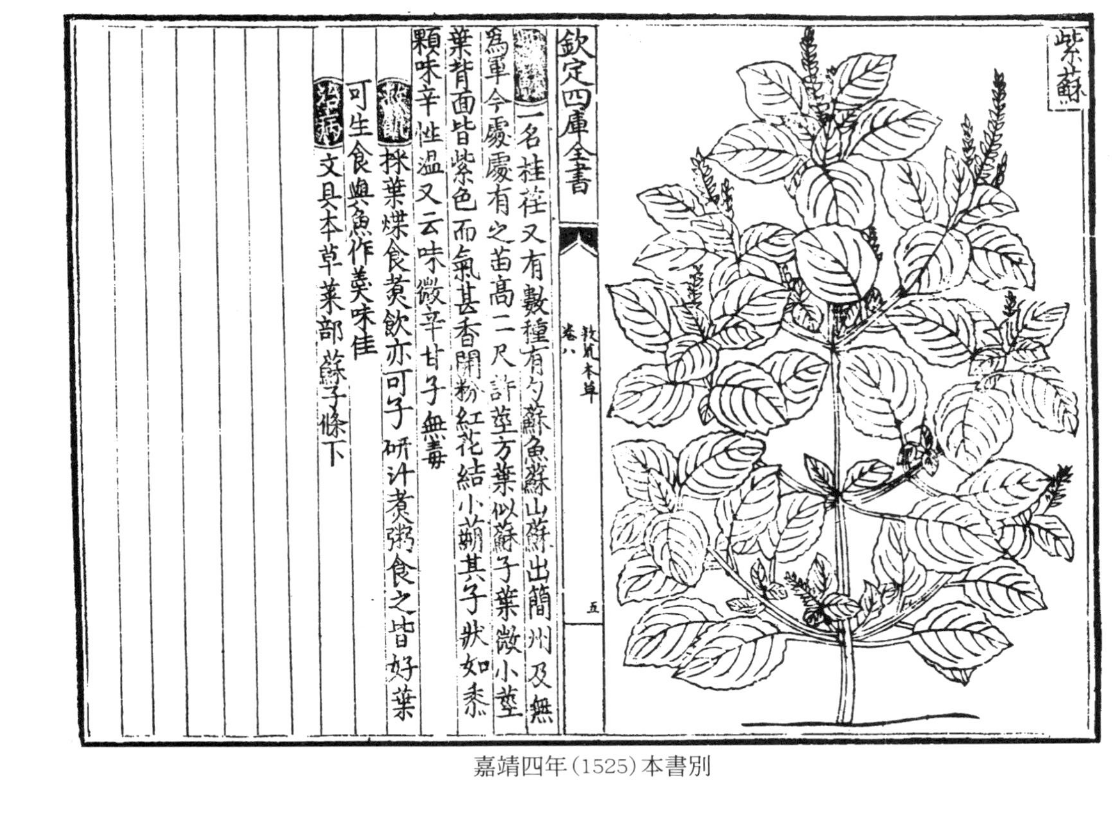
紫蘇



一名桂荏又有數種有勺蘇魚蘇山蘇出簡州及無為軍今處處有之苗高二尺許莖方葉似蘇子葉微小莖葉背面皆紫色而氣甚香開粉紅花結小蒴其子狀如黍顆味辛性溫又云味微辛甘子無毒

救饑 採葉煠食煑飲亦可子研汁煑粥食之皆好葉可生食與魚作羮味佳

治病 文具本草菜部蘇子條下

嘉靖四年(1525)本書別

楮桃樹

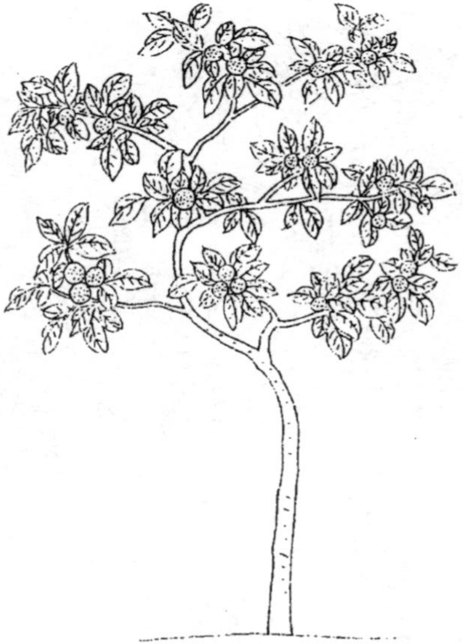

楮桃樹 本草名楮實一名穀音構實生少室山今所在有之樹有二種一種皮有斑花紋謂之斑穀人多用皮為冠一種皮無花紋枝葉大相類其葉似葡萄葉作瓣叉上多毛澁而有子者為佳其桃如彈大青綠色後漸變深紅色乃成熟浸洗去穰取中子入藥一云皮斑者是楮皮白者是穀皮可作紙實味甘性寒葉味甘性涼俱無毒

救飢 採葉并楮桃帶花煠爛水浸過握乾作餅焙熟

# 【校注説明】

《救荒本草》是我國乃至世界上最早描述、研究野生食用植物的著作。撰者為明代皇帝朱元璋的第五子周王朱橚（1361—1425）。初刻於永樂四年（1406）。全書分上、下兩卷，記載了在災荒時可利用的野生植物414種，其中出自歷代本草著作中的有138種，新增加的有276種。《救荒本草》做為一部開拓之作，已從傳統本草學中分化出來，成為一種記載食用野生植物的專書；同時也是我國本草學從藥物學向應用植物學發展的一個重要標誌。其在我國植物學發展史上具有重要學術價值，而且在濟世救民方面亦存在重大現實意義，甚至在今日植物資源開發方面仍發揮有一定作用，故該書問世後，受到世界植物學家和科學史家的高度讚賞。

《救荒本草》做為在中國古代植物學著作中具有里程碑意義的一部古籍，由於其通俗性、實用性和科學性，明代以來被多次刊刻或縮寫，並先後傳入日、英等國家，為他們翻刻或翻譯，廣為流傳。然而，由於多次翻印，特別是刊刻者刪剝，對此，著名醫家李時珍在《本草綱目》卷一中曾感慨："近人翻刻，削其大半，雖見其淺，亦書之一厄運也。"加上撰者成稿時的簏心，難免出現脱漏訛衍，影響閲讀和利用。二十世紀，我國一直没有學者對其進行必要的校勘、標點和注釋，只是在近年才有所改變，這不能不説是非常遺憾的。這與這本書的地位極不相符，也不利於此書的流傳和利用。因此，開展《救荒本草》學術性整理，是一項彌補這一歷史遺憾的工作。

《救荒本草》在流傳過程中形成多個版本，其中第一次刊刻是在明永樂四年（1406）的開封刻本，二卷，可惜没有刻本存世。嘉靖四年（1525），山西都御史畢昭和按察使蔡天祐在太原翻刻，這是《救荒本草》第二次刊印，也是現今所見最早的刻本，亦可能是現存諸本的祖本。稍後有嘉靖三十四年（1555）晉人陸東序刊本，四卷，這個刊本是嘉靖四年的翻刻本。其序誤以為書是朱橚之子周憲王編撰，這個錯誤觀點後來為李時珍《本草綱目》和徐光啟《農政全書》沿襲。以後還有嘉靖四十一年（1562）四川胡乘刊本，此本删去四川不產者200餘種，只留易見植物112種；嘉靖四十三年（1564）《古今醫統大全》本，《救荒本草》收録於第九十三卷中；萬曆十四年（1586）李汶序刊本，收植物411種；萬曆二十一年（1593）胡文煥刊本，名《重刻救荒本草》，二卷，收入格致叢書内，載植物112種。明末徐光啟《農政全書》亦把《救荒本草》全部收入，全書分割成十四卷，植物排列也略有調整。清代，最有名的是乾隆時收入《四庫全書》的《救荒本草》本，其底本為陸東刊本，但其卷數為館臣進一步拆分為八卷。咸豐元年（1851）又有據和刻本重刻的來鹿堂刻本。民國十八年有上海商務印書館的萬有文庫本。1959 年有中華書局影印本，1980 年農業出版社再次予以影印刊行。在日本，據日本學者岡西為人《本草概説》推斷，《救荒本草》大約在日本江戶前期（1603—1709），也即中國的明末清初傳入日本。日本亨保元年（1716），日本著名本草學家松岡恕（玄達成章，1668—1746），從《農政全書》中析出《救荒本草》，專門對之進行訓點和日名考訂，並以書名《周憲王救荒本草》交由京都柳枝軒、華文軒等合刻，即合刻本。是書收入植物 413 種。寬政十一年（1799），日本另一著名本草學家小野蘭山（職博，1729—1810）用得到的嘉靖四年本《救荒本草》做為藍本對合刻本進行正誤補遺，刊出《校正救荒本草、救荒野譜並同補遺》一書。

本次《救荒本草》整理工作，主要做了三方面的工作：

一是校勘，本書校勘以 1959 年中華書局影印嘉靖四年本為底本，以國家圖書館收藏的嘉靖三十四年本、四庫全書文淵閣本為主校本，以萬曆十四年本、格致叢書（萬曆二十一年）本、《古今醫統大全》本、《農政全書》本、鮑山《野菜博錄》本為參校本。校勘以對校法為主，兼用他校法、本校法和理校法。另書中植物圖仍採用嘉靖四年本圖。

二是標點，主要根據《標點符號使用法》的規定，並參考目前通行的用法，特別是中華書局編輯部草擬的《古籍點校通例》（初稿）有關標點的規定來進行。

三是注釋，主要對書中出現的植物、地名、人名、著作、名物和難解的字詞等進行必要的注釋，盡力做到注釋精而不缺，詳而不蕪。其中對所載植物種名進行考訂是工作的重點和難點。關於這414種植物名實的考釋工作，事實上很早就有人進行，而且始於外國人，這主要緣於《救荒本草》翻譯的需要。如享保元年，日本松岡恕對《救荒本草》的日名考訂；又俄國植物學家E.貝勒（Bretschneider，1833—1901），精心研究《救荒本草》，並在1881年出版的《中國植物志》一書中，對其中176種植物進行學名鑑定。1946年，英國藥學家伊博恩（Bernard E. Read，1887—1949）在上海雷士德醫學研究所進行《救荒本草》英譯，出版《〈救荒本草〉中所列的饑荒食物》（Famine food listed in the Chiu Huang Pen Ts'ao）一書，並給所載植物訂出學名。而在國內，系統進行《救荒本草》所載植物種名考訂工作的當屬以研究河北及秦嶺植物擅長的著名老一輩植物學家王作賓先生，20世紀中葉，他在前人研究基礎上，考訂了《農政全書》中轉錄自《救荒本草》中的植物學名402種。2002年，本科畢業於中山大學植物專業的張翠君女士，師從我攻讀科技史碩士學位，根據我的指導，她重點利用各類植物誌與《救荒本草》圖文對照比較，考訂所載植物種名，最後完成學位論文《〈救荒本草〉植物今釋》。2007年王家葵等所著《救荒本草校釋與研究》，主要依據吳其濬《植物名實圖考》有關植物名實的考證成果，對《救荒本草》所載植物種名進行了考釋。同時還有一些學者對涉及《救荒本草》的某種或某類植物進行過考證或糾繆，此不一一列舉。上述學者的考訂工作為我們正確認識《救荒本草》所載植物種名打下了堅實基礎。然而，由於各種原因，仍有不少植物種名無法確認，有的植物種名亦存在分歧。本書植物種名考釋在前人研究工作的基礎上，著重考察河南當地野生植物名實記載，以求考訂更具有地域性和針對性。

# 凡　例

一、本書以1959年中華書局影印的《救荒本草》嘉靖四年（1525）本為底本（書中簡稱“四年本”）。

二、本書以國家圖書館收藏的嘉靖三十四年（1555）本（簡稱“三十四年本”）、四庫全書文淵閣本（簡稱“四庫本”）為主校本，以萬曆十四年（1586）本（簡稱“十四年本”）、徐春甫《古今醫統大全》本（書成於1556年）、《農政全書》本（簡稱“徐光啟本”）、鮑山《野菜博録》（書成於1622年）本為參校本。

三、底本正文中與目錄上的植物名稱不一致時，則按正確者統一。

四、校勘中盡可能少改字，若有改動或難以確定者，均出校記。

五、書中出現的異體字、古字、俗字、通假字原則上均保留，但有礙閱讀者均做注解。

六、原書中音注均予保留，但由於作者過於隨意，體例極不統一，有的放在所注字後，有的放在植物名後，有的還加上限定詞（如“上音鮓”）。校勘中均將注音一律放在所注文字後，並取消限定詞。

七、書中引文出現明顯錯誤則據原書改正。

八、本書校記序號使用圓括號，注釋序號使用方括號。

九、原書分為上、下二卷，每卷各設目錄；每卷之中又分之前、之後兩部分，現改分為四卷，重新編目，並將原目錄附後。

# 目　錄

# 重刻《救荒本草》序

《淮南子》曰“神農嘗百草之滋味，一日而七十毒”〔一〕，由是《本草》〔二〕興焉。陶隱居〔三〕、徐之才〔四〕、陳藏器〔五〕、日華子〔六〕、唐慎微之徒〔七〕，代有演述，皆為療病也。嗣後〔八〕，孟詵有《食療本草》〔九〕，陳士良有《食性本草》〔一〇〕，皆因飲饌以調橚人，非為救荒也。《救荒本草》二卷，乃永樂間周藩集録而刻之者〔一一〕，今亡其板。濂家食時〔一二〕，訪求善本，自汴攜來〔一三〕。晉臺按察使石岡蔡公〔一四〕，見而嘉之，以告于巡撫都御史蒙齋畢公〔一五〕。公曰：“是有裨荒政者。”乃下令刊布，命濂序之。按《周禮》大司徒以荒政十二聚萬民，五曰舍禁〔一六〕。夫舍禁者，謂舍其虞澤之厲禁，縱民采取以濟饑也。若沿江瀕湖諸郡邑，皆有魚蝦螺蜆菱芡茭藻之饒，饑者猶有賴焉。齊梁秦晉之墟，平原坦野，彌望千里，一遇大侵〔一七〕，而鵠形鳥面〔一八〕之殍，枕藉于道路，吁可悲已！後漢永興二年，詔令郡國種蕪菁以助食〔一九〕，然五方之風氣異宜，而物産之質異狀，名彙既繁，真贋難別，使不圖列而詳説之，鮮有不以虺床當蘼蕪，薺苨亂人參者〔二〇〕，其弊至于殺人，此《救荒本草》之所以作也。是書有圖有説，圖以肖其形，説以著其用。首言産生之壤，同異之名；次言寒熱之性，甘苦之味；終言淘浸烹煑蒸曬調和之法。草木野菜，凡四百一十四種，見舊本草者一百三十八種，新增者二百七十六種云。或遇荒歲，按圖而求之，隨地皆有，無艱得者。苟如法采食，可以活命。是書也，有功於生民大矣。昔李文靖為相，每奏對常以四方水旱為言〔二一〕；范文正為江淮宣撫使，見民以野草煑食，即奏而獻之〔二二〕。畢、蔡二公刊布之盛心，其類是夫！

嘉靖四年歲次乙酉春二月之吉

賜進士出身奉政大夫山西等處提刑按察司僉事

奉敕提督屯政大梁李濂撰

**注釋**

〔一〕語出《淮南子·修務訓》，多有省略，原文為："古者民茹草飲水，采樹木之實，食蠃蛖之肉，時多疾病毒傷之害，於是神農乃始教民播種五穀，相土地宜，燥濕肥磽高下，神農乃始教民，嘗百草之滋味，水泉之甘苦，令民知所避就。當此之時，一日而遇七十毒，由此醫方興焉。"

〔二〕《本草》：疑為現存最早的藥物學專著《神農本草經》的簡稱，或為中國古代對藥物學的泛稱，因為在我國古代，大部分藥物是植物藥，所以"本草"成了它們的代名詞。

〔三〕即陶弘景（456—536）。字通明，自號華陽隱居，丹陽秣陵（今江蘇句容縣）人，著名的醫藥學家。陶氏經歷南朝宋、齊、梁三朝，在宋、齊時做過官，後來隱於江蘇茅山。他與梁武帝蕭衍私交甚厚並時常接受其諮詢政事，有"山中宰相"之稱。他在茅山邊給人治病，邊採藥煉丹，尤其重視修身養性和攝生保健，撰有《名醫别録》、《神農本草經集注》等。

〔四〕徐之才：字士茂，江蘇丹陽人。世代為醫，有名於北齊，遷尚書令，封西陽郡王。撰《藥對》、《徐王八世家傳效驗方》、《徐氏家秘方》、《明冤實録》等，均不傳。《北史》卷九十有傳。

〔五〕陳藏器（681—757）：唐代藥物學家和方劑學家。四明（浙江鄞縣）人。開元年間（713—741），任京兆府三原縣縣尉。認為東漢的《神農本草經》雖經補輯，但遺逸尚多，而為之搜遺補缺，編撰《本草拾遺》十卷。明李明珍評價此書："博極群書，精核物類，訂繩謬誤，搜羅幽隱，自本草以來，一人而已。"原書佚，内容為《證類本草》收錄。陳氏為中醫方劑學"宣、通、補、泄、輕、重、滑、澀、燥、濕"等"十劑"方劑分類法的創始人。

〔六〕日華子：史書無傳，據北宋《嘉祐補注神農本草》編者掌禹錫載：北宋開寶年間（968—975）有一個"日華子大明"的人著有《日華子諸家本草》。其姓氏生平，一説姓大名明，一説姓田，一説為五代十國末時吳越國佚名醫人。其書序聚諸家本草近世所用藥，各以寒温性味華實蟲獸為類，其言功用甚悉，凡二十卷。今佚，幸賴《嘉祐本草》中引證大量資料，尚可知其梗概。

〔七〕唐慎微：字審元，北宋醫藥學家。生於元祐年間（1086—1094），蜀州晉原（今四川崇州）人，後遷居成都。世代為醫。他在《補注神農本草》、《圖經本草》兩書基礎上，廣泛採集醫方常用和民間慣用的驗方和單方，又搜輯經史諸子文獻内所載方藥，並結合自己的豐富經驗，編成《經史證類備急本草》，全書三十二卷，六十萬字，收載藥物1 558種，並首創沿用至今的"方藥對照"的編寫方法。該書總結了宋以前藥物學成就，為李時珍《本草綱目》的藍本。

〔八〕嗣後：該詞運用於文中似不妥，石聲漢教授在《農政全書校注》（1 332頁）指出："序文中'嗣後'兩字，只可以對陶、徐兩人説，對陳藏器已經勉強，對日華子、唐慎微更不適用。"

〔九〕孟詵（621—713）：唐代大臣、醫藥學家。汝州梁（今河南臨汝）人，進士出身，他年輕時喜好方術，曾拜孫思邈為師。歷任台州（今浙江臨海）司馬、春官侍郎、侍讀、同州刺史兼銀青光祿大夫，神龍初（705）致仕，歸伊陽（今河南省西部汝陽）山居，他長於食療和養生術的研究，撰《食療本草》三卷，該書是我國現存最早的飲食療法專著，也是唐代的一部總結性食療本草專著。另著《必效方》三卷（《舊唐書》作十卷）、《補養方》三卷。《新唐書》卷一二一《隱逸》有傳。

〔一〇〕陳士良：五代南唐陪戎副尉、劍州醫學助教，他取神農、陶弘景、蘇恭、孟詵、陳藏器諸家有關飲食者類之，附以食醫諸方及及四時調養臟腑之法，撰《食性本草》十卷。此書《宋史·藝文志六》有著録。

〔一一〕周藩：即明太祖朱元璋的第五個兒子朱橚（1361—1425），因冊封為周王，建藩開封，故名。

〔一二〕濂：即李濂，字川父，祥符（今開封）人。正德八年鄉試第一，次年進士。授沔陽知州，稍遷寧波同知，擢山西僉事。嘉靖五年因"坐忤權貴"而免歸，時年三十八歲。濂少負俊才，以古文名於時。里居四十餘年，著述甚富。有《汴京遺跡志》二十卷、《夏周正辨疑會通》四卷、《醫史》十卷等。《明史》卷二八六《文苑二》有傳。"家食"，此指未做官領俸時。《周易·大畜》卦辭曰："不家食，吉。"宋人朱熹《周易本義》曰："不家食，謂食祿於朝，不食於家也。"

〔一三〕汴：即今開封。

〔一四〕蔡公：即蔡天佑（？—1535），字成之，號石岡，睢縣人。父晟，濟南知府，以廉惠聞。天佑有才智，弘治十八年（1505）進士，授吏科給事中，出為福建僉事。歷山東副使，分巡遼陽，遇歲欠，多方節縮賑濟，活災民萬餘；又辟海圩田萬頃，時人謂之“蔡公田”；累遷山西按察使，嘉靖三年（1524）平定大同五堡兵變有功，民感其德，曾為其立生祠。尋進兵部侍郎，因議增淮鹽引價，被訐，引疾去。嘉靖十四年（1535）五月十三日卒。年五十九。著有《石岡集》。《明史》卷二00有傳。其墓位於睢縣南城牆內側。墓誌現存睢縣圖書館。

〔一五〕畢公：即畢昭，字蒙齋，山東新城人。父亨，成化十一年（1475）進士，歷任吏部主事、工部尚書等。昭為弘治十二年（1499）進士，由部曹出守汝寧（今河南汝南縣）府，興學養民造炮，境內大治，汝民樹碑記其事。遷僉都御史。嘉靖二年（1525）任山西右副都御史，不久升山西巡撫。後以母疾乞歸，終養家居二十餘年。卒，朝議惜之。

〔一六〕舍：音ㄕㄜˋ，同舍。

〔一七〕大侵：即五穀不登。《韓詩外傳》曰：“一穀不升曰歉，二穀不升曰饑，三穀不升曰饉，四穀不升曰荒，五穀不升曰大侵。”

〔一八〕鵠形鳥面：亦作鳥形鵠面，形容災民饑疲瘦削貌。明代歸有光《送宋知縣序》：“歲復薦饑，侯加意撫恤，向之逃亡者，鵠形鳥面，爭出供役。”

〔一九〕事見《後漢書》卷七《孝桓帝紀》，文曰：二年“六月，彭城泗水增長逆流。詔司隸校尉、部刺史曰：‘蝗災為害，水變仍至，五穀不登，人無宿儲。其令所傷郡國種蕪菁以助人食。’”又蕪菁，別名蔓菁，俗名大頭菜。二年生草本植物，塊根肉質，扁球形或長形，可食。

〔二〇〕虵床：即蛇床［*Cnidium monnieri*（Linn.）Cusson］，傘形科一年生草本植物。蘼蕪（*Caulis et Folium* Ligustici Wallichii），傘形科多年生草本植物。薺苨，即杏葉沙參（*Adenophora axilliflora* Borb），又名杏參，桔梗科多年生草本植物。先秦以來，就有不少著作指出虵床與蘼蕪、薺苨與人參外形上的相似性。《淮南子·氾論訓》云："亂人者，若芎藭之與槁本，蛇床之與蘼蕪。"又曹丕《諸物相似亂者》曰："武夫怪石似美玉，蛇床亂蘼蕪，薺（苨）亂人參，杜衡亂細辛，雄黃似石留，黃鯿魚相亂。"

〔二一〕李沆（947—1004）：字太初，洺州肥鄉（今屬河北）人。太宗太平興國五年（980）舉進士甲科，歷任將做監丞、潭州通判、職方員外郎、翰林學士、給事中、參知政事、河南知府、禮部侍郎兼太子賓客。真宗咸平初，自戶部侍郎、參知政事拜同中書門下平章事，監修國史。《宋史》本傳記載，其"日取四方水旱盜賊奏之"。咸平初年改中書侍郎，又累加門下侍郎、尚書右僕射。其秉性亮直，內行修謹，時稱"聖相"。景德元年卒，年五十八。諡文靖。有《河東先生集》。《宋史》卷二八二有傳。

〔二二〕范仲淹（989—1052）：字希文，吳縣（今屬江蘇）人，北宋著名政治家、軍事家、文學家。少年時家貧但好學。大中祥符八年（1015）進士。仁宗時官至參知政事。元昊反，以龍圖閣直學士與夏竦經略陝西，號令嚴明，夏人不敢犯。慶曆三年（1043）對當時的朝政的弊病極為痛心，又提出"十事疏"，主張建立嚴密的仕官制度，注意農桑，整頓武備，推行法制，減輕傜役。為仁宗所採納，史稱"慶曆新政"。後因保守派的反對而不能實現。他勤政愛民，有政聲。史載，明道二年

(1033)，京東和江淮一帶大旱，又鬧蝗災，為了安定民心，范仲淹奏請仁宗馬上派人前去救災，仁宗不予理會，他便質問仁宗："如果宮廷之中半日停食，陛下該當如何?"仁宗驚然慚悟，就讓范仲淹前去賑災。他歸來時，還帶回幾把災民充饑的野草，送給了仁宗和後苑宮膳。皇佑四年（1052）卒，諡文正。有《范文正公集》。《宋史》卷三一四有傳。

## 【《救荒本草》序】

植物之生扵天地間〔一〕，莫不各有所用。苟不見諸載籍，雖老農老圃亦不能盡識。而可亨可芼者，皆躪藉扵牛、羊、鹿、豕而已〔二〕。自神農氏品嚐草木，辨其寒温甘苦之性，做為醫藥，以濟人之夭札〔三〕，後世賴以延生。而本草書中所載多伐病之物，而扵可茹〔四〕以充腹者，則未之及也。

敬惟周王殿下體仁遵義，孳孳為善〔五〕。凡可以濟人利物之事，無不留意。嘗讀《孟子》書，至於“五穀不熟，不如荑稗”〔六〕。因念林林總總之民，不幸罹扵旱澇，五穀不熟，則可以療饑者，恐不止荑稗而已也。苟能知悉而載諸方冊，俾不得已而求食者，不惑甘苦扵荼、薺〔七〕，取昌陽，棄烏喙〔八〕，因得以裨五穀之缺，則豈不為救荒之一助哉〔九〕！扵是購田夫野老，得甲拆勾萌〔一〇〕者四百餘種，植扵一圃，躬自閱視。俟其滋長成熟，迺召畫工繪之為圖。仍疏其花實根幹皮葉之可食者，彙次為書一帙。名曰《救荒本草》，命臣同為之序〔一一〕。臣惟人情，扵飽食暖衣之際，多不以凍餒為虞，一旦遇患難，則莫知所措，惟付之扵無可奈何。故治已治人，鮮不失所。

今殿下處富貴之尊，保有邦域，扵無可虞度之時，乃能念生民萬一或有之患，深得古聖賢安不忘危之旨，不亦善乎？神農品嚐草木，以療斯民之疾。殿下區別草木，欲濟斯民之饑，同一仁心之用也。雖然，今天下方樂雍熙泰和之治〔一二〕，禾麥產瑞，家給人足，不必論及抡荒政。而殿下亦豈忍覩斯民仰食抡草木哉！是編之作，蓋欲辨載嘉植，不沒其用，期與《圖經本草》並傳於後世〔一三〕。庶幾萍實有徵〔一四〕，而凡可以亨芼者，得不躪藉於牛羊鹿豕。苟或見用抡荒歲，其及人之功利，又非藥石所可擬也。尚慮四方所產之多，不能盡錄，補其未備，則有俟抡後日云。

永樂四年歲次丙戌秋八月奉議大夫周府左長史臣卞同拜手謹序。

**注釋**

〔一〕抡：音ㄩˊ，同於。《改併四聲篇海・手部》引《徐文》曰："抡，音於，義同。"

〔二〕可亨可芼：亨，古同烹，即生切後加水煮。芼，朱熹據董逌《廣川詩故》解為"熟而薦之"，意為蒸煮。躪藉，本義有踩踏、踐踏、欺壓、傷害，此處當為屠宰之意。

〔三〕夭札：遭疫病而早死。《左傳・昭公四年》："癘疾不降，民不夭劄。"杜預注："短折為夭，夭死為劄。"札，劄之簡體。

〔四〕茹：吃，食也。

〔五〕孳孳為善：語出《孟子・盡心上》："鳴鳴而起，孳孳為善者，舜之徒也。"孳孳，同孜孜，謂努力不懈貌。

〔六〕“五穀不熟：不如荑稗”，語出《孟子·告子上》：“五穀者，種之美者也；苟為不熟，不如荑稗。”荑、稗為二草名，似禾，實比穀小，亦可食。荑稗，石聲漢先生在《農政全書校注》中（1331頁）釋為“稗子”。

〔七〕不惑甘苦拎荼、薺：出自《詩經·邶風·谷風》曰：“誰謂荼苦，其甘如薺。”《說文解字》徐鉉注曰，荼就是荼。

〔八〕昌陽：菖蒲別名。昌，古通菖。菖蒲今有三種，此為天南星科植物水菖蒲，又名白菖，《神農本草經·草部上品》稱：菖蒲“主治風寒濕痹，咳逆上氣，開心孔，補五臟，通九竅，明耳目，出音聲。”烏喙，中藥附子的別稱，以其塊莖形似得名。有劇毒。

〔九〕勛，同助。

〔一〇〕甲坼：謂草木發芽時種子外皮裂開。《易·解》：“天地解而雷雨作，雷雨作而百果草木皆甲坼。”孔穎達疏：“雷雨既作，百果草木皆孚甲開坼，莫不解散也。”勾萌，謂草木之嫩芽。甲坼勾萌連用，當指正萌發的種子和植物。

〔一一〕臣同即卞同，字孟符，吳（今江蘇蘇州市）人，明初才子。曾任明周王府長吏。《明詩別裁集》選有其詩一首。《倪雲林畫》：“雲開見山高，木落知風勁。亭下不逢人，斜陽淡秋影。”

〔一二〕雍熙泰和：意為和樂升平。

〔一三〕《圖經本草》：宋代著名學者蘇頌（1020—1101）編著。頌字子容，泉州同安人，慶曆二年進士，歷任宿州觀察推官、江寧知縣、南京留守推官、刑部尚書，直至哲宗朝丞相，封魏國公。全書二十一卷，其中本文二十卷，目錄一卷。是書根據當時郡縣所產藥材的實物繪圖和具體說明彙編起來的，書中有文有圖，考證詳明，頗有發揮。但也存在圖與說異兩不相應等問題。此書具有比較大的科學價值和實用價值，為我國古代第二部動植物圖譜。後來雖然失傳了，但它的主要内容仍保存在後人的各種本草著作中。例如李時珍的《本草綱目》裏就引用了《圖經本草》的不少内容。

〔一四〕萍實：一種古代的甘美水果。事見漢代劉向《説苑·辨物》："楚昭王渡江，有物大如斗，直觸王舟，止於舟中。昭王大怪之，使聘問孔子。孔子曰：'此名萍實，令剖而食之，惟霸者能獲之，此吉祥也。'"後人亦指吉祥之物。有徵，即有證據之意。

# 【《救荒本草》總目】

草木野菜等共四百一十四種出《本草》一百三十八種，新增二百七十六種。

草部二百四十五種

木部八十種

米穀部二十種

果部二十三種

菜部四十六種

葉可食二百三十七種

實可食六十一種

葉及實皆可食四十三種

根可食二十八種

根葉可食一十六種

根及實皆可食五種

根笋可食三種

根及花可食二種

花可食五種

花葉可食五種

花葉及實皆可食二種

葉皮及實皆可食二種

莖可食三種

笋可食一種

笋及實皆可食一種

# 【《救荒本草》(上卷)目錄】

## 草部二百四十五種

## 葉可食

### 《本草》原有

澤瀉

## 新增

| | | |
|---|---|---|
| 竹節菜〔四〕 | 金盞兒花 | 白屈菜 |
| 獨掃苗 | 六月菊 | 扯根菜 |
| 歪頭菜 | 費菜 | 草零陵香 |
| 兔兒酸 | 千屈菜 | 水落藜 |
| 鹻蓬〔五〕 | 柳葉菜 | 涼蒿菜 |
| 蕳蒿 | 婆婆指甲菜 | 粘魚鬚 |
| 水萵苣 | 鐵桿蒿 | 節節菜 |
| 金盞菜 | 山甜菜 | 野艾蒿 |
| 水辣菜 | 剪刀股 | 董董菜〔六〕 |
| 紫雲菜 | 水蘇子 | 婆婆納 |
| 鴉葱 | 風花菜 | 野茴香 |
| 匙頭菜 | 鵝兒腸 | 蠍子花菜 |
| 雞冠菜 | 粉條兒菜 | 白蒿 |
| 水蔓菁 | 辣辣菜 | 野同蒿 |
| 野園荽 | 毛連菜 | 野粉團兒 |
| 牛尾菜 | 小桃紅 | 蚵蚾菜 |
| 山萮菜 | 青莢兒菜 | 狗掉尾苗 |
| 綿絲菜 | 八角菜 | 石芥 |
| 米蒿 | 耐驚菜 | 獾耳菜 |
| 山芥菜 | 地棠菜 | 回回蒜 |
| 舌頭菜 | 鷄兒腸 | 地槐菜 |
| 紫香蒿 | 雨點兒菜 | 螺黶兒〔七〕 |

## 根可食

### 《本草》原有

苧根　蒼朮[3]　菖蒲

### 新增

| | | |
|---|---|---|
| 菖子根 | 野山藥 | 老鴉蒜 |
| 菽蔆根 | 金瓜兒 | 山蘿蔔 |
| 野胡蘿蔔 | 細葉沙參 | 地參 |
| 綿棗兒 | 鷄腿兒 | 獐牙菜 |
| 土圞兒 | 山蔓菁 | 鷄兒頭苗 |

## 實可食

### 《本草》原有

| | |
|---|---|
| 雀麥 | 蒺藜子 |
| 回回米即薏苡人 | 榮子即莔實 |

### 新增

| | | |
|---|---|---|
| 稗子 | 鷰麥〔一〇〕 | 山黧豆〔一一〕 |
| 䅟子 | 潑盤 | 龍芽草 |
| 川穀 | 絲瓜苗 | 地稍瓜 |
| 莠草子 | 地角兒苗 | 錦荔枝 |
| 野黍 | 馬㼎兒 | 鷄冠果 |
| 鷄眼草 | | |

## 葉及實皆可食

### 《本草》原有



### 新增



## 根葉可食

### 《本草》原有



### 新增



## 根笋可食

### 《本草》原有

## 根及花皆可食

**《本草》原有**

葛根　　何首烏

## 根及實皆可食

**《本草》原有**

瓜樓根即括樓實

**新增**

磚子苗即關子苗

## 花葉皆可食

**《本草》原有**

菊花　　金銀花即忍冬

**新增**

望江南　　大蓼

## 莖可食

**《本草》原有**

黑三稜

**新增**

荇絲菜　　水慈菰

# 笋及實皆可食

**《本草》原有**

茭笋即菰根

# 《救荒本草》(下卷)目錄

| | | |
|---|---|---|
| 椵樹 | 堅莢樹 | 馬魚兒條 |
| 臭𣗳[6] | 臭竹樹 | 老婆布鞊 |

## 實可食

### 《本草》原有

| | | |
|---|---|---|
| 蕤核樹 | 荆子 | 孩兒拳頭 |
| 酸棗樹 | 實棗兒樹 | 山梨兒 |

### 新增

| | | |
|---|---|---|
| 山裏果兒 | 木桃兒樹 | 木欒樹 |
| 無花果 | 石岡[7]橡 | 驢駝布袋 |
| 青舍子條 | 水茶臼 | 婆婆枕[8]頭 |
| 白棠子樹 | 野木瓜 | 吉利子樹 |
| 拐棗 | | |

## 葉及實皆可食

### 《本草》原有

| | |
|---|---|
| 枸杞[9] | 楮桃樹 |
| 栢樹 | 柘樹[10] |
| 皂莢樹 | |

### 新增

| | | |
|---|---|---|
| 木羊角科 | 青檀樹 | 山檾樹 |

## 花可食

### 新增

藤花菜　　楸樹　　馬棘
欛齒花　　臘梅花

## 花葉皆可食

### 《本草》原有

槐樹芽

## 花葉實皆可食

### 新增

棠梨樹　　文冠花

## 葉皮及實皆可食

### 《本草》原有

桑椹樹　　榆錢樹

## 笋可食

### 《本草》原有

竹筍

## 米穀部二十種

### 實可食

### 新增

黑碗豆　　回回豆　　山菉豆
蹽豆　　胡豆
山扁豆　　蚕豆

### 葉及實皆可食

### 《本草》原有

蕎麥苗　　赤小豆　　油子苗
御米花即罌子粟　　山絲苗

### 新增

黄豆苗　　紫豇豆苗　　山黑豆
刀豆苗　　蘇子苗　　舜芒穀
眉兒豆苗　　豇豆苗

## 果部

# 實可食

## 《本草》原有



## 新增



# 葉及實皆可食

## 《本草》原有



## 新增



# 根可食

## 《本草》原有

芋苗　　鐵葧臍即烏芋

# 根及實皆可食

## 《本草》原有

蓮藕　　雞頭實

# 菜部

# 葉可食

## 《本草》原有

芸薹菜　　莙蓬菜　　苜蓿
莧菜　　邪蒿　　薄荷
苦苣菜　　同蒿　　荊芥即假蘇
馬齒莧菜　　冬葵菜　　水蘄
苦蕒菜　　蔓芽菜

## 新增

香菜　　水芥菜　　南芥菜
銀條菜　　遏藍菜　　山萵苣
後庭花　　牛耳朵菜　　黃鵪菜
火焰菜　　山白菜　　鷰兒菜
山葱　　山宜菜　　孛孛丁菜
背韭　　山苦蕒　　柴韭

## 《本草》原有

### 山藥

**校記**

(1) 酢：原本作“醉”，今據正文改。

(2) 杞，原本、四庫本作“杞”，今據理改。

(3) 蒼朮：原本作蒼术，今據理改。

(4) 棱：原本作“樓”，今據正文改。

(5) 筦：原本作“筦”今據正文改。

(6) 簊：原本作“簊”，今據正文改。

(7) 岡：原本作“崗”，今據正文改。

(8) 枕：原本作“扰”，今據正文改。

(9) 杞：原本作“杞”，今據正文改。

(10) 柘树：原本無，今據正文補。

**注釋**

〔一〕欵：音ㄎㄨㄢˇ，同款。

〔二〕欝：音ㄩˋ，同鬱。

〔三〕藁：音ㄍㄠˇ，同槁。

〔四〕莭：音ㄐㄧㄝˊ，同節。

〔五〕鹻：音ㄐㄧㄢˇ，同硷。

〔六〕堇：音ㄐㄧㄣˇ，堇的訛字

〔七〕黶：音ㄧㄢˇ，黑色的痣。

〔八〕妳：音ㄋㄞˇ，同奶。

〔九〕牻：音ㄇㄤˊ，意指毛色黑白相雜的牛。

〔一〇〕鷰：音ㄧㄢˋ，同燕。

〔一一〕黧：音ㄌㄧˊ，意指黑裏帶黃的顏色。

# 【卷　一】

## 草　部

### 葉可食

#### 《本草》原有

1. **刺薊菜**〔一〕　《本草》名小薊，俗名青刺薊，北人呼為千針草。出冀州〔二〕，生平澤中，今處處有之。苗高尺餘。葉似苦苣葉。莖、葉俱有刺，而葉不皺。葉中心出花頭，如紅藍花而青紫色〔三〕。性涼，無毒；一云味甘，性温。

**救饑**　採嫩苗葉煠〔四〕熟，水浸淘淨，油鹽調食，甚美。除風熱〔五〕。

**治療**　文具《本草》草部“大小薊”條下〔六〕。

**注釋**

〔一〕刺薊菜：菊科刺兒菜屬植物刺兒菜 *Cephalanoplos segetum* (Bunge) Kitam.。刺兒菜的别名就是小薊，與《救荒本草》提到的本草名相同，形態特徵亦相吻合。另當地人編寫的

《河南野菜野果》（盧炯林等編著）也將刺薊菜定為刺兒菜。

〔二〕冀州：古州名，因是上古時的中心地帶，《禹貢》將其列為九州之首。先秦兩漢時地域包括現在的山西南部、河南東北部、河北西南角和山東最西的一部分。其後歷代多設州，轄境逐漸縮小。明代屬真定府，下轄棗強、武邑、南宮、新河四縣，洪武二年(1369)，又廢除信都縣，歸冀州直轄。冀州治所在信都（今冀州舊城）。

〔三〕紅藍花：即菊科紅花屬一年生草本植物紅花 *Carthamus tinctorius* L.，紅花別名紅藍花。我國古代被稱為"焉支"、"燕支"的胭脂就是從西北焉支山（今天甘肅省永昌縣、山丹縣之間）地區所產植物紅藍花中提煉出來的色素。

〔四〕煠：音ㄓㄚˊ。烹飪方法之一。《辭源》（修訂本）釋義為："食物放油或湯中，一沸而出稱煠。"可見"煠"有二種解釋。參照《救荒本草》文中烹飪描述，這處當是指菜入沸水裏煮。這古人多有論述，三國魏張揖《廣雅》（隋改稱《博雅》）謂："煠，瀹也，湯煠也。音閘。"清人桂馥《劄樸》曰："菜入湯曰煠。"現今一些著述將"煠"簡化成"炸"，則省去了前一個釋義，不妥，因為做為烹飪類用字的"炸"，僅釋為"油煎食物也”（《中華大辭典》）。

〔五〕風熱：病證名。風和熱相結合的病邪。臨床表現為發熱重、惡寒較輕、咳嗽、口渴、舌邊尖紅、苔微黃、脈浮數，甚則口燥、目赤、咽痛、衄血等。

〔六〕《本草》：即宋代唐慎微撰《證類本草》，本書“治療”欄所引皆此書。

2. **大薊**〔一〕 舊不著所出州土，云生山谷中，今鄭州山野間亦有之〔二〕。苗高三、四尺。莖五稜。葉似大花苦苣菜葉。莖、葉俱多刺，其葉多皺。葉中心開淡紫花。味苦，性平，無毒。根有毒。

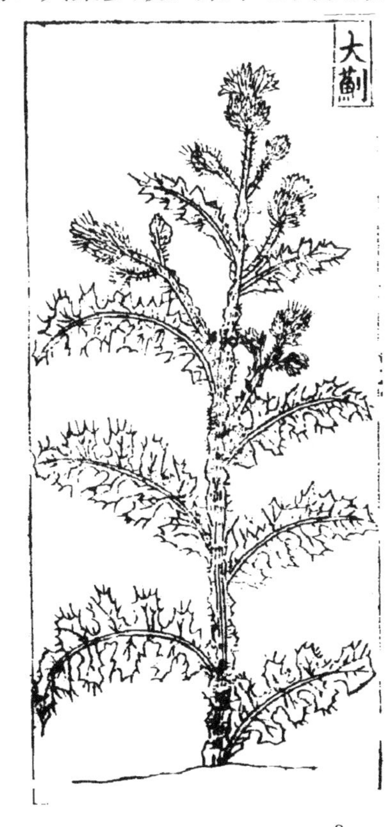


**救饑** 採嫩苗葉煠熟，水淘去苦味，油鹽調食。

**治療** 文具《本草》草部“大小薊”條下。

**注釋**

〔一〕大薊：王作賓認為是菊科薊屬植物魁薊 *Cirsium leo* Nakai et Kitag，為是，魁薊形態特徵與《救荒本草》的描述吻合。另也有説是菊科薊屬植物薊 *Cirsium japonicum* DC.。

〔二〕鄭州：明代州名，始置於隋初。治所在鄭州（今鄭州市）。

**3. 山莧菜**〔一〕　《本草》名牛膝，一名百倍，俗名脚斯蹬，又名葤節菜〔二〕。生河內川谷〔三〕，及臨朐、江淮、閩粵、關中、蘇州皆有之〔四〕，然皆不及懷州者為真〔五〕。蔡州者，最長大柔潤〔六〕。今鈞州山野中亦有之〔七〕。苗高二尺已來。莖方，青紫色，其莖有節如鶴膝，又如牛膝狀，以此名之。葉似莧菜葉而長，頗尖艄〔八〕音哨，葉皆對生。開花作穗。根味苦、酸，性平，無毒。葉味甘、微酸。惡螢火、陸英、龜甲；畏白前。

**救饑**　採苗葉煠熟，換水浸去酸味，淘淨，油鹽調食。

**治病**　文具《本草》草部"牛膝"條下。

**注釋**

〔一〕山莧菜：即莧科牛膝屬植物牛膝 *Achyranthes bidentata* Bl.。古今植物名稱相同，形態特徵相吻合。

〔二〕葤：音 ㄉㄠˋ，大的意思。

〔三〕河內：古以黃河以北為河內。楚漢之際置河內郡，轄今豫北的西部，治懷縣（今武陟西南）。西晉移治野王（今沁陽）。隋於野王為河內縣。隋唐河內郡即懷州。明代為懷慶府治地，包括沁陽、武陟、孟縣、輝縣、博愛縣一帶。

〔四〕臨朐：縣名，始置於漢，因縣城東臨朐山而得名，屬青州府。

〔五〕語出蘇頌《本草圖經》："今江、淮、閩、粵、關中亦有之，然不及懷州者為真。"懷州，州名，北魏始置，治今河南沁陽，隋改河內。唐宋改回懷州。

〔六〕語出陶弘景《本草經集注》："今出近道，蔡州者最長大柔潤。"蔡州，隋改溱州置，治所隋名上蔡，唐宋元代名汝陰，即今河南汝南。

〔七〕鈞州：即今禹州市，明洪武年間，因陽翟有鈞台，故改名鈞州。

〔八〕艄：即尖銳狀。《集韻·效韻》："艄，角銳上。"

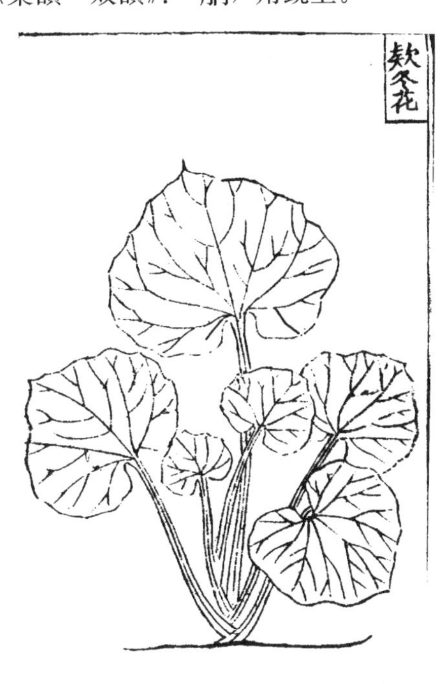


**4. 款冬花**〔一〕　一名橐音托吾，一名顆東，一名虎鬚，一名菟奚，一名氐冬。生常山山谷及上黨水傍〔二〕，關中、蜀北、宕音蕩昌、秦州、雄州皆有〔三〕，今鈞州、密縣山谷間亦有之〔四〕。莖青，微帶紫色。葉似葵葉，甚大而叢生；又似石葫蘆葉，頗團〔五〕。開黃花。根紫色。《圖經》云：葉如荷而斗直。大者容一升；小者容數合。俗呼為蜂斗葉，又名水斗葉〔六〕。此物不避冰雪，最先春前生，雪中出花，世謂之鑽凍。又云：有葉似萆薢，開黄花，青紫萼，去土一、二寸，初出如菊花，萼通直而肥實，無子。陶隱居所謂“出高麗、百濟”者，近此類也。其葉味苦。花味辛甘。性温，無毒。杏仁為之使，得紫菀(1)良；惡皂莢、消石、玄參〔七〕；畏貝母、辛夷、麻黄、黄芩、黄連、青葙(2)〔八〕。

**救饑**　採嫩葉煠熟，水浸，淘去苦味，油鹽調食。

**治病**　文具《本草》草部條下。

**校記**

(1) 菀：原本作“苑”，今據四庫本、徐光啟本改。另古代本草著作均作“菀”。

(2) 葙：原本作“箱”，今據四庫本、徐光啟本改。另古代本草著作均作“葙”。

**注釋**

〔一〕欵冬花：即菊科款冬屬植物款冬 *Tussilago farfara* Linn.。欵，音ㄎㄨㄢˇ，同“款”。《字彙・欠部》：“欵，俗款字。”

〔二〕常山：即北嶽恒山，其山號稱 108 峰，東西綿延 150 公里，横跨山西、河北兩省。主峰天峰嶺在渾源縣城南，海拔 2 016.8米，被稱為“人天北柱”。上黨，即上黨地區，位於今山西省的東南部的長治、晉城兩市。明時為澤州、潞安府轄地。該區為群山包圍起來的一塊高地，地高勢險，自古為戰略要地，狄子奇《國策地名考》曰“地極高，與天為黨，故曰上黨”，其意即此。

〔三〕宕昌：晉朝郡名，領良恭、和戎、懷道三縣，地望位於甘肅隴南地區西北部今宕昌縣。秦州，古州名，晉置，初治冀縣（今甘肅甘谷東），旋移上邦（今天水市秦州區）範圍包括今甘肅省東南部。該區歷史悠久，傳説中的人文始祖伏羲就誕生於這裏，故有“羲皇故里”之稱。另地理位置獨特，自古為隴右門户。民國廢州，以州治為天水縣。雄州，州名，位於今河北雄縣。五代時後周世宗取契丹瓦橋關置，明改雄縣。

〔四〕密縣：漢始置，即今河南省密縣。

〔五〕團：本義圓也。

〔六〕語出蘇頌《本草圖經》：“款冬花，今關中亦有之。根紫色，莖紫，葉似萆薢，十二月開黄花，青紫萼，去土一、二寸，初出如菊花，萼通直而肥實，無子。則陶隱居所謂‘出高麗、百濟’者，近此類也。又有紅花者，葉如荷而斗直，大者容一升，小者容數合，俗呼為蜂斗葉，又名水斗葉。”

〔七〕消石：又叫芒消、硝石、地霜、苦消、火硝等。是一種強氧化劑，在陰濕土壤中形成鹽花。經過煎煉可用於醫藥或製造火藥、肥料等。《本草綱目》曰：“生消石，諸鹵地皆産之，而河北慶陽諸縣及蜀中尤多。秋冬間遍地生白，掃取煎煉而成，貨看苟且，多不潔淨，須再以水煎化傾盆中，一夜結成，澄在下者，狀如朴消，又名生消，謂煉過生出之消也，結在上者或有鋒芒如芒消。”玄參，又叫元參、黑參、烏元參等名。即玄參科玄參科玄參屬多年生草本植物玄參 *Scrophularia ningpoensis* Hemsl. 。其乾燥根為傳統藥材，有去炎症，下熱，除口乾舌燥，止口渴及強心作用。

〔八〕貝母：百合科多年生草本植物，《神農本草經》有載。其鱗莖供藥用，有止咳化痰、清熱散結之功。因來源和産地不同，主要有浙貝母（*Fritillaria thunbergii* Miq.）、川貝母

(*Fritillaria cirrhosa* D. Don)、平貝母(*Fritllarla ussuriensis* Masim.)和伊貝母(*Fritillaria pallidiflora* Schrenk)四大類。辛夷,也稱木筆花、望春花、玉蘭花,是木蘭科落葉喬木玉蘭 *Magnolia denudata* Desr. 的花蕾。其在醫藥使用廣泛,有祛風散寒、温肺通穹的功能,主治風寒感冒、頭痛鼻塞、鼻竇炎等。麻黄,即麻黄科植物草麻黄 *Ephedra sinica* Stapf 、中麻黄 *Ephedra intermedia* Schrenk et C. A. Mey. 或木賊麻黄 *Ephedra equisetina* Bge. 的乾燥草質莖。始載於《神農本草經》,列為中品。具有發汗散寒,宣肺平喘,利水消腫,散陰疽,消癥結等功效。黄芩,别名有山茶根、土金茶根、條芩、枯芩等,為唇形科多年生草本植物黄芩 *Scutellaria baicalensis* Georgi。以根入藥。有清熱燥濕,涼血安胎,解毒功效。主治温熱病、上呼吸道感染、肺熱咳嗽、肺炎、痢疾、咳血、癰腫瘡瘡等癥。其出自《吳普本草》:"黄芩,二月生,赤黄葉,兩兩四四相值,莖空,中或方員,高三、四尺,四月花紅赤,五月實黑,根黄。二月至九月採。"黄連,又名王連、支連,為毛茛科多年生草本植物黄連 *Coptis chinensis* Franch. 、三角葉黄連 *Coptis deltoidea* C. Y. ChengetHsiao,或雲連 *Coptis teeta* Wall. 的乾燥根莖。始載於《神農本草經》,列為上品。《名醫别録》曰:"黄連生巫陽川谷及蜀郡、太山。二月、八月採。"本品具有清熱燥濕,瀉火解毒等功能。青葙,又名野鷄冠、白鷄冠、崑崙草、野鷄冠、鷄冠莧等,為莧科一年生草本植物青葙 *Celosia argentea* L. 。其成熟種子入藥,具有清肝明目、治療肝火型高血壓等功效。

5. **萹蓄**〔一〕 亦名萹竹。生東萊山谷〔二〕,今在處有之。布地生道傍。苗似石竹。葉微闊,嫩緑如竹。赤莖如釵股〔三〕,節間花出,甚細,淡桃紅色,結小細子。根如蒿根。苗葉味苦,性平;一云味甘,無毒。

**救饑**　採苗葉煠熟，水浸淘淨，油鹽調食。

**治病**　文具《本草》草部條下。

**注釋**

〔一〕萹蓄：即蓼科蓼屬植物萹蓄 *polygonum aviculare* Linn.。

〔二〕東萊山：即今大澤山，位於青島、煙台、濰坊金三角地帶。《史記·武帝本紀》載："天下名山八，而三在蠻夷，五在中國。中國華山、首山、太室、泰山、東萊，此五山黃帝所常遊，與神會。"是東萊文明的發祥地。

〔三〕釵股：謂釵歧出如股。常用以形容花葉的枝杈。

6. **大藍**〔一〕　生河內平澤，今處處有之，人家園圃中多種。苗高尺餘。葉類白菜葉，微厚而狹窄尖，淡粉青色。莖叉，稍間開黃花。結小莢〔二〕，其子黑色。《本草》謂菘藍，可以為靛染青。以其葉似菘菜，故名菘藍，又名馬藍。《爾雅》所謂"葴(1)，馬藍"是也〔三〕。味苦，性寒，無毒。

**救饑**　採葉煠熟，水浸去苦味，油鹽調食。

**治病**　文具《本草》草部“藍實”條下。

**校記**

（1）葴：原本作“蒧”，今據四庫本和《爾雅》改。《爾雅·釋草》載“葴，馬藍”。

**注釋**

〔一〕大藍：即十字花科菘藍屬植物菘藍 *Isatis tinctoria* Linn. =［*Isatis indigotica* Fort.］，別名大藍、大靛、大青。古今植物名稱相同。其在中國有悠久的應用歷史，主要做染料或藥用。

〔二〕莢：莢果的簡稱。

〔三〕《爾雅》：我國第一部按照詞義系統和事物分類來編纂的古代詞典。分釋詁、釋草、釋木、釋蟲等 19 篇。爾是近正的意思；雅是雅言，是某一時代官方規定的規範語言。爾雅就是使語言接近於官方規定的語言。其作者及寫作年代，歷來說法不一。有人認為是西周初年周公旦；有的認為是孔子門人所作；後人多認為是秦漢時人所作，並經不斷增益，在西漢時被整理加工而成。此書為儒家的經典之一。

7. **石竹子**〔一〕　《本草》名瞿麥，一名巨句麥，一名大菊，一名大蘭，又名杜母草，鷰麥，蘥音葉麥。生太山川谷〔二〕，今處處有之。苗高一尺已來。葉似獨掃葉而尖小；又似小竹葉而細窄。莖亦有節，稍間開紅白花而結蒴，內有小黑子。味苦辛，性寒，無毒。蘘草、牡丹為之使；惡螵蛸〔三〕。

**救饑**　採苗葉煠熟，水浸淘淨，油鹽調食。

**治病**　文具《本草》草部“瞿麥”條下。

**注釋**

〔一〕石竹子：王作賓認為是石竹科石竹屬植物石竹 *Dianthus chinensis* Linn.；伊博恩認為是石竹科石竹屬瞿麥 *Dianthus superbus* Linn.。現代藥材瞿麥即為石竹科植物瞿麥或石竹的帶花全草。考慮到古代分類上的侷限性，上述二種當都可算作。

〔二〕太山：即今西太山，位於河南省新鄭市區西北 22 公里龍湖鎮（小喬鄉）境。此山以黃帝臣太山稽之名命山。世傳黃帝戰蚩尤後會諸侯於此。《山海經・中次七經》載：“又東南十里，曰太山。有草焉，名曰梨。”清

代樸學大師汪紱（1692—1759）《山海經存》注云："此太山在鄭，非東嶽太山。"宋《太平御覽》卷十五引《黃帝玄女戰法》："黃帝與蚩尤對九戰九不勝。黃帝歸於太山，三日三夜霧冥。"

〔三〕螵蛸：無脊椎動物昆蟲螳螂的卵塊。產在桑樹上的叫桑螵蛸，簡稱蜱蛸。可入藥，有抗利尿（縮尿）功效。

**8. 紅花菜**〔一〕　《本草》名紅藍花，一名黃藍。出梁、漢及西域〔二〕，滄、魏亦種之〔三〕，今處處有之。苗高二尺許。莖葉有刺，似刺薊葉而潤澤，窊五化切面〔四〕。稍結梂彙音求胃〔五〕，亦多刺。開紅花，蘂出梂上。圃人採之，採已復出，至盡而罷。梂中結實，白顆如小豆大。其花暴乾，以染真紅及作胭脂。花味辛，性溫，無毒。葉味甘。

**救饑**　採嫩葉煠熟，油鹽調食。子可笮音乍作油用〔六〕。

**治病**　文具《本草》草部"紅藍花"條下。

**注釋**

〔一〕紅花菜：即菊科紅花屬的植物紅花 *Carthamus tinctorius* Linn.。

〔二〕梁：即古梁州，《禹

貢》九州之一，地在今四川地區。曹魏分益州置梁州，轄地含陝南及川、黔各一部。魏晉南北朝隋唐時以漢中地區為梁州，治所均在南鄭。漢，即漢中，戰國楚置漢中郡，治所在南鄭（今陝西漢中東）。秦末劉邦為漢王時屬地。梁漢連用，亦可能是只指今漢中地區。

〔三〕滄：即滄州，北魏始置，治所饒安（今河北鹽山西南）。唐移治清池（今滄州市東南）。明移治長蘆，即今滄州。魏，即魏州，北周置，治所貴鄉（今河北大名東北），轄境跨今冀、魯、豫三省之界。隋為魏州武陽郡，唐為魏州魏郡。五代後唐升為興唐府。

〔四〕窊：《廣雅》釋詁：“窊，下也。”意為下凹；低陷。

〔五〕梂彙：梂，本義為櫟的果實；彙，本義為刺蝟，引申為毛刺。梂彙當是形容紅花頭狀序被尖刺的多層苞片包裹的狀態。

〔六〕笮：音ㄗㄜˊ，此處意為壓榨。

**9. 萱草花**〔一〕　俗名川草花，《本草》一名鹿葱，謂生山野，花名宜男。《風土記》云“懷妊婦人佩其花，生男”故也〔二〕。人家園圃中多種。其葉就地叢生，兩邊分垂，葉似菖蒲葉而柔弱；又似粉條兒菜葉而肥大。葉間攛葶〔三〕，開金黄花，味甘，無毒。根涼，亦無毒。葉味甘。

**救饑**　採嫩葉煠熟，水浸淘淨，油鹽調食。

**治病**　文具《本草》草部條下。

**注釋**

〔一〕萱草花：百合科萱草屬多年生草本植物萱草 *Hemerocallis fulva* L.，古今植物名稱相同。《河南野菜野果》（78頁）記載當地野菜萱草即此。

〔二〕《風土記》：即西晉周處所著《風土記》。李時珍《本草綱目》草部卷十六《萱草·釋名》云："懷妊婦人佩其花，則生男。故名宜男。"

〔三〕攛葶：攛，突兀向上生長；葶，即由植物的地下部分抽出的無葉花莖。

**10. 車輪菜**〔一〕　《本草》名車前子，一名當道，一名芣苢音浮以，一名蝦蟇衣〔二〕，一名牛遺，一名勝舄音昔。《爾雅》云馬舄，幽州人謂之牛(1)舌草。生滁州及真定平澤〔三〕，今處處有之。春初生苗，葉布地如匙面〔四〕，累年者，長及尺餘；又似玉簪〔五〕葉稍大而薄。葉叢中心，攛葶三、四莖，作長穗如鼠尾。花甚密，青色，微赤。結實如葶藶子，赤黑色。生道傍。味甘鹹，性寒，無毒；一云味甘，性平。葉及根味甘，性寒。常山為之使。

**救饑**　採嫩苗葉煠熟，水浸去涎沫，淘淨，油鹽調食。

**治病**　文具《本草》草部"車前子"條下。

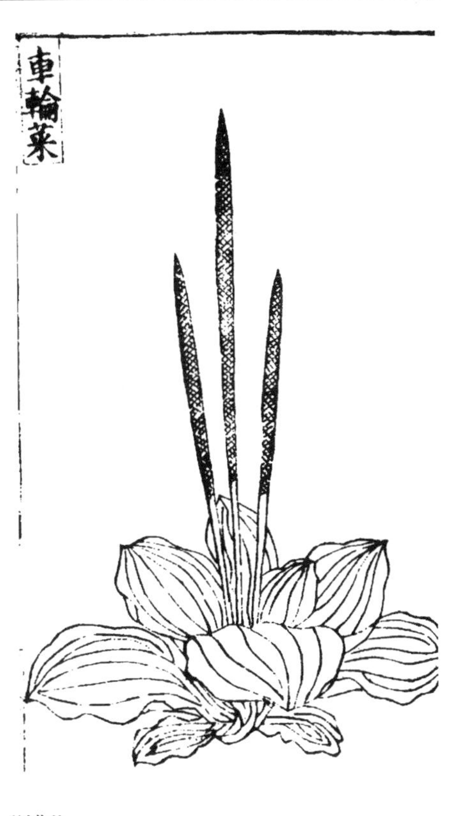


### 校記

（1）牛：原本、四庫本均作“一”，今據徐光啟本改。車輪菜別名牛舌草古而有之，陸璣《草木疏》云：“喜在牛馬跡中生，故曰車前、當道，今藥中‘車前子’是也。幽州人謂之牛舌草。”另現行車輪菜只有牛舌草別名，而無一舌草名，故採徐說。

### 注釋

〔一〕車輪菜：車前科多年生草本植物車前 *Plantago asiatica* L.。

〔二〕蟇：音ㄇㄚ，同“蟆”。

〔三〕滁州：古州名，位於安徽省東部，今滁縣一帶。滁州之稱始於隋開皇九年（589）。真定，府名，即今河北正定縣。在石家莊崛起以前，因其地處山西高原與華北大平原往還孔道上，曾是華北大平原中部最富饒最繁華的大都會。

〔四〕匙：匙字，四庫本即為“匙”，也稱湯匙、匙子或匙羹。匙面，即湯匙面，古人常以其形容物體大小，如《備急千金要方》云：“爛疔，其狀色稍黑，有白瘢，瘡中潰有膿水流出，瘡形大小如匙面。”此詞又多比喻物小。宋人陳造《山居》詩：“束送筯頭薤，鮮分匙面魚。”匙面魚即小魚。

〔五〕玉簪：即百合科玉簪花屬多年生草本植物玉簪花 *Hosta plantaginen*（Lam.）Ascherson.。

**11. 白水葒苗**〔一〕　《本草》名葒草，一名鴻藹音纈，有赤、白二色，《爾雅》云“紅，蘢(1)古，其大者蘬”〔二〕；《鄭詩》云“隰有遊龍”是也〔三〕。所在有之，生水邊下濕地。葉似蓼葉而長大，有澀毛。花開紅白，又似馬蓼。其莖有節而赤。味鹹，性微寒，無毒。

**救饑**　採嫩苗葉煠熟，水浸淘淨，油鹽調食。洗淨，蒸食亦可。

**治病**　文具《本草》草部“葒草”條下。

**校記**

（1）蘢：原本作“籠”，今據四庫本和《爾雅》改。

**注釋**

〔一〕白水葒苗：王作賓認為是蓼科蓼屬植物節蓼 *Polygonum nodosum* Pers.，所說甚是，因為《救荒本草》圖中葉片為窄卵形近披針形，吻合節蓼的形態特徵。另張翠君也據葉形認為是另一同屬植物红辣蓼 *Polygonum flaccidum* Meissu。

〔二〕出《爾雅·釋草第十三》。

〔三〕出《詩·鄭風·山有扶蘇》，遊龍，葒草之别名。宋人朱弁《曲洧舊聞》卷四："紅蓼即《詩》所謂遊龍也，俗呼水紅。"

12. **黄耆**〔一〕　一名戴糁，一名戴椹，一名獨椹，一名芰草，一名蜀脂，一名百本，一名王孫。生蜀郡山谷及白水、漢中、河東、陝西〔二〕；出綿上呼為綿黄耆〔三〕。今處處有之。根長二、三尺。獨莖，叢生枝幹。其葉扶疎〔四〕，作羊齒狀，似槐葉微尖小；又似蒺藜葉，闊大而青白色。開黄紫花，如槐花大。結小尖角，長寸許。味甘，性微温，無毒；一云味苦，微寒。惡龜甲、白蘚皮〔五〕。

**救饑**　採嫩苗煠熟，換水浸淘，洗去苦味，油鹽調食。藥

中補益，呼為羊肉。

**治病**　文具《本草》草部條下。

**注釋**

〔一〕黄耆：張翠君認為從形態上看應是黄芪屬植物鷄峰黄芪 *A. kifonsanicus* Ulbr. 或扁莖黄芪 *A. complanatus* R. Br，而且古今植物名稱相同。

〔二〕白水：南朝郡名，劉宋分興安縣於沙州鄉（今四川青川縣沙州鎮）境置白水郡，領縣二；位於今廣元、青川一帶。河東，地名，因黄河流經山西省的西南境，則山西在黄河以東，故這塊地方古稱河東。秦漢時指河東郡地，在今山西運城、臨汾一帶。唐代以後泛指山西。河東是是華夏文明的搖籃地的重要組成部分。

〔三〕綿黄耆：其得名有二説，宋代《本草圖經》載："今河東、陝西州郡多有之，其皮折之如綿，謂之綿黄耆。"宋代陳承《本草别説》言："黄耆本出綿上為良，故名綿黄耆。"又明代陳嘉謨著《本草蒙荃》卷之一載："綿耆，出山西沁州綿上（鄉名，有巡檢司），此品極佳。"可見綿耆主産山西沁縣綿山且品質最好。

〔四〕扶踈：即扶疏。

〔五〕白藓皮：即芸香科植物白蘇（*Dictamnus dasycaspus* TURCZ.）之根皮，分佈東北、華北、華中等地。有祛風，燥濕，清熱，解毒之功用。

13. **威靈仙**〔一〕　一名能消。出商州上洛山(1)、華山並平澤〔二〕，及陝西、河東、河北、河南、江、湖、石州、寧化等州郡〔三〕，不聞水聲者良。今密縣梁家冲衝山野中亦有之。苗高一、二尺。莖方如釵股，

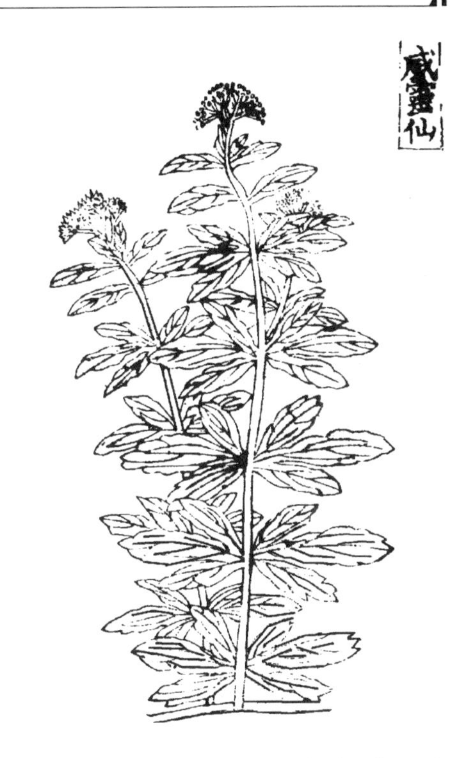


四稜，莖多細茸白毛。葉似柳葉而闊，邊有細齒；又似旋覆花葉，其葉作層生，每層六、七葉相對，排如車輪樣，有六層至七層者。花淺紫色，或碧白色。作穗似蒲臺子〔四〕，亦有似菊花頭者。結實青色。根稠密多鬚。味苦，性温，無毒。惡茶及麵湯，以甘草、梔子代飲可也〔五〕。

**救饑**　採葉煠熟，换水浸去苦味，再以水淘淨，油鹽調食。

**治病**　文具《本草》草部條下。

**校記**

〔1〕山：原本、四庫本等均無此字，今據宋代等人編著《開寶本草》"威靈仙，出商州上洛山及華山並平澤，不聞水聲者良"條補。不補，文難通。

### 注釋

〔一〕威靈仙：伊博恩認為是毛茛科鐵線蓮屬藤本植物威靈仙 *Clematis chinenesis* Retz. ＝［*Clematis chinensis* Osbeck］；王作賓認為是玄參科婆婆納屬草本植物威靈仙 *Veronica virginica* Linn.。毛茛科藤本植物威靈仙含原白頭翁素，受熱或放置聚合成白頭翁素，有極強的刺激作用，非救荒所宜之物；玄參科草本植物威靈仙有不少吻合之處，但所云“似菊花頭者”，圖亦繪成有頭狀花序，又非玄參科植物。還有人認為是菊科澤蘭屬植物 *Eupatorium*。此種待考。

〔二〕商州：古州名，治所多在今商縣，轄境大致包括今陝西東南部的商洛地區。

〔三〕石州：唐、宋、元、明代州名，治所在今山西省呂梁市離石區，即原離石縣。江州，唐、宋、元代州名，治所在今江西九江。湖州，唐宋州名，因靠近太湖而得名，治所在今湖州市。寧化，即今福建省寧化縣。

〔四〕蒲臺子：王家葵等（《救荒本草校釋與研究》17 頁）認為似是香蒲科植物香蒲 *Typha latifolia* L. 的圓柱形穗狀花序。

〔五〕甘草：即豆科甘草屬多年生草本植物 *Glycyrriza uralensis* Fisch. G. Glabra L.。其又名蜜草，以味道甜而得名，自古還有“靈草”、“國老”的美名。主產於中國北方，以內蒙古、甘肅等地所產者為著名。梔子，即茜草科梔子屬植物梔子 *Gardenia jasminoides* Ellis，又名木丹、鮮支、卮子筀等。

**14. 馬兜零**〔一〕　根名雲南根，又名土青木香。生關中，及信州、滁州、河東、河北、江淮、夔音馗、浙州郡皆有〔二〕。今高阜音負去處〔三〕，亦有之。春生苗如

藤蔓，葉如山藥葉而厚大，背白。開黃紫花，頗類枸杞花。結實如鈴，作四、五瓣。葉脱時，鈴尚垂之，其狀如馬項鈴，故得名。味苦，性寒，又云平，無毒。

**救饑**　採葉煠熟，用水浸去苦味，淘淨，油鹽調食。

**治病**　文具《本草》草部條下。

**注釋**

〔一〕馬兜鈴：王作賓認為是北馬兜鈴（又名圓葉馬兜鈴）*Aristolochia contorta* Bge.。依據文中葉“背白”與北馬兜鈴葉背白相合，當是北馬兜鈴。

〔二〕信州：唐宋代州名，州治在今江西上饒市。夔，即夔州，唐、宋、元、明州府名，治所在今重慶市奉節縣。

〔三〕高阜：即高的土山。石聲漢《農政全書校注》（1347頁）將其做為一地名，可備一説。

**15. 旋覆花**〔一〕　一名戴椹，一名金沸草，一名盛椹。上黨田野人呼為金錢花。《爾雅》云“蕧，盜庚”〔二〕。出隨州〔三〕，生平澤川谷，今處處有之。苗多近水傍。初生大如紅花葉而無刺，苗長二、三尺已來。葉似柳葉稍寬大。莖細如蒿簳〔四〕。開花似菊花，如銅錢大，深黃色。花味鹹、甘，性温，微冷利，有小毒。葉味苦，性涼。

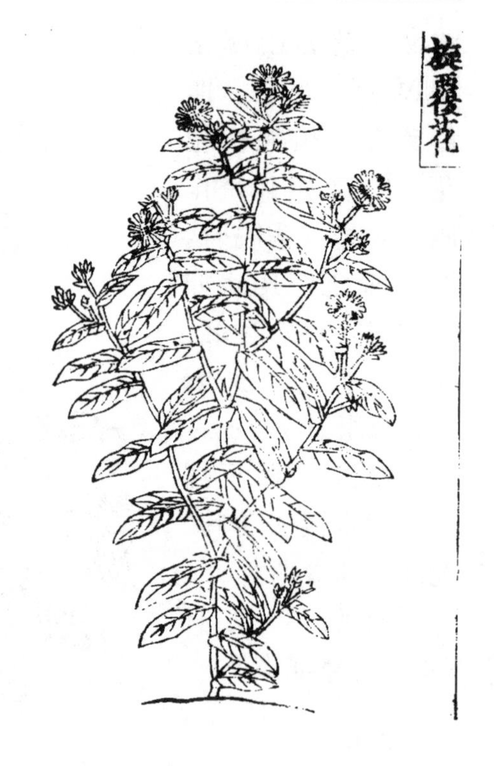


**救饑**　採葉煠熟，水浸去苦味，淘淨，油鹽調食。

**治病**　文具《本草》草部條下。

**注釋**

〔一〕旋覆花：王作賓和伊博恩都認為是菊科旋覆花屬植物大花旋覆花 *Inula britannica* Linn.。大花旋覆花葉多矩圓形、基部寬而抱莖等特征均符合《救荒本草》的描述。

〔二〕出《爾雅·釋草》。

〔三〕隨州，唐、宋、元明州名，治所在今湖北省隨州市。

〔四〕簳：音ㄍㄢˇ，同稈。

16. **防風**〔一〕　一名銅芸，一名茴草，一名百枝，

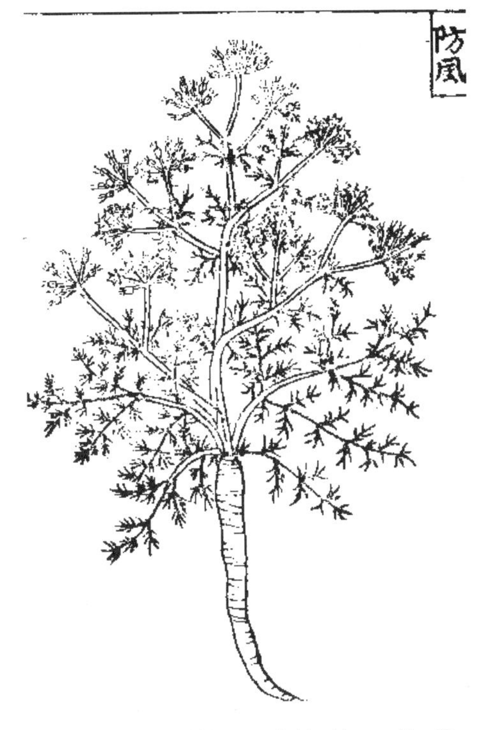


一名屏風，一名茼根，一名百蜚。生同州沙苑川澤〔二〕，邯鄲、琅邪、上蔡、陝西、山東，處處皆有〔三〕。今中牟田野中亦有之〔四〕。根土(1)黄色，與蜀葵根相類〔五〕，稍細短。莖葉俱青綠色，莖深而葉淡。葉似青蒿葉而闊大；又似米蒿葉而稀疎。莖似茴香。開細白花。結實似胡荽子而大。味甘辛，性温，無毒。殺附子毒〔六〕。惡乾姜、黎蘆、白斂、芫花〔七〕。又有石防風〔八〕，亦療頭風眩痛。又有叉頭者，令人發狂；叉尾者，發痼疾。

**救饑**　採嫩苗葉作菜茹，煠食，極爽口。

**治病**　文具《本草》草部條下。

**校記**

(1) 土：原本、四庫本、徐光啟本均作“上”，今據文義和《本草圖經》改。

## 注釋

〔一〕防風：即傘形科防風屬植物防風 *Saposhnikovia divaricata*（Turcz.）Schischk.。

〔二〕同州：唐、宋、元、明州名，治所在今陝西省大荔縣。沙苑為其轄地，位於洛河與渭河交匯的三角洲上，為歷史上人為形成的沙漠地區。

〔三〕邯鄲：古城名，地望在今河北邯鄲市，戰國秦漢時為全國五大都會之一，中國經濟南移後，衰落成為蕞爾小縣。琅邪，亦作琅琊，古郡縣，秦置琅邪縣，地在今山東膠縣，後以之為琅邪郡治所，郡境為山東半島東南部。上蔡，古縣名，地望在今河南上蔡縣。

〔四〕中牟：縣名，後漢始置，因城北五里有牟山而得名。地在今河南中牟縣。

〔五〕蜀葵：即錦葵科蜀葵屬多年生草本植物 *Althaea rosea*（Linn.）Cavan.，其原產我國及亞洲各地，因在四川發現最早，故名蜀葵。又名麻桿花、一丈紅、蜀季花。

〔六〕附子：即毛茛科烏頭屬草本植物烏頭 *Aconitum carmichaeli* Debx.，四川彰明所產為佳。

〔七〕黎蘆：又名山蔥，即百合科藜蘆屬多年生草本植物藜蘆 *Veratrum nigrum* Linn，各地均有分佈，其根莖可入藥。"芫花"，即瑞香科瑞香屬落葉灌木芫花 *Daphne genkwa* Sieb. et Zucc.。

〔八〕石防風：即傘形科植物石防風 *Peucedanum terebinthaceum*（Fisch.）Fisch.。

17. **鬱臭苗**〔一〕　《本草》"茺蔚子"是也，一名益母(1)，一名益明，一名大劄，一名貞蔚。皆云蓷音椎益母也。亦謂蓷臭穢。生海濱池澤，今田野處處有之。葉似荏子葉〔二〕；又似艾葉而薄小色青。莖方。節節開小白花。結子黑茶褐色，三稜細長。味辛、甘，微温；一云微寒，無毒。

**救饑**　採苗葉煠熟，水浸淘淨，油鹽調食。

**治病**　文具《本草》草部“茺蔚子”條下。

**校記**

（1）母：原本作“毋”，據四庫本等改。毋、母，古本為一字，後分化禁止之詞。

**注釋**

〔一〕䓞臭苗：王作賓和伊博恩認為是唇形科益母草屬植物細葉益母草 *Leonurus sibiricus* Linn.。夏緯瑛《植物名釋札記》認為是唇形科多年生草本植物夏至草 *Lagopsis supina*（Steph.）Ik. - Gal.，可備一說。

〔二〕荏子：又名白蘇，即唇形科紫蘇屬植物白蘇 *Perilla frutescens*（L.）Britt.。

18. **澤漆**〔一〕　《本草》一名漆莖，大戟苗也。生太山川澤及冀州、鼎州、明州〔二〕，今處處有之。苗高二、三尺，科叉生。莖紫赤色。葉似柳葉微細短。開黄紫花，狀似杏花而瓣(1)頗長。生時摘葉有白汁出，亦能囓音咬人〔三〕，故以為名。味苦辛，性微寒，無毒；一云有小毒；一云性冷，微毒。小豆為之使，惡薯蕷。初(2)嘗，葉味澀苦；食過，回味甜。

**救饑**　採葉及嫩莖煠熟，水浸淘淨，油鹽調食。採嫩葉蒸過，晒乾做茶喫，亦可。

**治病**　文具《本草》草部條下。

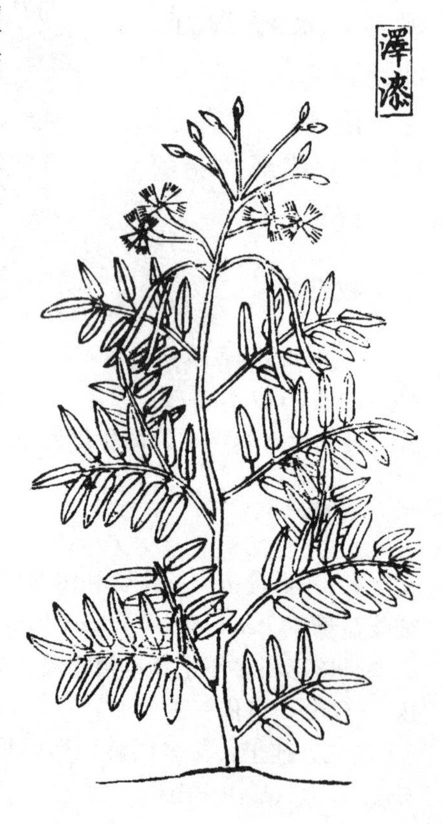


**校記**

（1）瓣：原本作“辨”，據四庫本、徐光啟本改。

（2）初：原本、四庫本作“今”，今據徐光啟本和文意改。

**注釋**

〔一〕澤漆：本條圖與文字不對應，王作賓据圖認為是夾竹桃科草夾竹桃屬（《中國植物誌》為羅布麻屬）植物羅布麻 *Apocynum venetum* Linn.；伊博恩認為是大戟科大戟屬植物澤漆 *Euphorbia helioscopa* Linn.；而傳統本草書中大戟多指大戟科植物大戟 *Euphorbia pekinensis* Rupr.。待考。

〔二〕巢：音ㄐㄧˋ，同"冀"。鼎州，宋州名，地在今常德市。明州，宋州名，地在今寧波市。

〔三〕嚙：音ㄋㄧㄝˋ，本義指用嘴咬，此處指刺激。

**19. 酸漿草**[一]　《本草》名酢與醋字同漿草，一名醋母草，一名鳩酸草，俗為小酸茅。舊不著所出州土，今處處有之。生道傍下濕地。葉如初生小水萍，每莖端，皆叢生三葉。開黃花。結黑子。南人用苗揩鍮音偷石器[二]，令白如銀色光豔。味酸，性寒，無毒。

**救饑**　採嫩苗葉，生食。

**治病**　文具《本草》草部"酢漿"條下。

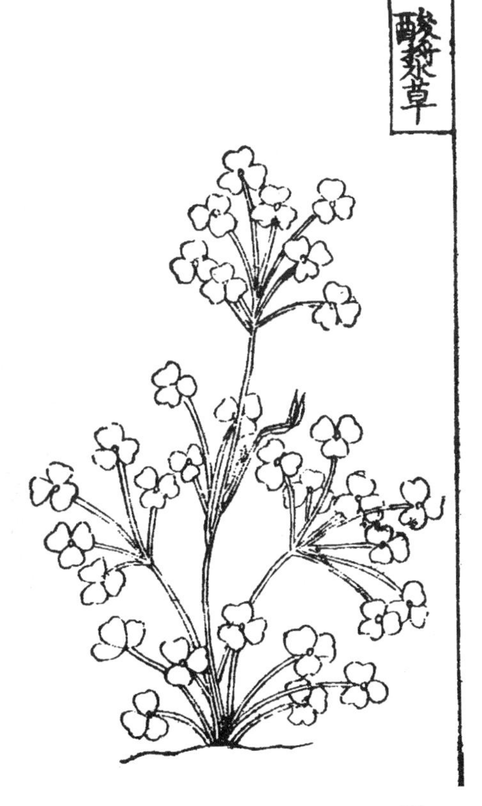

**注釋**

〔一〕酸漿草：即酢漿草科酢漿草屬植物酢漿草 *Oxalis corniculata* Linn.。古今植物名稱相近，形態特徵相吻合。

〔二〕鍮石：即天然的黄銅礦或銅與爐甘石（菱鋅礦）共煉而成的銅鋅合金，即黄銅。因呈金色或銀白色，故又稱鍮石金或鍮石銀。明人李時珍《本草綱目・石三・爐甘石》〔集解〕引崔昉曰："用銅一斤，爐甘石一斤，煉之即成鍮石一斤半。"

## 20. 蛇床子〔一〕

一名蛇粟，一名蛇米，一名虺牀，一名思益，一名繩毒，一名棗棘，一名牆蘼，《爾雅》一名盱(1)。生臨淄川谷田野，今處處有之。苗高二、三尺，青碎作叢似蒿枝。葉似黄蒿葉，又似小葉蘼蕪，又似蒿本葉。每枝上有花頭百餘，結同一窠〔二〕，開白花如傘蓋狀。結子半黍大，黄褐色。味苦辛甘，無毒，性平；一云有小毒。惡牡丹、巴豆、貝母〔三〕。

**救饑** 採嫩苗葉煠熟，水浸，淘洗淨，油鹽調食。

**治病** 文具《本草》草部條下。

**校記**

(1) 盱：原本作“肝”，今據四庫本、徐光啟本和《爾雅》改。

**注釋**

〔一〕蛇床子：即傘形科蛇床屬植物蛇床 *Cnidium monnieri* (Linn.) Cusson.，古今植物名稱相同。

〔二〕窠：空也。一曰鳥巢也。《說文》曰：“空中曰窠，樹上曰巢。”

〔三〕巴豆：即大戟科巴豆屬多年生常綠灌木巴豆 *Croton tiglium* L.。

**21. 桔梗**〔一〕 一名利如，一名房圖，一名白藥，一名梗草，一名薺苨，生嵩高山谷及冤句、和州、解州〔二〕，今鈞州、密縣山野亦有之。根如手指大，黄白色。春生苗，莖高尺餘。葉似杏葉而長橢[1]，四葉相對而生。嫩時亦可煮食。開花紫碧色，頗似牽牛花。秋後結子，葉名隱忍。其根有心，無心者，乃薺苨也。根葉味辛、苦，性微温，有小毒；一云味苦，性平，無毒。節皮為之使，得牡礪、遠志，療恚怒；得硝石、石膏，療傷寒。畏白芨、龍眼、龍膽。

**救饑**　採葉煠熟，換水浸去苦味，淘洗，油鹽調食。

**治病**　文具《本草》草部條下。

**校記**

(1) 橢：原本作"惰"，今據四庫本、徐光啟本和《本草圖經》改。

**注釋**

〔一〕桔梗：即桔梗科桔梗屬植物桔梗 *Platycodon grandiflorus* A. DC.，古今植物名稱、形態特徵相同。

〔二〕嵩高山谷：當指嵩山地區，因為嵩山，不像其他山那樣一山獨秀，而是分為太室山、少室山二山，中間隔有數里的山谷平地。冤句，古縣名。一作宛朐，或宛句，故城在今山東菏澤市西南。和州，宋明州名，治所在今安徽和縣。解州，古稱解梁，宋元州名，治所在今山西解州鎮，為蜀漢名將關羽的故鄉。

**22. 茴香**〔一〕　一名懷音懷香子，北人呼為土茴香。茴、懷聲相近，故云耳。今處處有之，人家園圃多種。苗高三、四尺。莖麄如筆管〔二〕，傍有淡黃袴葉〔三〕，抪

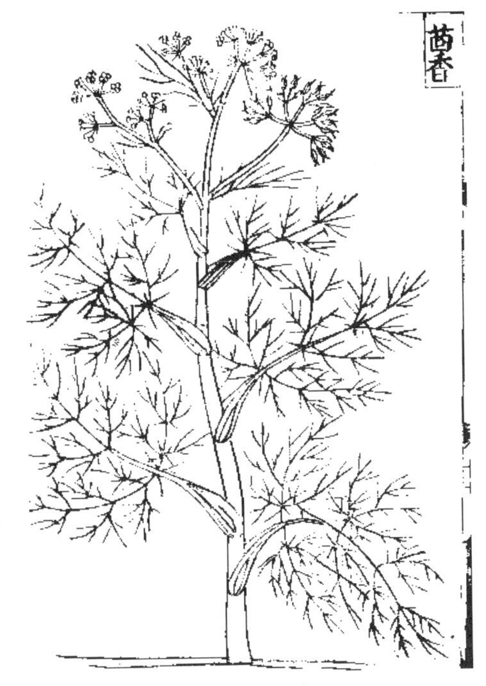


莖而生。袴葉上發生青色細葉，似細蓬葉而長，極疎細如糸髮狀〔四〕。袴葉間分生叉枝。稍頭開花，花頭如傘蓋，黃色。結子如蒔蘿子〔五〕，微大而長，亦有線瓣。味苦辛，性平，無毒。

**救饑**　採苗葉煠熟，換水淘淨，油鹽調食。子調和諸般食，味香美。

**治病**　文具《本草》草部“蘹香子”條下。

**注釋**

〔一〕茴香：即傘形科茴香屬一年生草本植物茴香 *Foeniculum vulgare* Mill.。

〔二〕麄：音ㄘㄨ，同“粗”。

〔三〕袴葉：袴，褲的異體字，即成人滿襠褲及小兒開襠褲的通稱。此處袴葉，其實是指呈鞘狀的抱莖。

〔四〕糸：即絲也。

〔五〕蒔蘿：俗稱土茴香，即傘形科植物蒔蘿 *Auethum graveolens* Linn.。

**23. 夏枯草**〔一〕　《本草》一名夕句，一名乃東，

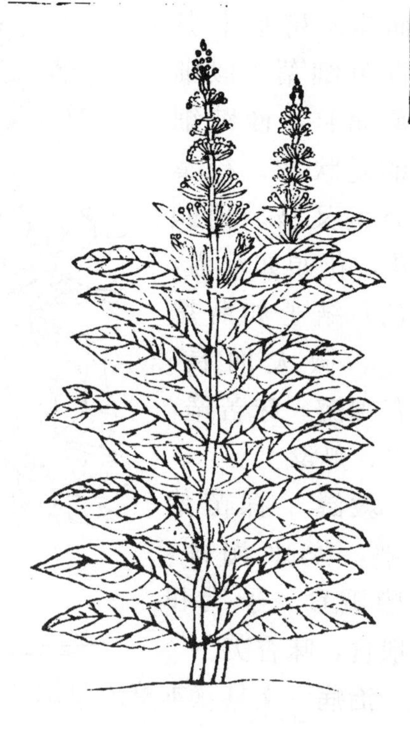


一名燕面。生蜀郡川谷及河、淮、浙、滁平澤。今祥符西田野中亦有之〔二〕。苗高二、三尺。其葉對節生，葉似旋覆葉而極長大，邊有細鋸齒，背白，上多氣脈紋路。葉端開花，作穗長二、三寸許。其花紫白，似丹參花。葉味苦、微辛，性寒，無毒。土瓜為之使〔三〕，俗又謂之鬱臭苗，非是。

**救饑**　採嫩葉煠熟，換水浸淘，去苦味，油鹽調食。

**治病**　文具《本草》草部條下。

**注釋**

〔一〕夏枯草：即唇形科夏枯草屬植物歐夏枯草 *Prunella vulgaris* Linn.。

〔二〕祥符：縣名，宋真宗大中祥符元年（1008），將附郭都城的開封縣改名為祥符縣。

〔三〕土瓜：即旋花科植物土瓜 *Ipomoea hungaiensis* Lingelsh. Et Borza.，又稱公公鬚。因為它像葡萄藤一樣，長出卷卷的騙鬚，攀緣在其他物品上。果實橢圓形像紅色的、黃色的鵝蛋。

24. **藁本**〔一〕　一名鬼卿，一名地新，一名微莖。生崇山山谷及西川、河東、兗州、杭州〔二〕，今衛輝輝縣栲栳圈山谷亦有之〔三〕。俗名山園荽。苗高五、七寸。葉似芎藭葉細小；又似園荽葉而稀疎。莖比園荽莖頗硬直。味辛，微苦，性温，微寒，無毒。惡藺茹，畏青葙(1)子。

**救饑**　採嫩苗葉煠熟，水浸淘淨，油鹽調食。

**治病**　文具《本草》草部條下。

**校記**

(1) 葙：原本作“箱”，今據《證類本草》等改。

**注釋**

〔一〕藁本：王作賓認為是傘形科藁本屬植物藁本 *Ligusticum*

sinensis oliver.；伊博恩認為是傘形科白苞芹屬植物 *Nothosmyrnium japonicum* Miq.。似是前者和同屬植物遼藁本 *Ligusticum jeholense* Nakai et Kitagawa。

〔二〕西川：唐至德二年（757）分劍南為西川、東川。西川治成都，轄成都平原及其以西、以北之地。宋初置西川路，治益州（成都）。祟山，山名，即嵩山；一說狄山的異名。

〔三〕衛輝：明府名，治所在今河南汲縣；輝縣，明縣名，衛輝府屬縣，地在今河南輝縣。栲栳圈，指像用柳條編成，形狀像斗那樣的圓圈，此反映山形。具體指何山，不詳。

25. **柴胡**〔一〕　一名地薰，一名山菜，一名茹草葉，一名芸蒿。生弘農川谷及冤句、壽州、淄州、關陝江湖間皆有〔二〕，銀州者為勝〔三〕。今鈞州密縣山谷間亦有。苗甚辛香。莖青紫堅硬，微有細線楞。葉似竹葉而小。開小黃花。根淡赤色。味苦，性平、微寒，無毒。半夏為之使〔四〕。惡皂莢。畏女菀、藜蘆〔五〕。又有苗似斜蒿，亦有似麥門冬苗而短者。開黃花，生丹州，

結青子，與他處者不類。

**救饑**　採苗葉煠熟，換水浸淘，去苦味，油鹽調食。

**治病**　文具《本草》草部條下。

**注釋**

〔一〕柴胡：即傘形科植物柴胡 *Bupleurum chinensis* DC.，且古今植物名稱相同。

〔二〕弘農：郡縣名，弘農郡為西漢元鼎四年（公元前113）置，治所在弘農縣，即今河南靈寶市東北故函谷關城，郡境包括黃河以南、宜陽以西一帶。壽州，隋以北周揚州置壽州，治壽春，即今安徽壽縣。宋為安豐軍，元為安豐路。明清仍名壽州。民國為縣。關陝，指陝西地區。陝西古名關中，故稱。

〔三〕語出《本草圖經》："今關陝江湖間近道皆有之，以銀州者為勝。"銀州，宋西夏時邊州名，在陝北無定河旁，今陝西米脂縣。古人認為此地所出柴胡質量最優，名為银州柴胡。

〔四〕半夏：即天南星科多年生草本植物半夏 *Pinellia ternata*（Thunb.）Breit.。

〔五〕女菀：即菊科女菀屬多年生草本植物女菀 *Aster fastigiatus* Fisch.。

**26. 漏蘆**〔一〕　一名野蘭，俗名莢蒿。根名鹿驪根，俗呼為鬼油麻。生喬山山谷及秦州、海州、單州、曹、兗州〔二〕，今鈞州新鄭沙崗間亦有之〔三〕。苗葉就地叢生。葉似山芥菜葉而大，又多花叉〔四〕；亦似白屈菜葉；又似大蓬蒿葉；及似風花菜脚葉而大〔五〕。葉中攛葶，上開紅白花。根苗味苦鹹，性寒，大寒，無毒。連翹為之使。

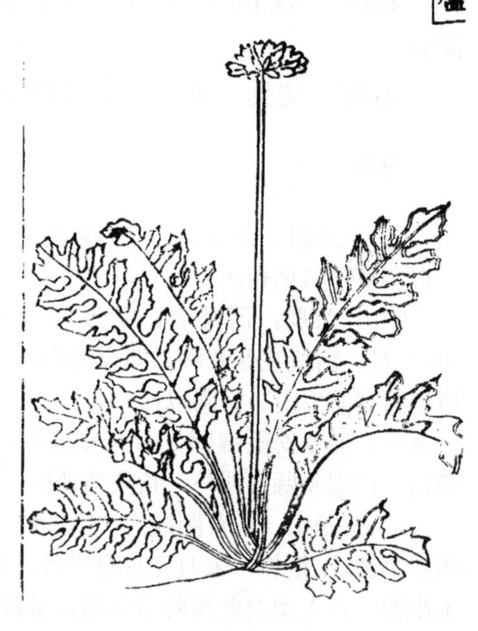


**救饑**　採葉煠熟，水浸淘去苦味，油鹽調食。

**治病**　文具《本草》草部條下。

**注釋**

〔一〕漏蘆：謝宗萬《品種論述》認為是菊科植物祁州漏蘆 *Rhaponticum uniflorum*（L.）DC.；張翠君也認為從別名描述上看應是祁州漏蘆，但後半部分的形態描述及附圖，則不似該種植物。伊博恩認為菊科藍刺頭屬的藍刺頭（禹州漏蘆）*Echinops latifolius* Tausch.。此種待考。

〔二〕喬山：古代中國有數處，這裏似指黄陵所在地喬山。陶弘景曰："喬山應是黄帝所葬處，乃在上郡。"海州，州名，北魏武定七年（549）始稱海州，直至清代，府治在今江蘇連雲港。單州，宋縣名，在今山東單縣，明洪武二年（1369）降單州為單縣至今。曹州，唐、宋、元、明縣名，在今山東菏澤。

〔三〕新鄭：明縣名，在今新鄭市。

〔四〕花叉：指葉面皺折而多裂缺。

〔五〕脚葉：即基生葉。因莖極度縮短，節間不明顯，葉恰如從根上成簇生出，故名。

## 27. 龍膽草〔一〕

一名龍膽，一名陵遊，俗呼草龍膽。生齊朐山谷及冤句〔二〕，襄州、吳興皆有之〔三〕。今鈞州、新鄭山崗間亦有。根類牛膝，而根一本十餘莖，黃白色，宿根〔四〕。苗高尺餘。葉似柳葉而細短，又似小竹。開花如牽牛花，青碧色，似小鈴形樣。陶隱居注云“狀似龍葵，味苦如膽”，因以為名。味苦，性寒、大寒，無毒。貫衆、小豆為之使〔五〕。惡防葵、地黃〔六〕。又云〔七〕，浙中又有山龍膽草，味苦澀，此同類而別種也。

**救饑**　採葉煠熟，換水浸淘去苦味，油鹽調食。勿空腹服餌，令人溺不禁〔八〕。

**治病**　文具《本草》草部條下。

**注釋**

〔一〕龍膽草：即龍膽科龍膽屬多年生草本植物龍膽 *Gentiana scabra* Bge.，以及條葉龍膽 *Gentiana manshurica* Kitag.、

三花龍膽 *Gentiana triflora* pall.，王作賓認為龍膽科龍膽屬植物達烏裏龍膽（小秦艽）*Gentiana dahurica* Fish. 也可能是。王家葵《救荒本草校釋與研究》（32 頁）認為似為條葉龍膽 *Gentiana manshurica* Kitag.。

〔二〕齊朐山：今江蘇連雲港市錦屏山。

〔三〕襄州：唐、宋州名，治所在襄陽，即今襄樊市。吳興，郡名，三國吳置吳興郡（今浙江湖州一帶）。唐亦曾改湖州為吳興郡。

〔四〕宿根：即次年春重新發芽的二年生或多年生草本植物的根。又"根類牛膝，而根一本十餘莖，黃白色，宿根"句不甚通，其源自《本草圖經》，文曰"宿根黃白色，下抽根十餘本，類牛膝"。

〔五〕貫眾：又名藟荷、貫節、貫仲、貫渠、虎卷等，有很多種，很多地區都以不同的蕨類植物作為"貫眾"。其中華北地區稱為"貫眾"的主要是蹄蓋蕨科蛾眉蕨屬多年生草本植物蛾眉蕨 *Lunathyrium acrostichoides*（Sw.）Ching.。

〔六〕防葵：即日本前胡 *Peucedanum japonicum* Thunb.。地黃，即玄參科植物地黃 *Rehmannia glutinosa* Libosch.。

〔七〕又云：非指陶隱居注接下云，而是指《本草圖經》再云。

〔八〕溺：音ㄋㄧㄠˋ，同"尿"。溺不禁，即小便失禁。

**28. 鼠菊**〔一〕　《本草》名鼠尾草，一名葝音勍(1)，一名陵翹。出黔州及所在平澤有之〔二〕。今鈞州新鄭崗野間亦有之。苗高一、二尺。葉似菊花葉微小而肥厚；又似野艾蒿葉而脆，色淡綠。莖端作四、五穗，穗似車前子穗而極踈細。開五瓣淡粉紫花，又有赤、白二色花者。黔中者，苗如蒿。《爾雅》謂"葝，鼠尾"〔三〕，可

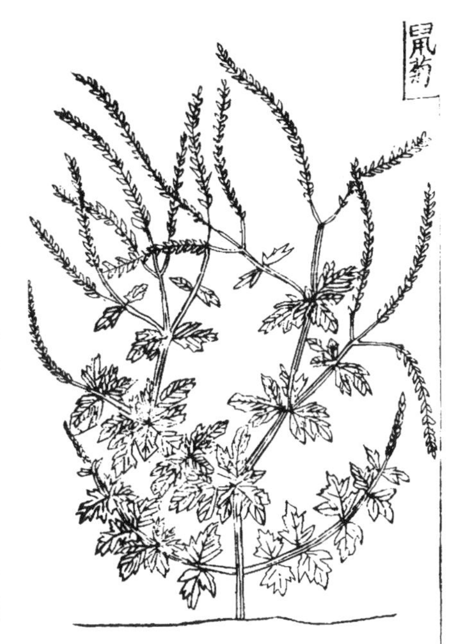


以染皂。味苦，性[2]微寒，無毒。

**救饑**　採葉煠熟，換水浸去苦味，再以水淘，令淨，油鹽調食。

**治病**　文具《本草》草部“鼠尾草”條下。

**校記**

（1）勍：原本作“耞”，徐光啟本作“勁”，今據四庫本和《證類本草》改。

（2）性：原本作“世”，據三十四年本、四庫本、徐光啟本改。

**注釋**

〔一〕鼠菊：王作賓認為是唇形科鼠尾草屬植物鼠尾草的變種*Salvia japonica* Thunb. var. *bipinata* Fr. et Sav.；伊博恩認為是鼠尾草 *Salvia japonica* Th.；王家葵《救荒本草校釋與研究》（33～34 頁）認為是馬鞭草科植物馬鞭草 *Verbena officinalis* L.，根據為吳其濬《植物名實圖考》所云：“《救荒本草》謂之鼠菊，葉可煠食，細核所繪形狀，與馬鞭草相仿佛。”鼠尾草說似更合理，古今植物名稱相近，形態結構亦相吻合。

〔二〕黔州：唐、宋州名，治所在彭水縣，即今重慶市彭水縣。

〔三〕語出《爾雅·釋草》。

29. **前胡**〔一〕　生陝西、漢梁、江淮、荆襄、江寧、成(1)州諸郡〔二〕，相、孟、越、衢、婺、睦等州皆有〔三〕。今密縣梁家衝山野中亦有之。苗高一、二尺，青白色，似斜蒿，味甚香美。葉似野菊葉而瘦細；頗似山蘿蔔葉亦細；又似芸蒿。開黲白花〔四〕，類蛇床子花。秋間結實。根細，青紫色；一云外黑裏白。味甘辛，微苦，性微寒，無毒。半夏為之使。惡皂莢；畏藜蘆。

**救饑**　採葉煠熟，換水浸淘淨，油鹽調食。

**治病**　文具《本草》草部條下。

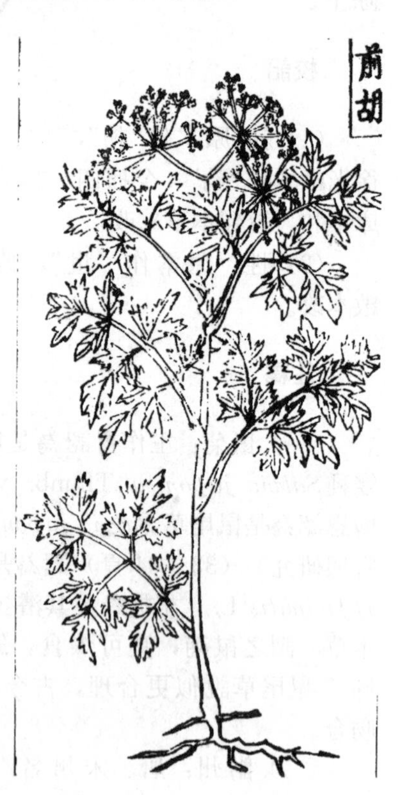


**校記**

(1) 成：原本作"咸"，今據四庫本、徐光啟本改。

**注釋**

〔一〕前胡：王作賓認為是傘形科前胡屬植物石防風 *Peucedanum terebinthaceum* Fisch.；伊博恩認為是同屬植物前胡 *Peucedanum decursivum* Maxim.；王家葵《救荒本草校釋與研究》(34 頁) 認

為是傘形科植物白花前胡 *Peucedanum praer uptorum* Dunn。

〔二〕江寧：府縣名，南唐於 937 年改金陵府為江寧府，地在今南京市。北宋與清亦為江寧府。江寧又為縣名，或在南京城區，或在郊區。荆襄，地區名，因境内魏晉南北朝設有荆州、襄陽故名，其地北有秦嶺，南有大巴山，東有熊耳山，中有武當山、荆山，跨連陝西、河南、湖北三省。成州，唐至元州名，治所大部分時期設在今甘肅成縣。

〔三〕相：唐宋州名，治所在今河南安陽；孟，宋州名，治所在河陽（今河南孟縣）；越，宋州名，治所在會稽（今浙江紹興）；衢，唐宋州名，治所在今浙江衢州；婺，唐宋州名，治所在今浙江金華；睦，宋州名，治所在今浙江睦州。

〔四〕黲：音ㄘㄢˇ，淺青黑色。

## 30. 猪牙菜〔一〕

《本草》名角蒿，一名莪蒿，一名蘿蒿，又名藘音廩蒿。舊云(1)生高崗及澤田，塹洳處有之〔二〕。今在處有之〔三〕，生田野中。苗高一、二尺。莖葉如青蒿葉；似邪蒿葉而細；又似蛇床子葉，頗壯(2)。稍間開花，紅赤色，鮮明可愛。花罷，結角子似蔓菁角，長二寸許，微彎。中有子黑色，似王不留行子。味辛苦，性温，無毒；一云性平，有小毒。

**救饑**　採嫩苗葉煠熟，水浸去苦味，淘淨，油鹽調食。

**治病**　文具《本草》草部“角蒿”條下。

**校記**

(1) 云：原本作“去”，據三十四年本、四庫本、徐光啟本改。

(2) 壯：原本作“仕”，據三十四年本、四庫本、徐光啟本改。

**注釋**

〔一〕豬牙菜：即紫葳科角蒿屬植物角蒿 *Incarvillea sinensis* Lam.，由於角蒿的蒴果圓柱形，頂端彎曲，形似豬牙，故名。

〔二〕塹洳：低濕之地。

〔三〕在處：即處處也。

**31. 地榆**〔一〕　生桐栢山及冤句山谷，今處處有之。密縣山野中亦有此，多宿根。其苗初生布地，後攛葶，直高三、四尺，對分生葉。葉似榆葉而狹細，頗長，作鋸齒狀(1)，青色。開花如椹子〔二〕，紫黑色；又類豉，故名玉豉。其根外黑裹紅，似柳根。亦入釀酒藥。燒作灰，能爛石。味苦、甘、酸，性微寒；一云沉寒〔三〕，無毒。得髪良，惡麥門冬。

**救饑**　採嫩葉煠熟，用水浸去苦味，換水淘淨，油鹽調食。無茶時，用葉作飲，甚解熱。

**治病**　文具《本草》草部條下。

**校記**

(1)狀：原本作"伏"，據四庫本改。

**注釋**

〔一〕地榆：即薔薇科地榆屬植物地榆 *Sanguisorba officinalis* Linn.，古今植物名稱相同。

〔二〕椹子：即桑椹子，桑樹之果實。

〔三〕沉寒：指長期凝滯的寒。

32. **川芎**〔一〕　一名芎藭，一名胡藭，一名香果。其苗葉名靡蕪，一名薇蕪，一名茳蘺。生武功川谷、斜谷、西嶺、雍州川澤及冤句〔二〕，其關陝、蜀川、江東山中亦多有，以蜀川者為勝。今處處有之，人家園圃多種。苗葉似芹而葉微細窄，却有花叉；又似白芷葉，亦細；又如園荽葉，微壯。又有一種，葉似蛇床子葉而亦

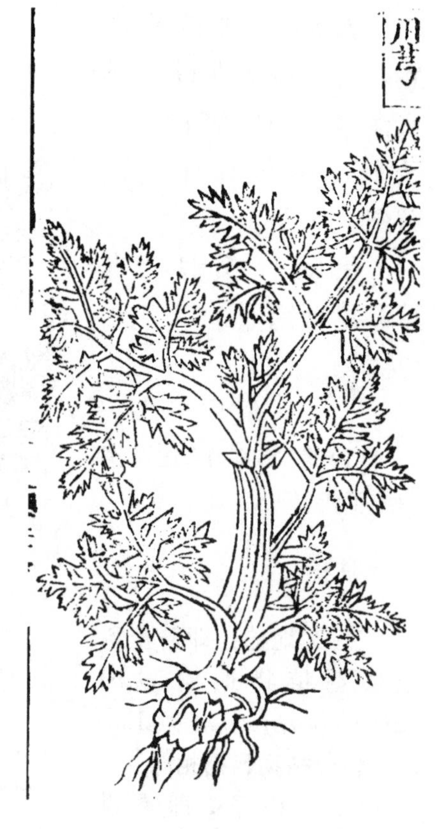


麄壯。開白花。其芎，人家種者，形塊大、重，實多脂潤，其裏色白。味辛甘，性温，無毒。山中出者，瘦細，味苦辛，其節大，莖繩，狀如馬銜，謂之馬銜芎；狀[1]如雀腦者，謂之雀腦芎，此最有力。白芷為之使。畏黄連。其蘼蕪，味辛香，性温，無毒。

**救饑**　採葉煠熟，换水浸去辛味，淘淨，油鹽調食。亦可煮飲，甚香。

**治病**　文具《本草》草部條下

**校記**

（1）狀：原本作“伏”，據三十四年本、四庫本、徐光啟本改。

**注釋**

〔一〕川芎：王作賓和伊博恩均認為是傘形科彎柱芹屬植物

*Conioselinum univittatum* Turcz.；張翠君認為是傘形科槁本屬植物川芎 *Ligusticum wallichii* Franch.；王家葵《救荒本草校釋與研究》（38 頁）認為是傘形科植物川芎 *Ligusticum chuanxiong* Hort.。後者似是。

〔二〕武功：古縣名，在今陝西武功縣，建縣始於秦孝公十二年（公元前 350）。“斜谷”，山谷名。在陝西省終南山。谷有二口，南曰褒，北曰斜，故亦稱褒斜谷。全長四百七十里。兩旁山勢峻險。為川陝之間重要孔道。西嶺，山名，位於成都市西大邑縣境內。即唐代詩人杜甫寓居成都草堂寫下的“窗含西嶺千秋雪”的西嶺。

## 33. 葛勒子秧〔一〕

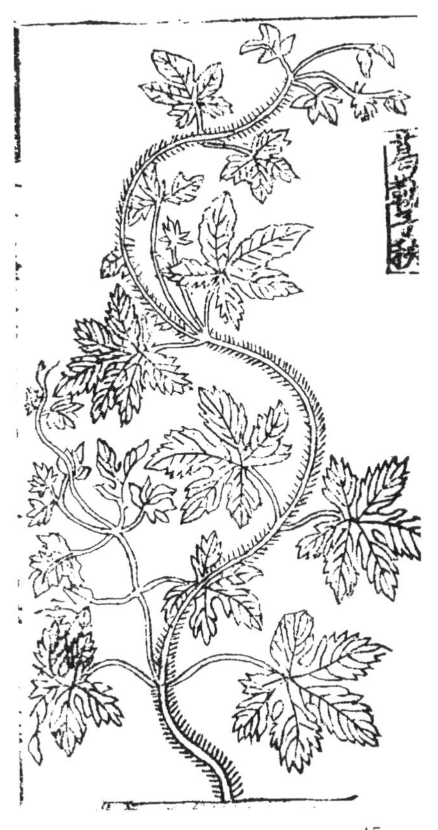

《本草》名葎草，亦名葛勒蔓，一名葛葎蔓，又[1]名澁蘿蔓。南人呼為攬藤。舊不著所出州土，今田野道傍處處有之。其苗延蔓而生，藤長丈餘，莖多細澁刺。葉似萆麻葉而小，亦薄。莖葉極澀，能抓挽人。莖葉間，開黄白花。結子類山絲子。其葉味甘苦，性寒，無毒。

**救饑**　採嫩苗葉煠熟，換水浸去苦味，淘淨，油鹽調食。

**治病** 文具《本草》草部“葎草”條下。

**校記**

（1）又：原本作“人”，據四庫本、徐光啟本改。

**注釋**

〔一〕葛勒子秧：即桑科葎草屬植物葎草 *Humulus scandens*（Lour.）Merr.。

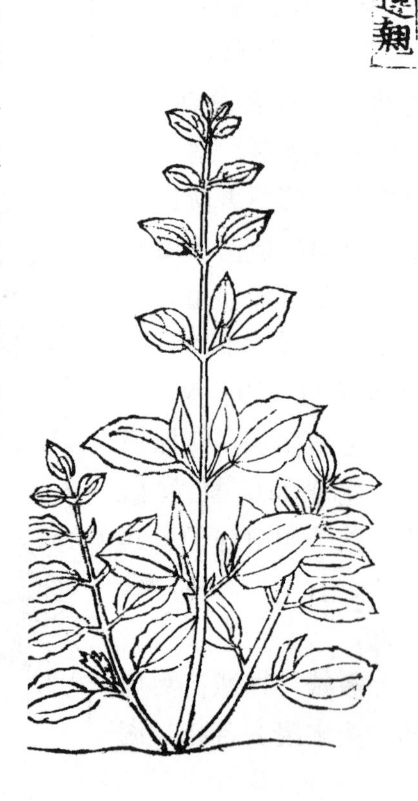


34. **連翹**〔一〕 一名異翹，一名蘭華，一名折根，一名軹音紙，一名三廉，《爾雅》謂之連，一名連苕音條。生太山山谷，及河中、江寧、澤、潤、淄、兗、鼎、嶽、利州、南康皆有之〔二〕。今密縣梁家衝山谷中亦有。科苗高三、四尺。莖稈赤色。葉如榆葉大，面光色青黃，邊微細鋸齒；又似金銀花葉微尖艄音哨。開花，黃色可愛。結房，狀似山梔子。蒴微匾而無稜瓣。莿中有子如雀舌樣，極小。其子折之，間片片相比如翹，以此得名。味苦，性平，無毒。葉亦味苦。

**救饑**　採嫩葉煠熟，換水浸去苦味，淘洗淨，油鹽調食。

**治病**　文具《本草》草部條下。

**注釋**

〔一〕連翹：王作賓和伊博恩均認為木犀科連翹屬植物連翹 *Forsythia suspensa* Vahl.。但連翹屬為落葉叢生灌木，株高八至九尺。與朱氏將其歸於草類的記載，似不合。黃勝白、陳重明《本草學》認為是金絲桃科多年生草本植物黃海棠 *Hypericum ascyron* Linn.，其說有理。

〔二〕河中：即河中府，治所在今山西永濟西蒲州鎮。澤，即澤州，治所在今山西晉城。潤，即潤州，治所在今江蘇鎮江。淄，即淄州，治所在今山東淄博市。兗，即兗州，治所在今山東兗州。嶽，即嶽州，治所在今湖南嶽陽。利州，治所在今四川廣元。南康，即南康縣，在今江西南康縣。

**35. 仙靈脾**〔一〕　《本草》名淫羊藿，一名剛前，俗名黃德祖、千兩金、乾雞筋、放杖草、棄杖草，俗又呼三枝九葉草。生上郡陽山山谷及江東、陝西、泰山、漢中、湖、湘、沂(1)州等郡〔二〕，並永康軍皆有之〔三〕。今密縣山野中亦有。苗高二尺許。莖似小豆莖，極細緊。葉似杏葉，頗長，近蔕皆有一缺；又似菉豆葉，亦長而光。稍間開花，白色，亦有紫色，花作碎小。獨頭子根〔四〕，紫色，有鬚〔五〕，形類黃連狀。味辛，性寒；

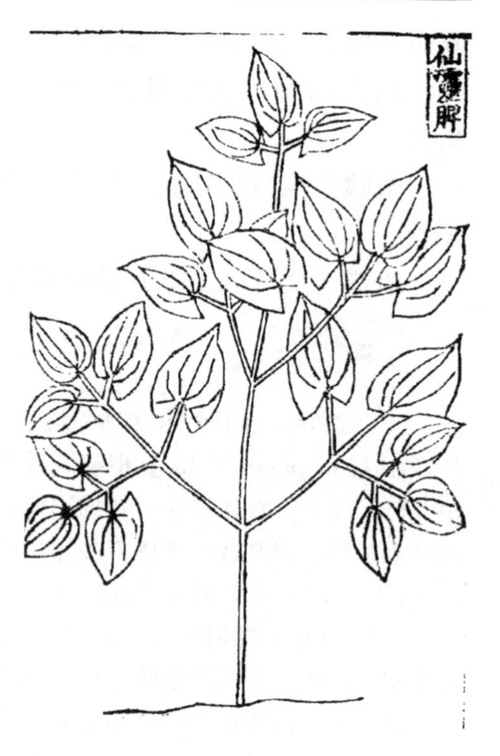


一云性温，無毒。生處不聞水聲者良，薯蕷、紫芝為之使〔六〕。

**救饑** 採嫩葉煠熟，水浸去邪味，淘淨，油鹽調食。

**治病** 文具《本草》草部“淫羊藿”條下。

**校記**

（1）沂：原本作“泝”，今據四庫本、徐光啟本和《證類本草》改。

**注釋**

〔一〕仙靈脾：王作賓和伊博恩均認為是小蘗科淫羊藿屬植物 *Epimedium macranthum* Morr. et. Decne.；張翠君認為是同屬植物淫羊藿 *Epimedium grandiflorum* Morr.。可能是小檗科植物淫羊藿 *Epimidium brevicornum* Maxim.。王家葵《救荒本草校釋與研究》（40 頁）根據《救荒本草》文字描述提及“近蒂皆有一缺”，推斷其應是箭葉淫羊藿 *Epimediun sagittatum*（Sieb. et Zucc.）Maxim.。不僅植物名延用至今，而且主產地為河南。

〔二〕上郡：古郡名。秦漢治所在膚施，今陝西榆林東南。隋治遷今陝西富縣。唐治今綏。江東，即江東郡，楚懷王滅越後設置，因地區名江東而得名，轄有今安徽東南部、江蘇南部以及浙江北部。漢中，即漢中郡，楚懷王時期設置，丹陽之戰被秦國奪取，因漢水得名，治所在今漢中市，轄有今陝西東南、湖北西北。泰山，即泰山郡，兩漢魏晉南北朝郡名，治所多在奉高，即今山東泰安東北。湘，唐宋州名，地在今湖南長沙。沂州，北周置，治所在即丘（今山東臨沂東南）。隋移臨沂。

〔三〕永康軍：北宋乾德四年（966）改灌州為永安軍，太平興國三年（978）再更永寧軍，旋改永康軍，軍治今四川都江堰市灌口鎮，轄青城、導江二縣。神宗熙寧五年（1072）廢為永康寨。哲宗元祐復置永康軍。南宋末年廢為灌口寨。

〔四〕根：此處的"根"，實際上是根狀莖。

〔五〕鬚：此處的"鬚"，才是真正的根，是 鬚根。

〔六〕紫芝：別名黑芝、玄芝，即多孔菌科真菌紫芝 *Ganoderma sinense* Zhao. Xu et Zhang 的子實體。多產於河北、山東等省的闊葉樹木樁旁地上或松木上。

36. **青杞**(1)〔一〕 《本草》名蜀羊泉，一名羕泉，一名羊飴，俗名漆姑。生蜀郡川谷及所在平澤皆有之。今祥符縣西田野中亦有。苗高二尺餘。葉似菊葉稍長。花開紫色，子類枸杞子，生青熟紅。根如遠志，無心有糁(2)踈錦切。味苦，性微寒，無毒。

**救饑** 採嫩葉煠熟，水浸去苦味，淘洗淨，油鹽調食。

**治病** 文具《本草》草部"蜀羊泉"條下。

**校記**

（1）杞：原本、四庫本作“杷”，今據文義改。因“杷”，同“枱（耜）”，是一種田器。

（2）糝：原本、四庫本作“槮”，今據《證類本草》和文意改。此句《證類本草》引《新修本草》作“糝”。又“槮”本義为古代的一種捕魚器具或形容樹木高聳樣，而與文意不吻合；“糝”本義為米粒或穀類製成的小渣，與文義較合。

**注釋**

〔一〕青杞：即茄科茄屬植物青杞 *Solanum septemlobum* Bge.。

**37. 野生薑**〔一〕 《本草》名劉寄奴。生江南，其越州、滁州皆有之。今中牟南沙崗間亦有之。莖似艾蒿，長二、三尺餘。葉似菊葉而瘦細；又似野艾蒿葉，亦瘦細。開花，白色。結實，黄白色，作細筒子蒴兒，蓋蒿之類也。其子似稗而細。苗葉味苦，性温，無毒。

**救饑** 採嫩葉煠熟，水浸淘去苦味，油鹽調食。

**治病** 文具《本草》草部“劉寄奴”條下。

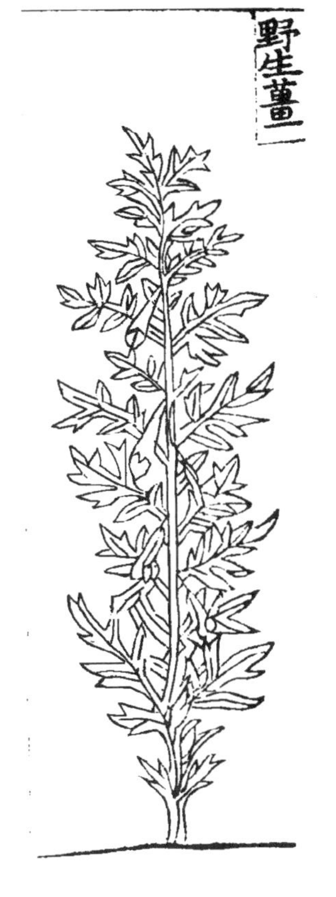


**注釋**

〔一〕野生薑：《本草》名劉寄奴，王作賓和伊博恩均認為是菊科千里光屬植物麻葉千里光 *Senecio palmatus* pall. [＝*S. cannabifolius* Less.]，但中草藥界多指菊科植物奇蒿 *Artemisia anomala* S. Moore.（稱南劉寄奴）。王家葵等《救荒本草校釋與研究》（43頁）認為奇蒿形態特徵與《救荒本草》圖多不合，推測可能是玄參科陰行草 *Siphonostegia chivnensis* Benth.。寄奴原為南朝宋高祖劉裕小名。據《南史·宋武帝紀》載劉裕首得此草並用以治癒金瘡。後人因稱之為“劉寄奴”。

38. **馬蘭頭**〔一〕　《本草》名馬蘭。舊不著所出州土，但云生澤傍，如澤蘭〔二〕。北人見其花，呼為紫菊，以其花似菊而紫也。苗高一、二尺。莖亦紫色。葉似薄荷葉，邊皆鋸齒；又似地瓜兒葉，微大。味辛，性平，無毒。又有山蘭〔三〕，生山側，似劉寄奴，葉無椏，不對生。花心微黄赤。

**救饑**　採嫩苗葉煠熟，新汲水浸去辛味，淘洗淨，油鹽調食。

**治病**　文具《本草》草部條下。

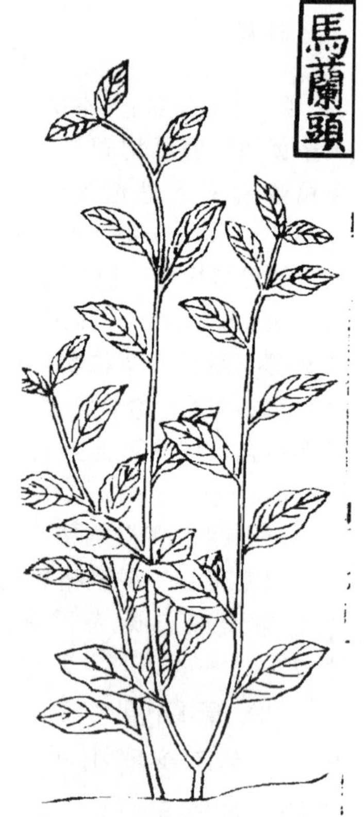


**注釋**

〔一〕馬蘭頭：王作賓和伊博恩都認為是菊科紫菀屬植物三褶脈紫菀 *Aster trinervius* Linn. [=*A. ageratoides* Turcz.]，又名紅管藥。而《中藥大辭典》認為是馬蘭 *Kalimeris indica*（L.）Schu lz - Bip，王家葵等《救荒本草校釋與研究》（44 頁）亦贊同馬蘭說。

〔二〕澤蘭：即唇形科植物毛葉地瓜兒苗 *Lycopus lucidus* Turcz. var. hirtus Regel，多年生草本植物，生於沼澤地、水邊。

〔三〕山蘭：即蘭科山蘭屬植物山蘭 *Oreorchis patens*（Lindl.）Lindl.，多年生草本植物，多生於山坡向陽處草叢中及溝邊。

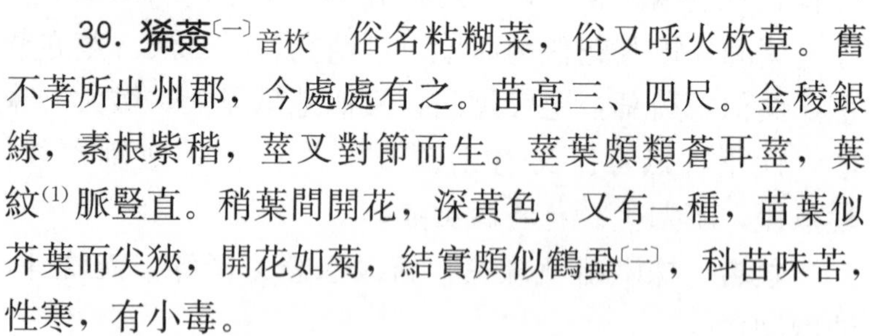

**39. 豨薟**〔一〕音枚　俗名粘糊菜，俗又呼火枕草。舊不著所出州郡，今處處有之。苗高三、四尺。金稜銀線，素根紫稭，莖叉對節而生。莖葉頗類蒼耳莖，葉紋(1)脈豎直。稍葉間開花，深黃色。又有一種，苗葉似芥葉而尖狹，開花如菊，結實頗似鶴蝨〔二〕，科苗味苦，性寒，有小毒。

**救饑**　採嫩苗葉煠熟，水浸去苦味，淘洗淨，油鹽調食。

**治病**　文具《本草》草部條下。

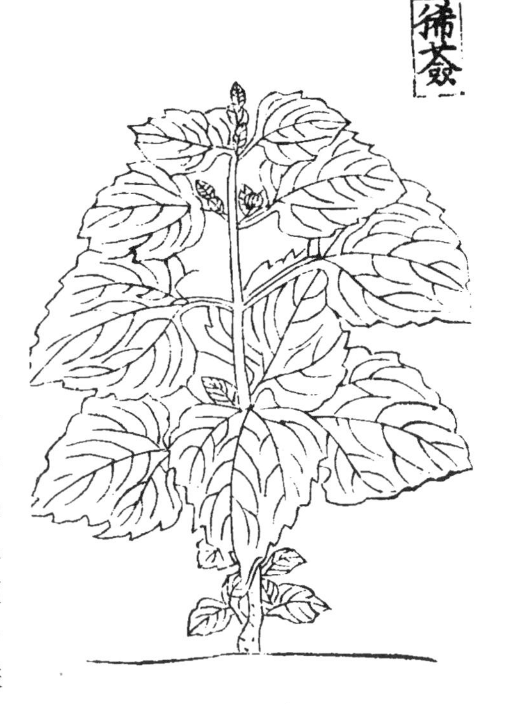


**校記**

（1）紋：原本作“絞”，據四庫本改。

**注釋**

〔一〕狶薟：王作賓和伊博恩均認為是菊科稀薟屬植物狶薟（粘糊菜）*Siegesbeckia orientalis* Linn.。張翠君認為是同屬植物腺梗狶薟 *Siegesbeckia pubescens* Makino，依據是腺梗狶薟總花梗和枝上部被紫褐色頭狀有梗腺毛。

〔二〕鶴虱：即菊科植物天名精 *Carpesium abrotanoides* L.，多年生草本植物，主產河南。

40. **澤瀉**〔一〕　俗名水蓸菜，一名水瀉，一名及瀉，一名芒芋，一名鵠瀉。生汝南池澤及齊州〔二〕，山東、河陜、江淮亦有，漢中者為佳。今水邊處處有之。叢生苗葉，其葉似牛舌草葉〔三〕，紋脈堅直。葉叢中間攛葶，對分莖叉。莖有線楞。稍間開三瓣小白花。結實小，青細。子味甘。葉味微鹹，俱無毒。

**救饑**　採嫩葉煠熟，水浸淘淨，油鹽調食。

**治病** 文具“本草”草部條下。

**注釋**

〔一〕澤瀉：即澤瀉科澤瀉屬植物澤瀉 *Alisma orientale* (Sam.) Juzepcz.。

〔二〕汝南：郡名，因位於汝河之南，故名汝南。西漢高帝二年（公元前 205）始建汝南郡，郡治在上蔡，後遷平輿。三國魏治新息（今息縣），隋治今汝南縣。齊州，北魏至北宋末州名，治歷城，今山東濟南市東。

〔三〕牛舌草：即車前草科車前草屬多年生草本植物車前草 *Plantago asiatica* L.，車前草别名之一牛舌。

## 新增

**41. 竹節菜**〔一〕 一名翠蝴蝶，又名翠娥眉，又名笪竹花〔二〕，一名倭青草。南北皆有，今新鄭縣山野中亦有之。葉似竹葉微寬。短莖，淡紅色。就地叢生。

攏節似初生嫩葦節。稍葉間開翠碧花，狀類蝴蝶。其葉味甜。

**救饑**　採嫩苗葉煠熟，油鹽調食。

**注釋**

〔一〕竹節菜：即鴨蹠草科鴨蹠草屬植物鴨蹠草 *Commelina communis* Linn.。又，竹節菜別名鴨蹠草。

〔二〕笪竹：即禾本科多年生草本植物淡竹葉 *Lophatherum gracile* Brongn.。

42. **獨掃苗**〔一〕　生田野中，今處處有之。葉似竹形而柔弱、細小。抪音布莖而生，莖葉稍間結小青子，小如粟粒。科莖老時，可為掃帚。葉味甘。

**救饑**　採嫩苗葉煠熟，水浸淘淨，油鹽調食。晒乾，煠食，不破腹，尤佳。

**治病**　今人多將其子，亦作地膚子代用。

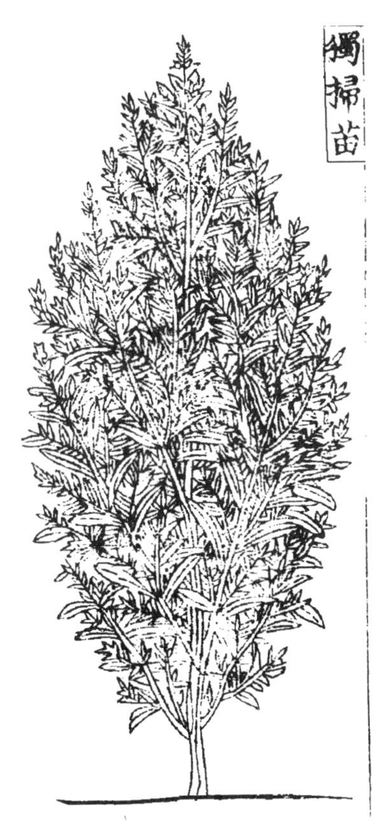


**注釋**

〔一〕獨掃苗，王作賓和伊博恩均認為是藜科地膚屬植物地膚 *Kochia scoparia*（Linn.）Schrad.；張翠君更進一步認為是地膚的變型掃帚菜 *Kochia trichophila* Schinz et Thell.。

43. **歪頭菜**〔一〕　出新鄭縣山野中。細莖，就地叢生。葉似豇豆葉而狹長，背微白，兩葉並生一處。開紅紫花，結角比豇豆角短小匾瘦。葉味甜。

**救饑**　採葉煠熟，油鹽調食。

**注釋**

〔一〕歪頭菜：即豆科野豌豆屬植物歪頭菜 *Vicia unijuga* A. Br.。

44. **兔兒酸**〔一〕　一名兔兒漿。所在田野中皆有之。苗比水葒矮短。莖葉皆類水葒。其莖節密。其葉亦稠，比水葒葉稍薄小。味酸性。

**救饑**　採苗葉煠熟，以新汲水浸去酸味，淘淨，油鹽調食。

**注釋**

〔一〕兔兒酸：即蓼科屬植

物兩棲蓼 *Polygonum amphibium* Linn.。《河南野菜野果》（19 頁）記載河南地方上稱兩棲蓼為兔兒酸。

**45. 鹻**音減**蓬**〔一〕　一名鹽蓬。生水傍下濕地。莖似落藜，亦有線楞。葉似蓬而肥壯，比蓬葉亦稀踈。莖葉間結青子，極細小。其葉味微鹹，性微寒。

**救饑**　採苗葉煠熟，水浸去鹻味，淘洗淨，油鹽調食。

**注釋**

〔一〕鹻蓬：即藜科堿蓬屬一年生草本植物灰綠鹻蓬 *Suaeda glauca* Bge.。

**46. 蔄蒿**〔一〕　田野中處處有之。苗高二尺餘。莖蘚似艾，其葉細長，鋸齒，葉抪音布莖而生。味微苦，性微溫。

**救饑**　採嫩苗葉煠熟，水浸淘淨，油鹽調食。

**注釋**

〔一〕蔄蒿：王作賓認為是菊科艾屬植物 *Artemisia* sp.，未鑑定到種；伊博恩認為是菴 *Artemisia*

Keiskiana Miq.；張翠君認為是菊科蒿屬植物蔞蒿 *Artemisia selengensis* Turcz.。《植物名實圖考》云，蔞蒿就是蕳蒿；二者的形態特徵亦相吻合，現今河南仍有此種野菜。

47. **水萵苣**〔一〕　一名水菠菜。水邊多生。苗高一尺許。葉似麥藍葉，而有細鋸齒，兩葉對生，每兩葉間，對叉又生兩枝。稍間開青白花，結小青蓇葖〔二〕，如小椒粒大〔三〕。其葉味微苦，性寒。

**救饑**　採苗葉煠熟，水淘淨，油鹽調食。

**注釋**

〔一〕水萵苣：即玄參科婆婆納屬多年生草本植物北水苦蕒 *Veronica anagalis-aguatica* L.。

〔二〕蓇葖：果實的一種類型，屬乾果中的裂果。單室，多籽，成熟時果皮僅在一面裂開。如芍藥、八角茴香、木蘭等的果實。

〔三〕椒：即芸香科花椒屬植物花椒 *Zanthoxylum bungeanum* Maxim.，其為落葉灌木或小喬木，果實球形，暗紅色，種子黑色，可供藥用或調味

48. **金盞菜**〔一〕　一名地冬瓜菜。生田野中。

苗高二、三尺。莖初微赤而有線路。葉似綿柳葉〔二〕，微厚，抪莖而生。莖葉稠密。開花，紫色黃心。其葉味甘、微鹹。

**救饑**　採苗葉煠熟，水淘淨，油鹽調食。

**注釋**

〔一〕金盞菜：伊博恩認為是菊科堿菀屬植物堿菀 *Tripolium vulgare* Ness.，鑑定正確，另堿菀別名叫金盞菜，二者形態特徵亦相吻合。

〔二〕綿柳：即楊柳科植物杞柳 *Salix integra* Linn.，落葉叢生多年生灌木，枝條細長柔韌，可編織箱筐等器物。也稱紅皮柳。

49. **水辣菜**〔一〕　生水邊下濕地中。苗高一尺餘。莖圓。葉似鷄兒腸葉，頭微齊短；又似馬蘭頭葉，亦更齊短。其葉抪莖生，稍間出穗，如黃蒿穗〔二〕。其葉味辣。

**救饑**　採嫩苗葉煠熟，換水淘去辣氣，油鹽調食。生亦可食。

**注釋**

〔一〕水辣菜：王作賓和伊博恩均認為是十字花科豆瓣菜屬植物豆瓣菜 *Nasturtium officniale* R. Br.，然豆瓣菜為單數大頭羽狀複葉，總狀花序頂生，與本書圖不相符；張翠君推測為菊科蒿屬多年生草本植物牡蒿 *Artemisia japonica* Thunb.，但缺乏其他證據。張説可行，因為牡蒿一別名水辣菜；另位於遼寧省東南部的東港市的野菜水辣菜就是牡蒿。

〔二〕黄蒿：即菊科一或二年生草本植物黄蒿 *Artemisia scoparia* Waldst. Et Kit.，别名有豬毛蒿等。

50. **紫雲菜**〔一〕 生密縣付家衝山野中。苗高一、二尺。莖方，紫色，對節生叉。葉似山小菜葉，頗長。㧋梗對生，葉頂及葉間開淡紫花。其葉味微苦。

**救饑** 採嫩苗葉煠熟，水浸淘去苦味，油鹽調食。

**注釋**

〔一〕紫雲菜：王作賓認為是唇

形科風輪菜屬植物風輪菜 *Calamintha chinensis* Benth.；伊博恩認為是爵床科馬藍屬植物少花馬藍 *Strobilanthes oliganthus.*；張翠君認為是唇形科風輪菜屬植物麻葉風輪菜（紫蘇）*Clinopodium urticifolium*（Hance）C. Y. Wu et Hsuan.。

**51. 鴉葱**〔一〕　生田野中。板葉(1)尖長，搨地而生〔二〕。葉似初生萵秫葉而小〔三〕；又似初生大藍葉，細窄而尖。其葉邊皆曲皺。葉中攛葶，上結小蓇葖，後出白英。味微辛。

**救饑**　採苗葉煠熟，油鹽調食。

**校記**

(1) 板葉：四庫本作“葉瓣”，徐光啟本作“枝葉”。

**注釋**

〔一〕鴉葱：王作賓和伊博恩認為是菊科鴉葱屬多年生草本植物筆管草 *Scorzonera albicaulis* Bge.；王家葵等《救荒本草校釋與研究》(53頁）認為是同屬植物鴉葱 *Scorzonera austriaca* Willd. 或同屬近緣植物；張翠君則認為鴉葱 *Scorzonera ru-*

prechtiana Lipsch et Krasch、筆管草 *Scorzonera albicaulis* Bunge 和蒙古鴉葱 *S. Mongolia* Maxim 都有可能，均符合《救荒本草》的描述。考慮到鴉葱別名有筆管草，故鴉葱、筆管草都有可能。

〔二〕搨地：貼着地面也，搨，同“拓”。

〔三〕薥秫：又名蜀黍、秫秫，即高粱。

匙頭菜

## 52. 匙頭菜〔一〕

生密縣山野中。作小科苗，其莖面窊五化切背圓。葉似團匙頭樣，有如杏葉大，邊微鋸齒。開淡紅花。結子，黄褐色。其葉味甜。

**救饑**　採葉煠熟，水浸淘淨，油鹽調食。

**注釋**

〔一〕匙頭菜：堇菜科堇菜屬多年生草本植物毬果堇菜 *Viola collina* Bess.，俗名毛果堇菜；且據《貴州民間方藥集》載，毛果堇菜的異名就是匙頭菜。

## 53. 鷄冠菜〔一〕

生田野中。苗高尺餘。葉似青莢

菜葉而窄小；又似山菜葉而窄，稍間出穗，似兔兒尾穗，却微細小。開粉紅花，結實如莧菜子。苗葉味苦。

**救饑**　採苗葉煠熟，水浸淘去苦氣，油鹽調食。

**注釋**

〔一〕鷄冠菜：即莧科青葙屬植物青葙 *Celosia argentea* Linn.。二者植物形態結構相吻合，且青葙的別名也叫野鷄冠花。

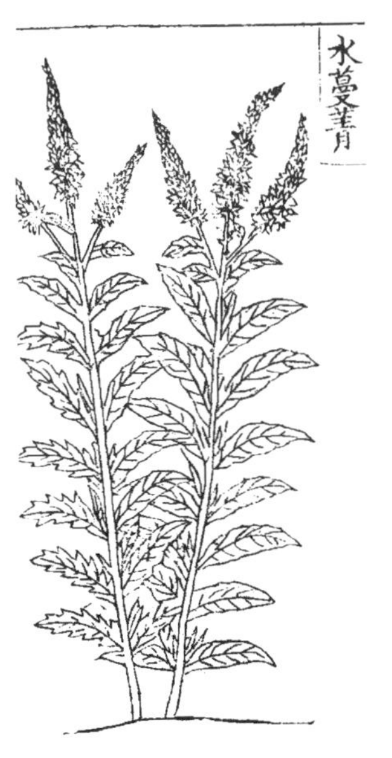


54. **水蔓菁**〔一〕　一名地膚子。生中牟縣南沙堈中。苗高一、二尺。葉彷彿似地瓜兒葉，却甚短小，捲邊窊面；又似鷄兒腸菜葉，頗尖艄。稍頭出穗，開淡藕絲褐花。葉味甜。

**救饑**　採苗葉煠熟，油鹽調食。

**治病**　今人亦將其子作地膚子用。

**注釋**

〔一〕水蔓菁：玄參科婆婆納屬

植物水蔓菁 *Veronica linariifolia* var. *dilatata* Nakai et Kitagawa。古今植物名稱相同，形態特徵，特別是葉形相吻合。

**55. 野園荽**〔一〕音錐　生祥符西北田野中。苗高一尺餘。苗葉結實，皆似家胡荽，但細小瘦窄。味甜，微辛香。

**救饑**　採嫩苗葉煠熟，油鹽調食。

**注釋**

〔一〕野園荽：王作賓認為是傘形科和蘭芹屬植物（現為蒿屬）葛縷子 *Carum carvi* Linn.，王家葵等《救荒本草校釋與研究》（56頁）亦疑為此植物；伊博恩和張翠君認為是傘形科旱芹屬植物旱芹 *Apium graveolens* Linn var. dulce DC.，因為從葉形上看像是旱芹屬的旱芹。

**56. 牛尾菜**〔一〕　生輝縣鴉子口山野間。苗高二、三(1)尺。葉似龍鬚菜葉，葉間分生叉枝，及出一細絲蔓；又似金剛刺葉而小，紋脈皆豎。莖葉稍間，開白花，結子黑色。其葉味苦。

**救饑**　採嫩葉煠熟，水浸淘淨，油鹽調食。

**校記**

（1）三：原本作“二”，今據四庫本、徐光啟本改。

**注釋**

〔一〕牛尾菜：百合科菝葜屬植物牛尾菜 *Smilax riparia*. DC.。現今河南此種野菜仍稱牛尾菜。

### 57. 山蕎菜〔一〕

生密縣山野中。苗初搨地生。其葉之莖，背圓面窊五化切。葉似初出冬蜀葵葉〔二〕，稍小，五花叉，鋸齒邊；又似蔚臭苗葉而硬厚頗大。後攛莖叉，莖深紫色。稍葉頗小。味微辣。

**救饑**　採苗葉煠熟，換水浸淘淨，油鹽調食。

**注釋**

〔一〕山蕎菜：山

葶菜屬的山葶菜（雲南山葶菜）*Eutrama yunnanense* Franch.。

〔二〕冬蜀葵：又名冬寒菜，即錦葵科錦葵屬植物冬葵 *Malva verticillata* L.。

**58. 綿絲菜**〔一〕　生輝縣山野中。苗高一、二尺。葉似兔兒尾葉，但短小；又似柳葉菜葉，亦比短小。稍頭攢生小蓇葖，開黲白花。其葉味甜。

**救饑**　採嫩苗葉煠熟，水浸淘淨，油鹽調食。

**注釋**

〔一〕綿絲菜：王作賓、王家葵認為是報春花科排草屬植物 *Lysimachia* sp.；張翠君認為是報春花科排草屬植物珍珠菜 *Lysimachia clethroides* Duby.。盡管河南的大別山、伏牛山、太行山等地至今生長着野菜品種珍珠菜，二者形態特徵亦多有吻合，但據《河南野菜野果》（50頁）載，其地方名為狼尾巴花、野鷄臉，無綿絲菜名稱，其他地方名中，有紅絲毛、過路紅、鬮鷄尾、活血蓮、紅根草、紅梗草、赤脚草、狼尾珍珠菜等名稱，也無綿絲菜名；其次，珍珠菜的葉子比柳葉菜和兔兒尾苗要大，形態上也

存在不合之處，故究竟何物，待考。

59. **米蒿**〔一〕　生田野中，所在處處有之。苗高尺許。葉似圓荽葉，微細。葉叢間分生莖叉，稍上開小青黄花，結小細角，似葶藶角兒。葉味微苦。

**救饑**　採嫩苗煠熟，水浸過淘淨，油鹽調食。

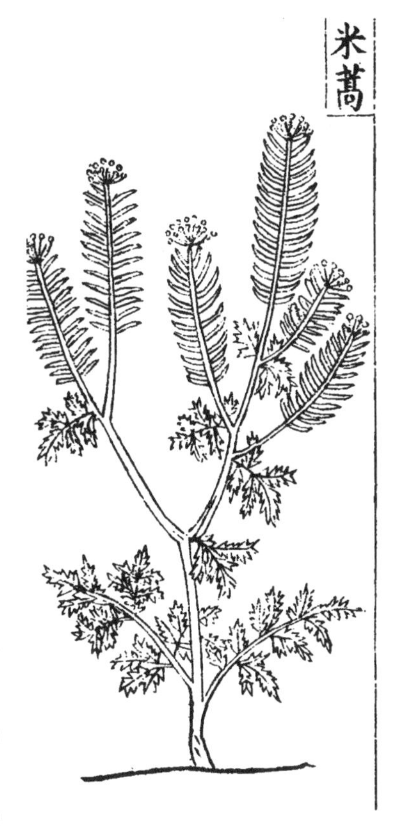


**注釋**

〔一〕米蒿：即十字花科播娘蒿屬植物播娘蒿 *Descurainia Sophia*（L.）Webb ex Prantl，因為播娘蒿一別名是米蒿，且《河南植物誌》（第一冊 55 頁）載，在河南方言中，米米蒿就是播娘蒿的別名。另形態特徵也較吻合。該植物與後面的播娘蒿是同一種植物，只是播娘蒿沒有花和果實的描述，而米蒿描述了花和果實。

60. **山芥菜**〔一〕　生密縣山坡及崗野中。苗高一、二尺。葉似家芥菜葉〔二〕，瘦短微尖而多花叉。開小黄花，結小短角兒。味辣，微甜。

**救饑**　採苗葉揀擇淨，煠熟，油鹽調食。

**注釋**

〔一〕山芥菜：伊博恩認為是十字花科蔊菜屬植物毬果蔊菜 *Nasturtium globosum* Turcz.［＝*Rorippa globosa*（Turcz.）Thellung］；王作賓認為是十字花科豆瓣菜屬植物 *Nasturtium montanum* Linn.；王家葵《救荒本草校釋與研究》（58 頁）認為是十字花科蔊菜屬一年生草本植物塘葛菜；張翠君認為是蔊菜屬風花菜 *Rorippa palustris*（Leyss.）Bess.。因為在《救荒本草》的圖中可看出總狀花序腋生，因而肯定不是毬果蔊菜；且山芥菜一別名風花菜。《河南野菜野果》（33～34 頁）記載河南嵩縣有一地方名叫山芥菜的野菜品種，即十字花科碎米薺屬植物白花碎米薺 *Cardamine leucantha*（Tausch）O. E. Schulz，另趙金光（《中國野菜》178 頁）、趙培潔（《中國野菜資源學》42 頁）也持此說。然花色、葉形與《救荒本草》圖文略有差異。

〔二〕家芥菜：即十字花科芸薹屬一年生或二年生草本芥菜 *Brassica juncea* Czern. et Coss。是中國傳統蔬菜。

**61. 舌頭菜**〔一〕　生密縣山野中。苗葉搨地生。葉似山白菜葉而小，頭頗團，葉面不皺，比山白菜葉亦厚。狀類猪舌形，故以為名。味苦。

**救饑**　採葉煠熟，水浸去苦味，換水淘淨，油鹽調食。

### 注釋

〔一〕舌頭菜：王作賓和伊博恩都未作鑑定。《救荒本草》的描述太簡單，圖只有幾片葉，沒有花和果實。故難以考訂。

**62. 紫香蒿**〔一〕　生中牟縣平野中。苗高一、二尺。莖方，紫色。葉似邪蒿葉而背白；又似野胡蘿蔔葉，微短。莖葉稍間，結小青子，比灰菜子又小。其葉味苦。

**救饑**　採葉煠熟，水浸去苦(1)，油鹽調食。

### 校記

(1) 苦：原本作“若”，據三十四年本改。文中多次出現“苦”字刻誤，以後徑改，不再出校。

### 注釋

〔一〕紫香蒿：王作賓和伊博恩均認為是菊科蒿屬植物狹葉青蒿（龍蒿）*Artemisia dranunculus* Linn.。

63. **金盞兒花**〔一〕　人家園圃中多種。苗高四、五寸。葉似初生萵苣葉，比萵苣葉狹窄而厚，抪音布莖生葉，莖端開金黄色盞子樣花。其葉味酸。

**救饑**　採苗葉煠熟，水浸去酸味，淘淨，油鹽調食。

**注釋**

〔一〕金盞兒菜：王作賓和伊博恩都認為是菊科金盞花屬植物 *Calendula officinalis* Linn.（金盞菊）；張翠君認為是菊科植物小金盞花 *Calendula arvensis* L.，後者的别名就有金盞兒花。

64. **六月菊**〔一〕　生祥符西田野中。苗高一、二尺。莖似鐵桿音杆蒿莖。葉似鷄兒腸葉，但長而澀；又似馬蘭頭葉而硬短。稍葉間開淡紫花。葉味微酸澀。

**救饑**　採葉煠熟，水浸去邪味，油鹽調食。

**注釋**

〔一〕六月菊：王作賓認為是菊科紫菀屬植物紫菀 *Aster tripolium*

Linn.；伊博恩認為是菊科馬蘭屬植物 *Asteromaea cantonensis* DC.。紫菀沒有“六月菊”的別名，《河南野菜野果》（60 頁）載，在河南嵩縣，其地方名為鐵桿蒿，此種野菜《救荒本草》書中已列，故王氏之說似難以成立。另現今有一種為菊科天人菊屬植物六月菊，然其原産於北美洲，非朱橚當時所能見到。王家葵等《救荒本草校釋與研究》（62 頁）疑是菊科一年生草本植物堿菀 *Tripolium vulgare* Nees，可備一説。

65. **費菜**〔一〕　生輝縣太行山車箱衝山野間。苗高尺許。葉似火焰草葉而小〔二〕，頭頗齊，上有鋸齒。其葉掭音布莖而生。葉稍上開五瓣小尖淡黄花，結五瓣紅小花蒴兒。苗葉味酸。

**救饑**　採嫩苗葉煠熟，換水淘去酸味，油鹽調食。

費菜

**注釋**

〔一〕費菜：伊博恩認為是景天科景天屬植物堪察加景天 *Sedum kamtschaticum* Fisch.；王作賓認為是景天科景天屬的費菜 *Sedum aizoom* Linn.。這二種植物看不出有什麼區別，且與《救荒本草》圖文描述相吻合。

〔二〕火焰草：即景天科一年生或二年生草本植物火焰草 *Sedum stellariifolium* Franch.。

66. **千屈菜**〔一〕 生田野中。苗高二尺許。莖方，四楞。葉似山梗菜葉而不尖；又似柳葉菜葉，亦短小。葉頭頗齊。葉皆相對生。稍間開紅紫花。葉味甜。

**救饑** 採嫩苗葉煠熟，水浸淘淨，油鹽調食。

**注釋**

〔一〕千屈菜：即千屈菜科千屈菜屬多年生草本植物千屈菜 *Lythrum salicaria* Linn.。

67. **柳葉菜**〔一〕 生鄭州賈峪音欲山山野中〔二〕。苗高二尺餘。莖淡紅色。葉似柳葉而厚短，有澀毛。稍間開四瓣深紅花。結細長角兒。其葉味甜。

**救饑** 採苗葉煠熟，油鹽調食。

**注釋**

〔一〕柳葉菜：即柳葉菜科柳葉菜屬的柳葉菜 *Epilobium hirsutum*

Linn.，王家葵《救荒本草校釋與研究》（63 頁）認為多年生草本長籽柳葉菜 *Epilobium pyrricholophum* Franch. et Savat. 也可能是其中一種。

〔二〕賈峪山：在鄭州屬縣滎陽東南（今賈峪鎮）。

## 68. 婆婆指甲菜〔一〕

生田野中。作地欏(1)音灘科〔二〕。生莖細弱。葉像女人指甲；又似初生棗葉，微薄細。莖稍間結小花蒴。苗葉味甘。

**救饑**　採嫩苗葉煠熟，油鹽調食。

### 校記

（1）欏：四庫本作“攤”。

### 注釋

〔一〕婆婆指甲菜：石竹科卷耳屬植物黏毛卷耳 *Cerastium viscosum* L.，《河南野菜野果》（28 頁）中收載名“婆婆指甲草”的野菜，其學名就是 *C. vicosum* L.。

〔二〕欏：音ㄋㄨㄛˊ，同橠，形容枝條細長而柔軟的樣子。

69. **鐵桿蒿**〔一〕 生田野中。苗莖高二、三尺。葉似獨掃葉，肥短；又似扁蓄葉而短小。分生莖叉，稍間開淡紫花，黄心。葉味苦。

**救饑** 採葉煠熟，淘去苦味，油鹽調食。

**注釋**

〔一〕鐵桿蒿：《河南野菜野果》（60頁）記載菊科紫菀屬多年生草本植物紫菀 *Aster tataricus* L. F.，在嵩縣，其地方名叫鐵桿蒿，且紫菀花"舌狀花藍紫色，管狀花黄色"，頗吻合《救荒本草》的描述。

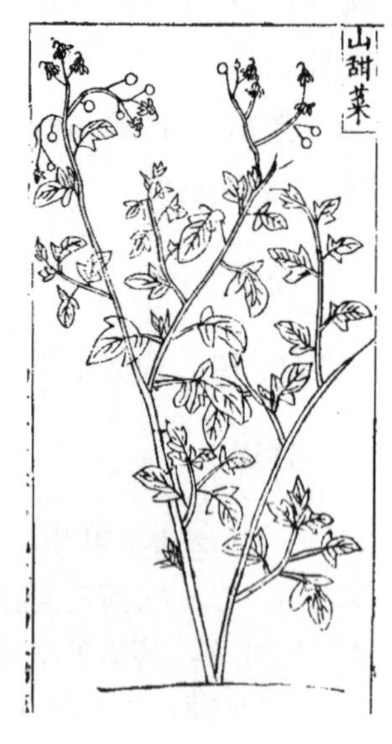


70. **山甜菜**〔一〕 生密縣韶華山山谷中。苗高二、三尺。莖青白色。葉似初生綿花葉而窄。花叉頗淺。其莖葉間，開五瓣淡紫花。結子如枸杞子，生則青，熟則紅色。葉味苦。

**救饑** 採葉煠熟，換水浸淘去苦味，油鹽調食。

**注釋**

〔一〕山甜菜：王作賓認為是茄

科茄屬植物歐白英 *Solanum dulcamara* Linn.；張翠君認為從葉形上看是茄科茄屬多年生草質藤本植物白英 *Solanum lyratum* Thunb.，且白英的別名也叫山甜菜。然從葉形和花色，似更像歐白英。

71. **剪刀股**〔一〕音古　生田野中，處處有之。就地作小科苗。葉似嫩苦苣葉而細小。色頗似藍。亦有白汁。莖叉稍間開淡黄花。葉味苦。

**救饑**　採苗葉煠熟，水浸淘去苦味，油鹽調食。

**注釋**

〔一〕剪刀股：即菊科苦蕒菜屬植物剪刀股 *Ixeris debilis* A. Gray，古今植物名稱相同。

72. **水蘇子**〔一〕　生下濕地。莖淡紫色，對生莖叉，葉亦對生。其葉似地瓜葉而窄，邊有花，鋸齒三叉。尖葉下兩傍又有小叉。葉稍開花，深黄色。其葉味辛。

**救饑**　採苗葉煠熟，油鹽調食。

**注釋**

〔一〕水蘇子：王作賓認為是菊科鬼針草屬植物狼把草 *Bidens tripartitus* Linn.。與《救荒本草》圖文描述較吻合，當是。

73. **風花菜**〔一〕　生田野中。苗高二尺餘。葉似芥菜而瘦長。又多花叉。稍間開黃花，如芥菜花。味辛，微苦。

**救饑**　採嫩苗葉煠熟，換水浸淘去苦味，油鹽調食。

**注釋**

〔一〕風花菜，王作賓和伊博恩都認為是十字花科蔊菜屬植物風花菜 *Rorippa palustris*（Leyss.）Bess.，古今植物名稱相同，形態特徵亦較吻合。黃勝白、陳重明《本草學》認為風花菜為長橢圓形角果，而《救荒本草》圖為球形角果，故斷定其為同屬一年生草本植物毬果蔊菜 *Rorippa globosa*（Turcz.）Thell，後説值得重視。

74. **鵝兒腸**〔一〕　生許州水澤邊〔二〕。就地妥莖而生，對節生葉。葉似蹚豆葉而薄；又似佛指甲葉，微艄。葉間分生枝叉。開白花。結子似葶藶子。其葉味甜。

**救饑** 採苗葉煠熟，油鹽調食。

**注釋**

〔一〕鵝兒腸：王作賓和伊博恩認為是石竹科繁縷屬植物牛繁縷 *Stellaria aquatica* Scop. [＝ *Malachium aquaticum*（L.）Fries]；另同屬植物繁縷 *Stellaria media*（Linn.）Cyr. 也有可能是，二者的別名都叫鵝兒腸。且明代李時珍《本草綱目》菜部二《繁縷》載：“此草莖蔓甚繁，中有一縷，故名。俗呼鵝兒腸菜，象形也。”

〔二〕許州，明州名，領長葛、襄城等四縣，治許州（今河南許昌）。

**75. 粉條兒菜**〔一〕 生田野中。其葉初生，就地叢生。長則四散分垂。葉似萱草葉而瘦細微短。葉間攛葶，開淡黃花。葉味甜。

**救饑**　採葉煠熟，淘淨，油鹽調食。

**注釋**

〔一〕粉條兒菜：王作賓認為是菊科鴉葱屬植物 *Scorzonera* sp.，未鑑定到種。現多數中國植物學著作認為是百合科粉條兒菜屬植物粉條兒菜 *Aletris spicata*（Thunb.）Franch.，古今植物名稱相同。但王錦秀考證，應為菊科鴉葱屬植物華北鴉葱 *Scorzonera albicaulis* Bunge（《粉條兒菜和肺筋草的考釋》，《植物分類學報》2006 年第 1 期）。

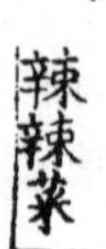


**76. 辣辣菜**〔一〕　生荒野中，今處處有之。苗高五、七寸。初生尖葉，後分枝莖，上出長葉。開細青白花。結小匾蒴，其子似米蒿子，黃色。味辣。

**救饑**　採嫩苗葉煠熟，水浸淘淨，油鹽調食。生揉亦可食〔二〕。

**注釋**

〔一〕辣辣菜：即十字花科獨

行菜屬一年或二年生草本植物獨行菜 *Lepidium apetalum* willd.，獨行菜別名就有辣辣菜、小辣辣等。

〔二〕生揉：即用手來回搓。

**77. 毛連菜**〔一〕　一名常十八。生田野中。苗初搨地生，後攛莖叉，高二尺許。葉似刺薊葉而長大，稍尖，其葉邊褔音堰曲皺〔二〕，上有澀毛。稍間開銀褐花。味微苦。

**救饑**　採葉煠熟，水浸淘淨，油鹽調食。

**注釋**

〔一〕毛連菜：王作賓認為是菊科毛連菜屬二年生草本植物毛連菜 *Picris hieracioides* Linn，正確。古今植物名稱相同，形態特徵也相近。

〔二〕褔：音ㄧㄢˇ，本義衣領。此處指葉的邊沿部分。

**78. 小桃紅**〔一〕　一名鳳仙花，一名夾竹桃，又名海蒳音納，俗名染指甲草。人家園圃多種，今處處有之。苗高二尺許。葉似桃葉而窄，邊有細鋸齒。開紅花。結實形類桃樣，極小。有子似蘿蔔子，取之易迸北諍切散〔二〕，俗名急性子。葉味苦，微澀。

**救饑**　採苗葉煠熟，水浸一宿做菜，油鹽調食。

**注釋**

〔一〕小桃紅：即鳳仙花科鳳仙花屬植物鳳仙花 *Impatiens balsamina* Linn.，古今植物名稱（鳳仙花）相同。

〔二〕迸散：指四下裏飛散開。

79. **青莢兒菜**〔一〕　生輝縣太行山山野中。苗高二尺許。對生莖叉，葉亦對生。其葉面青背白，鋸齒三叉葉。脚葉，花叉頗大，狀似荏子葉而狹長尖艄。莖葉稍間開五瓣小黄花，衆花攢開，形如穗狀。其葉味微苦。

**救饑**　採嫩苗葉煠熟，換水浸淘去苦味，油鹽調食。

**注釋**

〔一〕青莢兒菜：伊博恩認為是山茱萸科青莢葉屬植物 *Helwingia rusciflora* Willd.；

王作賓認為是敗醬科敗醬屬植物異葉敗醬 *Patrinia heterophylla* Bge.。對照《救荒本草》圖文描述，後者更相合。

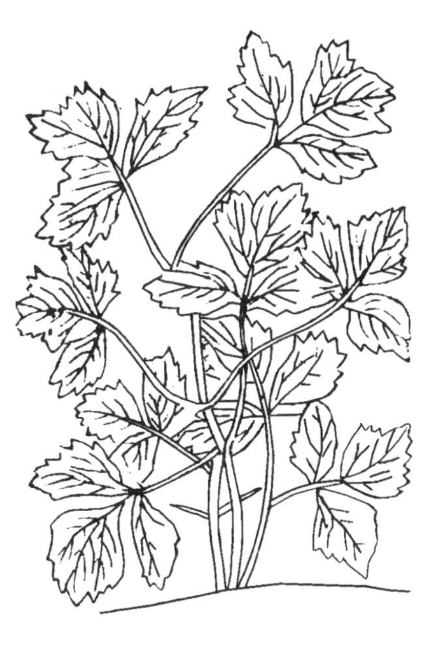

**80. 八角菜**〔一〕　生輝縣太行山山野中。苗高一尺許。苗莖甚細。其葉狀類牡丹葉而大。味甜。

**救饑**　採嫩苗葉煠熟，水浸淘淨，油鹽調食。

**注釋**

〔一〕八角菜：王作賓認為可能是傘形科植物 *Umbelliferce* 的幼苗。《救荒本草》沒有花和果的描述，只看到三出複葉，難以鑑定。今山東臨沂市平邑縣市場有名為“八角菜”的野菜出售，可能就是此種野菜。

**81. 耐驚菜**〔一〕　一名蓮子草。以其花之蓇葖，狀似小蓮蓬樣故名。生下濕地中。苗高一尺餘。莖紫赤色，對生莖叉。葉似小桃紅葉而長。稍間開細瓣白花，而淡黃心。葉味苦。

**救饑**　採苗葉煠熟，油鹽調食。

**注釋**

〔一〕耐驚菜：伊博恩認為是菊科植物 *Eclipta alba* Hassk；《中藥大辭典》等認為是莧科蓮子草屬一年生匍匐草本植物蓮子草 *Alternanthera sessilis* (Linn.) DC.；王作賓認為是菊科植物鱧腸 *Eclipta prostrata* Linn.。《救荒本草》記耐驚菜別名蓮子草。《河南野菜野果》(69 頁) 亦載，在開封、洛陽一帶，鱧腸的地方名也叫蓮子草，因而二者很可能就是同一種植物，另鱧腸和耐驚菜的形態特徵也比較吻合。又程工校注的《野食》(61 頁) 認為是莧科滿天星屬一年生草本植物節節花 *Alternanthera nodiflora* R. Brown.，可備一説。

82. **地棠菜**〔一〕　生鄭州南沙堈中。苗高一、二尺。葉似地棠花葉〔二〕，甚大；又似初生芥菜葉，微狹而尖。味甜。

**救饑**　採嫩苗葉煠熟，油鹽調食。

#### 注釋

〔一〕地棠菜：王作賓和伊博恩都未作鑑定。《救荒本草》圖文沒有花和果的描述，無法判斷是何科植物；張翠君認為從植物名上也找不到任何線索。但從株形看，類似菊科天名精屬植物 *Carpesium* sp.。

〔二〕地棠花：疑为薔薇科棣棠花屬落葉灌木棣棠花 *Kerria japonica*（L.）DC.。

**83. 鷄兒腸**〔一〕 生中牟田野中。苗高一、二尺。莖黑紫色。葉似薄荷葉，微小，邊有稀鋸齒；又似六月菊。梢葉間開細瓣淡粉紫花〔二〕，黄心〔三〕。葉味微辣。

**救饑** 採葉煠熟，換水淘去辣味，油鹽調食。

#### 注釋

〔一〕鷄兒腸：即菊科馬蘭屬植物馬蘭 *Kalimeris indica*（L.）Sch.-Bip，馬蘭的別名為鷄兒腸，形態特徵亦相吻合。

〔二〕細瓣淡粉紫花：即頭狀花序的舌狀花。

〔三〕黄心：即頭狀花序的管狀花。

84. **雨點兒菜**〔一〕

生田野中，就地叢生。其莖脚紫稍青。葉如細柳葉而窄音側小，捬音布莖而生；又似石竹子葉而頗硬。稍間開小尖五瓣音辦紫花。結角比蘿蔔角又大。其葉味甘。

**救饑**　採葉煠熟，水浸作過，淘洗令淨，油鹽調食。

**注釋**

〔一〕雨點兒菜：王作賓認為是蘿藦科鵝絨藤屬

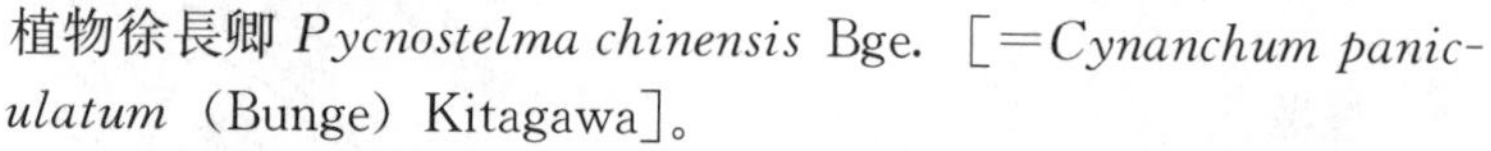
植物徐長卿 *Pycnostelma chinensis* Bge.［=*Cynanchum paniculatum* (Bunge) Kitagawa］。

85. **白屈菜**〔一〕　生田野中。苗高一、二尺。初作叢生，莖葉皆青白色，莖有毛刺。稍頭分叉，上開四瓣黄花。葉頗似山芥菜葉，而花叉極大；又似漏蘆葉而色淡。味苦，微辣。

**救饑**　採葉和淨土煮熟，撈出，連土浸一宿，換水淘洗淨〔二〕，油鹽調食。

**注釋**

〔一〕白屈菜：即罌粟科白屈菜屬多年生草本植物白屈菜 *Chelidonium majus* Linn.，古今植物名稱相同。

〔二〕白屈菜含有白屈菜鹼（chelidonine）、白屈菜紅鹼（chelerythrine）、小檗鹼（berberine）等多種生物鹼，有一定的毒性。書中記載“採葉和淨土煑熟，撈出，連土浸一宿，換水淘洗淨”，就是利用了淨土的吸附作用。將一些有毒成分或色素吸收出去，以減少菜中的毒素。此法反映古代中國對植物脱毒的認識水準。

86. **扯根菜**〔一〕　生田野中。苗高一尺許。莖色赤紅。葉似小桃紅葉，微窄小，色頗綠；又似小柳葉，亦短而厚窄。其葉周圍攢莖而生。開碎瓣小青白花。結小花蒴，似蒺藜樣。葉苗味甘。

**救饑**　採苗葉煠熟，水浸淘淨，油鹽調食。

**注釋**

〔一〕扯根菜：即虎耳草科扯根菜屬植物扯根菜 *Penthorum chinense* Pursh.，古今植物名稱相同。

**87. 草零陵香**〔一〕　又名芫香。人家園圃中多種之。葉似苜蓿葉而長大，微尖。莖葉間開小淡粉紫花，作小短穗。其子如粟粒。苗葉味苦，性平。

**救饑**　採苗葉煠熟，換水淘淨，油鹽調食。

**治病**　今人遇零陵香缺，多以此物代用。

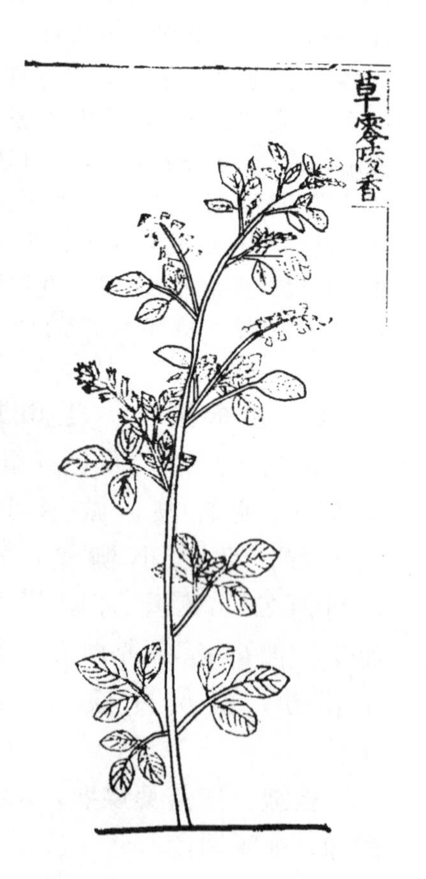


**注釋**

〔一〕草零陵香：王作賓認為是豆科胡蘆巴屬植物胡蘆巴 *Trigonella foenum-graecum* Linn.；伊博恩認為是同屬植物 *T. caerulea*；謝宗萬《中藥材品種論述》中冊引松村任三《植物名匯》定其為豆科草木樨屬植物藍香草木樨 *Melilotus coerules* Desr.。張翠君認為《救荒本草》描述該植物結小穗，而胡蘆巴是花 1～2 朵生於葉腋，故王説難以成立；疑是豆科草木樨屬植物白香草木

梩 *Melilotus albus* Desr.、黄香草木樨 *M. officinalis*（L.）Desr.等。二者形態特徵較吻合。

**88. 水落藜**〔一〕 生水邊，所在處處有之。苗高尺餘。莖色微紅。葉似野灰菜葉而瘦小。味微苦澀，性涼。

**救饑** 採苗葉煠熟，換水浸淘洗淨，油鹽調食。晒乾煠食，尤好。

**注釋**

〔一〕水落藜：藜科藜屬植物小藜 *Chenopodium serotinum* Linn.。

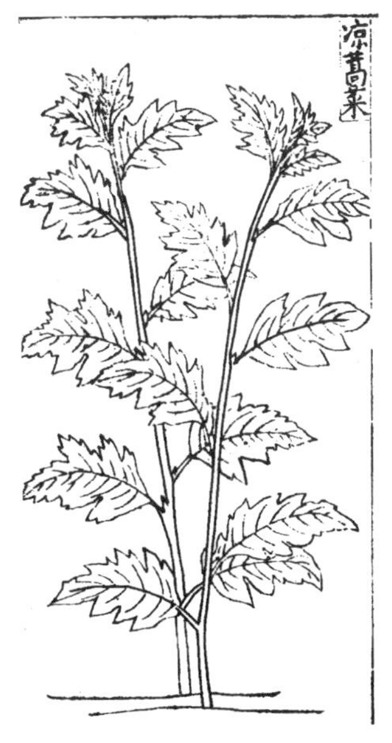


**89. 涼蒿菜**〔一〕 又名甘菊芽。生密縣山野中。葉似菊花葉而細長尖艄音哨。又多花叉，開黄花。其葉味甘。

**救饑** 採葉煠熟，換水浸淘淨，油鹽調食。

**注釋**

〔一〕涼蒿菜：王作賓認為是菊科菊屬植物甘野菊 *Dendranthema borenle*（Makino）。鑑定可信。

90. **粘魚鬚**〔一〕　一名龍鬚菜。生鄭州賈峪音欲山，及新鄭山野中亦有之。初先發笋，其後延蔓，生莖發葉。每葉間皆分出一小叉，及出一絲蔓。葉似土茜葉而大；又似金剛刺葉；亦似牛尾菜。葉不澀而光澤。味甘。

**救饑**　採嫩笋葉煠熟，油鹽調食。

**注釋**

〔一〕粘魚鬚：伊博恩認為是百合科菝葜屬的華東菝葜 *Smilax Sieboldii* Miq。且華東菝葜，據《河南野菜野果》（80頁）載，在嵩縣、魯山的地方名就叫黏魚鬚，故鑑定正確。

91. **節節菜**〔一〕　生荒野下濕地。科苗甚小。葉似虃音減蓬，又更細小而稀踈。其莖多節堅硬兀諍切。葉間開粉紫花。味甜。

**救饑**　採嫩苗揀擇淨，煠熟，水浸淘過，油鹽調食。

**注釋**

〔一〕節節菜：千屈菜科節節菜屬的節節菜 *Rotala indica* (willd.) Koehne，古今植物名稱相同，形態特徵相吻合。

92. **野艾蒿**〔一〕　生田野中。苗葉類艾而細，又多花叉。葉有艾香。味苦。

**救饑**　採葉煠熟，水淘去苦味，油鹽調食。

**注釋**

〔一〕野艾蒿：王作賓認為是菊科艾屬植物艾 *Artemisia vurgaris* Linn.；伊博恩認為是艾的變種 *Artemisia vulgalisl*. Var parvifolia unxim，或者野艾蒿 *A. lavendulaefolia*；張翠君認為是菊科艾屬多年生草本植物五月艾 *Artemisia indica* willd.。

93. **堇堇菜**〔一〕　一名箭頭草。生田野中。苗初搨地生。葉似鈹音批、箭頭樣〔二〕，而葉蒂甚長。其後，葉間攛葶，開紫花。結三瓣蒴兒，中有子如芥子大，茶褐色。葉味甘。

**救饑**　採苗葉煠熟，水浸淘淨，油鹽調食。

**治病**　今人傳說，根葉搗傅諸腫毒〔三〕。

**注釋**

〔一〕菫菫菜：王作賓認為是菫菜科菫菜屬植物白花地丁 *Viola patrinii* DC.；伊博恩認為是同屬屬植物菫菜 *V. verecunda* A. Gray 及白花地丁 *V. patrinii* DC.；吴征鎰主編的《新華本草綱要》認為是菫菜科菫菜屬植物戟葉菫菜的亞種尼泊爾菫菜 *Viola betonicifolia* Smith. ssp. nepalensis W. Beck.，其别名箭葉菫菜。儘管菫菜一别名叫“菫菫菜”，但葉形有差；白花地丁則存在花色不同。對照葉形和花色等形態特徵，尼泊爾菫菜 *Viola betonicifolia* Smith. ssp. nepalensis W. Beck. 和同屬多年生草本植物紫花地丁 *Viola philippica* Car.，均有可能是，其中紫花地丁别名有箭頭草、野菫菜等。

〔二〕鈹：長矛也。鈹、箭頭，仍形容葉形像長矛頭或箭頭狀。

〔三〕傅：通“敷”。

**94. 婆婆納**[一]　生田野中。苗搨地生。葉最小，如小面花黶音掩兒[二]，狀類初[1]生菊花芽葉又團邊。微花，如雲頭樣。味甜。

**救饑**　採苗葉煠熟，水浸淘淨，油鹽調食。

**校記**

（1）初：原本斷爛不清，今據四庫本補。

**注釋**

〔一〕婆婆納：即玄參科婆婆納屬一年生或越年生草本植物婆婆納 *Veronica didyma* Tenore，古今植物名稱相同。

〔二〕小面花黶兒，黶，本義黑痣，引申黑痕。小面花黶兒，疑為一植物名。

**95. 野茴香**〔一〕　生田野中。其苗初搨地生。葉似旆音布娘蒿葉，微細小。後於葉間攛七官切葶，分生莖叉。稍頭開黃花，結細角，有小黑子。葉味苦。

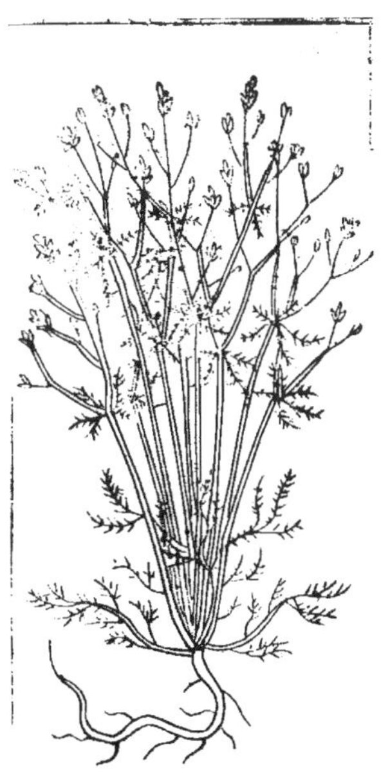

**救饑**　採苗葉煠熟，水浸淘去苦味，油鹽調食。

**注釋**

〔一〕野茴香：即傘形科茴香屬

多年生草本植物茴香 *Foeniculum vulgare* u. u.。

## 96. 蠍子花菜〔一〕

又名虼音吃蚤花〔二〕，一名野菠菜。生田野中。苗初搨地生。葉似初生菠菜葉而瘦細。葉間攛生莖叉，高一尺餘。莖有線楞，稍間開小白花。其葉味苦。

**救饑**　採嫩葉煠熟，水淘淨，油鹽調食。

**注釋**

〔一〕蠍子花菜：伊博恩認為是藜科幹針莧屬植物 *Acroglochin persicarioides* urg.；王作賓認為是藍雪科補血草屬植物二色補血草 *Limouium bicolor* kunth.。後者可靠性更大，因為“二色補血草”別名中就有“蠍子花菜”。

〔二〕虼蚤：虼，正音為ㄍㄜˊ。虼蚤，跳蚤。

## 97. 白蒿〔一〕

生荒野中。苗高二、三尺。葉如細絲，似初生松針，色微青白。稍似艾香。味微辣。

**救饑**　採嫩苗葉煠熟，換水浸淘淨，油鹽調食。

**注釋**

〔一〕白蒿：王作賓認為是菊科艾屬植物茵陳蒿 *Artemisia capillaries* Thunb；一些植物書、藥典認為是同屬植物大籽蒿（白蒿）*Artemisia sieversiana* Willd.。《河南野菜野果》（64 頁）載，在鄭州、洛陽、嵩縣、許昌等地，茵陳蒿的地方名就是"白蒿"。二者或許就是同一植物。有人認為茵陳蒿是其幼嫩時，白蒿是其成熟時。另王家葵《救荒本草校釋與研究》（82 頁）疑為同屬植物蒔蘿蒿 *Artemisia anethoides* Mattf.，可備一說。

**98. 野同蒿**〔一〕　生荒野中。苗高二、三尺。莖紫赤色。葉似白蒿，色微青黃；又似初生松針而茸音戎細。味苦。

**救饑**　採嫩苗葉煠熟，換水浸淘淨，油鹽調食。

**注釋**

〔一〕野同蒿：伊博恩認為是菊科同蒿屬植物 *Chrysanthemum segesum* Linn.；王作賓認為是菊

科艾屬植物 *Artemisia* sp.；張翠君認為是蒿屬植物蒔蘿蒿 *Artemisia anethoides* Mattf。王家葵等《救荒本草校釋與研究》（82 頁）則疑為菊科一年或二年生植物濱蒿 *Artemisia scoparia* Waldst. et kit.。

99. **野粉團兒**〔一〕　生田野中。苗高一、二尺。莖似鐵桿音杆蒿莖。葉似獨掃葉而小。上下稀踈，枝頭分叉。開淡白花，黃心。味甜辣。

**救饑**　採嫩苗葉煠熟，水浸淘淨，油鹽調食。

**注釋**

〔一〕野粉團兒：即菊科紫菀屬植物三褶脈紫菀 *Aster ageratoides* Turcz.。

100. **蚵蚾**音軻婆**菜**〔一〕　生密縣山野中。科苗高二、三尺許。葉似連翹葉，微長；又似金銀花葉而尖，紋皺卻少，邊有小鋸齒。開粉紫花，黃心。葉味甜。

**救饑**　採嫩苗葉煠熟，水浸淘洗淨，油鹽調食。

### 注釋

〔一〕蚵蚾菜：即菊科天名精屬植物天名精 *Carpesium abrotanoides* Linn.，天明精一別名就是“蚵蚾菜”，另高明乾《植物古漢名辭典》也認為蚵蚾菜就是天名精。蚵蚾，即“癩蛤蟆”。

## 101. 狗掉尾苗(1)〔一〕

生南陽府馬鞍山中〔二〕。苗長二、三尺。拖蔓而生。莖方，色青。其葉似歪頭菜葉，稍大而尖艄，色深綠，紋脈微多；又似狗筋蔓葉。稍間開五瓣小白花，黃心，衆花攢開，其狀如穗。葉味微酸。

**救饑**　採嫩苗葉煠熟，換水浸去酸味，淘淨，油鹽調食。

### 校記

(1) 草字後原本有注音的二個字“音鈞”二字，然藥名“狗掉尾苗”四字讀音均與“鈞”相差甚遠，當為衍字，今據四庫本刪去。

**注釋**

〔一〕狗掉尾苗：王作賓認為是茄科茄屬植物白英 *Solanum dulcamara* Linn.；張翠君認為是茄科茄屬植物海桐葉白英 *Solanum pittosporfolium* Hemsl.。

〔二〕南陽府，明府名，領州二，縣十一，府治在南陽（今河南南陽市）。

## 102. 石芥〔一〕

生輝縣鵶子口山谷中。苗高一、二尺。葉似地棠菜葉而闊短，每三葉或五葉攢生一處。開淡黃花，結黑子。苗葉味苦，微辣。

**救饑**　採嫩葉煠熟，換水浸去苦味，油鹽調食。

**注釋**

〔一〕石芥：伊博恩認為是 *Cladonia rangifera* Web.；王作賓認為是十字花科碎米薺屬植物 *Cardamine* sp.，但未鐵定到種。應該是十字花科碎米薺屬植物白花碎米薺 *Cardamine leucantha*（Tavsch）O. E. Schulz.，《河南野菜野果》（34 頁）載，嵩縣、內鄉等地，白花碎米薺地方名即“石芥”。

103. **獾**音歡**耳菜**〔一〕 生中牟平野中。苗長尺餘。莖多枝叉，其莖上有細線楞。葉似竹葉而短小，亦軟；又似萹蓄葉，却頗闊大而又尖。莖、葉俱有微毛。開小黲白花，結細灰青子。苗葉味甘。

**救饑** 採嫩苗葉煠熟，水浸淘淨，油鹽調食。

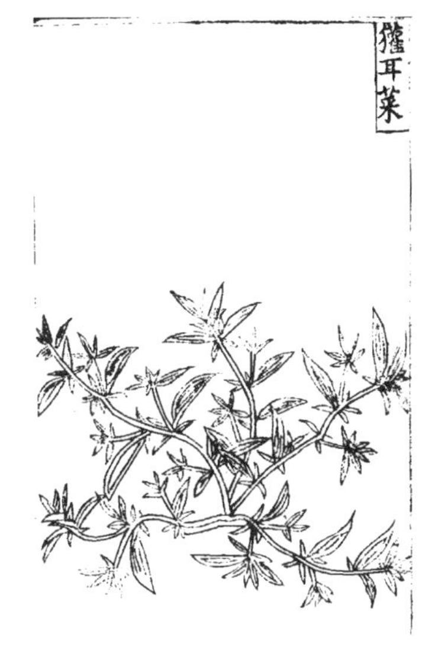


**注釋**

〔一〕獾耳菜：王作賓認為是景天科景天屬植物 *Sedum* sp.，但未鑒定出種；張翠君認為是景天科景天屬植物的細葉景天 *Sedum elatinodes* Franch.。

104. **回回蒜**〔一〕 一名水胡椒，又名蠍虎草。生水邊下濕地。苗高一尺許。葉似野艾蒿而硬，又甚花叉；又似前胡葉，頗大，亦多花叉。苗莖稍頭，開五瓣黃花。結穗如初生桑椹子而小〔二〕；又似初生蒼耳實，亦小。色青。味極辛辣，其葉味甜。

**救饑**　採葉煠熟，換水浸淘淨，油鹽調食。子可擣爛，調菜用。

**注釋**

〔一〕回回蒜：王作賓認為是毛莨科毛莨屬植物茴茴蒜 *Ranunculus chinensis* Bge，與學界主流觀點一致。回回蒜古今名稱相同，形態特徵亦相吻合。

〔二〕此處“穗”，即回回蒜的聚合果。

105. **地槐菜**〔一〕　一名小蟲兒麥。生荒野中。苗高四、五寸。葉似石竹子葉，極細短。開小黄白花，結小黑子。其葉味甜。

**救饑**　採葉煠熟，水浸淘淨，油鹽調食。

**注釋**

〔一〕地槐菜：即大戟科葉下珠屬植物葉下珠 *Phyllauthus urinaria* Linn.。

106. **螺𪓟**音羅掩**兒**〔一〕　一名地桑，又名痢見草。生荒野中。莖微紅。葉似野人莧葉〔二〕，微長窄而尖。開花，作赤色。小細穗兒。其葉味甘。

**救饑**　採苗葉煠熟，水浸淘去邪味，油鹽調食。

**治病**　今人傳說，治痢疾，採苗用水煮服，甚效。

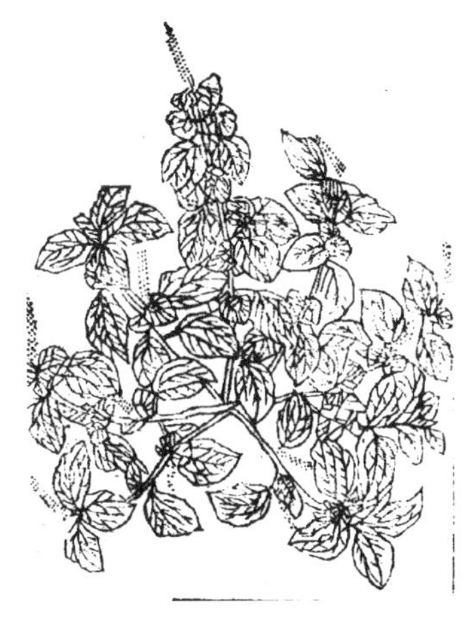


**注釋**

〔一〕螺黶兒：伊博恩認為是水龍骨科抱樹蓮屬植物 *Drymogiossum carnosum* Hook. 或者 *D. subcordatum* Fee.；王作賓認為是大戟科鐵莧菜屬植物鐵莧菜 *Acalypha australis* Linn.。後者植物形態特徵更相吻合，且鐵莧菜别名海蚌含珠、海蚌念珠，名稱與螺黶兒相近。

〔二〕野人莧：疑是莧科一年生草本植物野莧 *Amaranthus viridis* L.。

107. **泥胡菜**〔一〕　生田野中。苗高一、二尺。莖梗繁多。葉似水芥菜，葉頗大，花叉甚深；又似風花菜葉，却比短小。葉中攛葶，分生莖叉。稍間開淡紫花，似刺薊花。苗葉味辣。

**救饑**　採嫩苗葉煠熟，水

浸淘淨，油鹽調食。

**注釋**

〔一〕泥胡菜：菊科泥胡菜屬植物泥胡菜 *Hemistepta lyrata* Bunge。古今植物名稱相同，形態特徵相吻合。

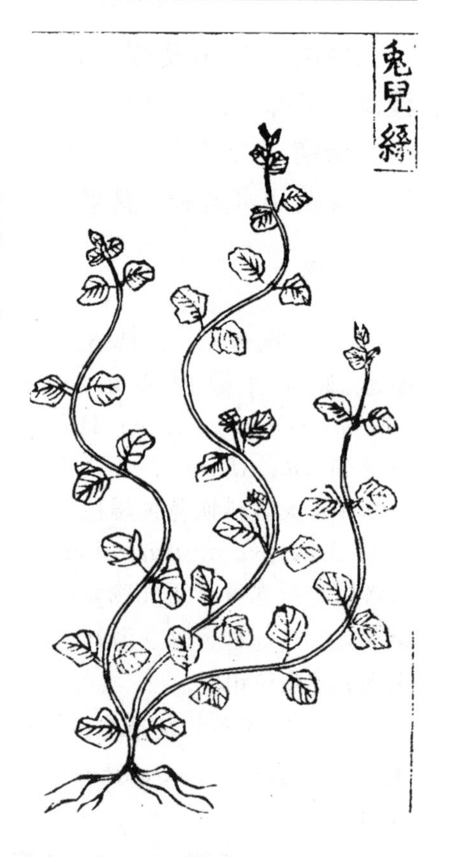


108. **兔兒絲**〔一〕 生田野中。其苗就地拖蔓。節間生葉，如指頂大，葉邊似雲頭樣。開小黃花。苗葉味甜。

**救饑** 採嫩苗葉煠熟，水浸淘淨，油鹽調食。

**注釋**

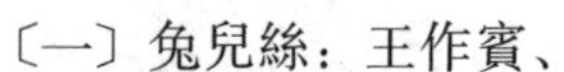

〔一〕兔兒絲：王作賓、張翠君認為是報春花科排草屬植物過路黃 *Lysimachia christinae* Hce.；伊博恩認為是同屬植物珍珠菜 *Lysimachia clethroides* Duly 或同屬植物澤星宿菜 *L. candida* L.。後者兩種，從植物形態上看，與《救荒本草》圖文描述差距明顯。而前者過路黃葉全緣，與兔兒絲葉邊似“雲頭樣”描述又有所不同。

109. **老鸛筋**〔一〕 生田野中。就地拖秧而生。莖微

紫色，莖叉繁稠。葉似園荽葉而頭不尖；又似野胡蘿蔔葉而短小。葉間開五瓣小黃花。味甜。

**救饑**　採嫩苗葉煠熟，水浸去邪味，淘洗淨，油鹽調食。

**注釋**

〔一〕老鸛筋：王作賓、張翠君認為是薔薇科委陵菜屬植物朝天委陵菜 *Potentilla paradoxa* Nutt. [＝*P. supine* L. ]，且朝天委陵菜一別名是“老鶴筋”。另《河南野菜野果》(37 頁) 載，當地群眾將同屬植物多莖委陵菜 *Potentilla multicaulis* Bunge 叫“老鶴筋”，其中豫西山區諺曰“老鶴筋，用蒜摻，有油無油大口香”。看來，二者都有可能。

110. **絞股**音古**藍**〔一〕　生田野中。延蔓而生。葉似小藍葉〔二〕，短小軟薄，邊有鋸齒；又似痢見草葉，亦軟淡綠。五葉攢生一處，開小黃花；又有開白花者。結子如豌豆大，生則青色，熟則紫黑色。葉味甜。

**救饑**　採葉煠熟，水浸去邪味涎沫，淘洗淨，油鹽調食。

**注釋**

〔一〕絞股藍：王作賓認為是葫蘆科絞股藍屬植物絞股藍 *Gynostemma pentaphyllum* Makino，鑒定正確。絞股藍古今植物名稱相同，與《救荒本草》圖文描述相吻合。

〔二〕小藍：藍種之一，疑為蓼科蓼屬一年生草本植物蓼藍 *Polygonum tinctorium* Ait.，別名藍或靛青。

**111. 山梗菜**〔一〕　生鄭州賈峪音欲山山野中。苗高二尺許。莖淡紫色。葉似桃葉而短小；又似柳葉菜葉，亦小。稍間開淡紫花。其葉味甜。

**救饑**　採嫩葉煠熟，淘洗淨，油鹽調食。

**注釋**

〔一〕山梗菜：即桔梗科山梗菜屬植物山梗菜 *Lobelia sessil-*

*ifolia* Lamb.，古今植物名稱相同，形態特徵相吻合。

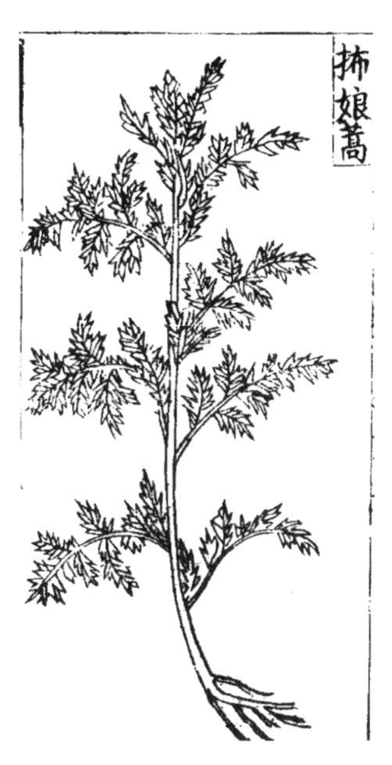


112. **捕**音布**娘蒿**〔一〕　生田野中。苗高二尺許。莖似黄蒿莖。其葉碎小，茸細如針，色頗黄綠。嫩則可食，老則為柴。苗葉苦。

**救饑**　採嫩苗葉煠熟，换水浸淘去蒿氣，油鹽調食。

**注釋**

〔一〕捕娘蒿：即十字花科播娘蒿屬植物播娘蒿 *Descurainia Sophia*（L.）Webb ex Prantl，且古今植物名稱相同。

113. **鷄腸菜**〔一〕　生南陽府馬鞍山荒野中。苗高二尺許。莖方，色紫。其葉對生。葉似菱葉樣而無花叉；又似小灰菜葉，形樣微匾。開粉紅花。結豌子蒴兒。葉味甜。

**救饑**　採苗葉煠熟，水淘淨，油鹽調食。

**注釋**

〔一〕鷄腸菜：伊博恩認為是紫

草科齒緑草屬植物 *Eritrichium pdeouculave* Dl.；王作賓認為是唇形科鼠尾草屬植物 *Salvia* sp.，但未鑑定出種，王家葵等《救荒本草校釋與研究》（91 頁）贊同此説；張翠君進一步認為是唇形科鼠尾草屬植物長冠鼠尾 *Salria plectrauthoides* Griff.。

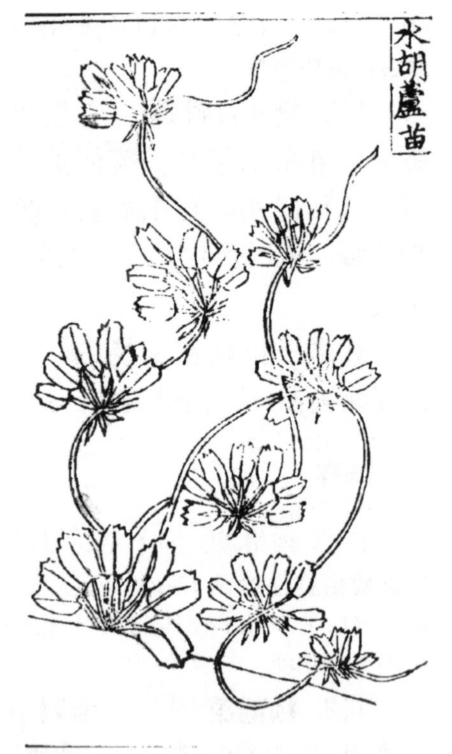


**114. 水胡蘆苗**〔一〕

生水邊。就地拖蔓而生。每節間生四葉，而葉如指頂大，其葉尖上皆作三叉。味甘。

**救饑**　採葉連嫩秧煠熟，水浸淘淨，油鹽調食。

**注釋**

〔一〕水葫蘆苗：即毛茛科鹼毛茛屬（水葫蘆苗屬）植物水葫蘆苗 *Halerpestes sarmentosa*（Adams）komarov=［*H. salsu-ginosus*（Pall.）Greene］。且古今植物名稱相同。

**115. 胡蒼耳**〔一〕　又名回回蒼耳。生田野中。葉似皂莢葉，微長大；又似望江南葉而小〔二〕，頗硬。色微淡綠，莖有線楞。結實如蒼耳實，但長艄音哨。味微苦。

**救饑**　採嫩苗葉煠熟，水浸去苦味，淘淨，油鹽調食。

**治病**　今人傳說，治諸般瘡，採葉用好酒熬喫，消腫。

**注釋**

〔一〕胡蒼耳：豆科甘草屬植物刺果甘草 *Glycyrrhiza echinantha* Linn.，據《全國中草藥彙編》等書載，刺果甘草別名胡蒼耳。

〔二〕望江南：即豆科決明屬一年生灌木或半灌木狀草本植物望江南 *Cassia occidentalis* L.。

116. **水棘針苗**〔一〕　又名山油子。生田野中。苗高一、二尺。莖方四楞，對分莖叉。葉亦對生。其葉似荊葉而軟，鋸齒尖葉，莖葉紫綠。開小紫碧花。葉味辛辣、微甜，性温(1)。

**救饑**　採苗葉煠熟，水淘洗淨，油鹽調食。

**校記**

(1) 温:原本漏,今據四庫本補。

**注釋**

〔一〕水棘針苗：即唇形科水棘

針屬植物水棘針 *Amethystea caerulea* Linn.，水棘針古今名稱相同，植物形態結構相吻合。

**117. 沙蓬**〔一〕 又名鷄爪菜。生田野中。苗高一尺餘。初就地婆娑(1)生，後分莖叉，其莖有細線楞。葉似獨掃葉，狹窄而厚；又似石竹子葉，亦窄。莖葉稍間結小青子，小如粟粒。其葉味甘，性温。

**救饑** 採苗葉煠熟，水浸淘淨，油鹽調食。

**校記**

(1) 婆娑：原本作"蔞蔞"，蔞蔞生，意思不通，今據四庫本改。婆娑，意為草根。另徐光啟本作"蔓"，蔓生，文意亦通。

**注釋**

〔一〕沙蓬：王作賓認為是藜科蟲實屬植物燭臺蟲實 *Corispermum puberulum* [＝*C. candelabrum* Iljia]；伊博恩認為是藜科沙蓬屬植物沙蓬 *Agriophyllum arenarium* Bieb.。後者植物名稱古今相同，但沙蓬葉互生，而《救荒本草》圖中為葉對生，此為不合點。另安徽省滁州市

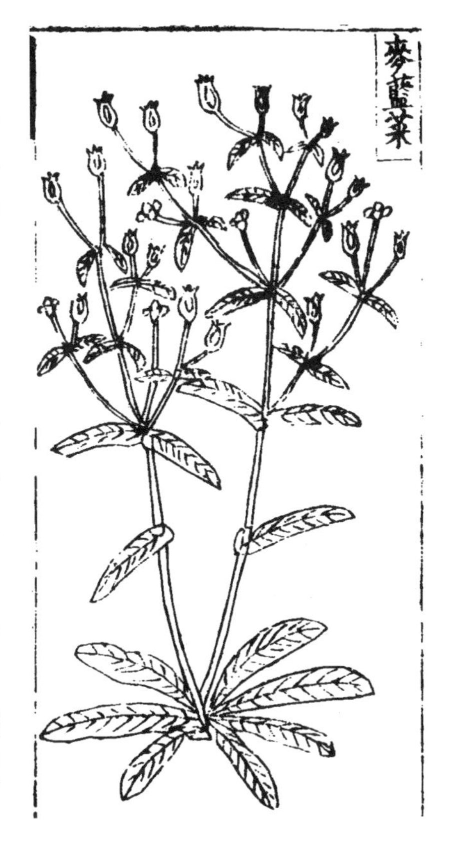


的山區百姓將野生蕨菜，俗稱鷄爪菜，與沙蓬別名相同，另形態上也有吻合之處。此蕨菜為鳳尾蕨科鳳尾蕨屬多年生草本植物 *Pteridum aquilinum* var. *latiusculum*。可備一說。

**118. 麥藍菜**〔一〕 生田野中。莖葉俱深莴苣色。葉似大藍稍葉而小，頗尖。其葉抱莖對生，每一葉間攛生一叉。莖叉稍頭，開小肉紅花，結蒴，有子似小桃紅子。苗葉味微苦。

**救饑** 採嫩苗葉煠熟，水浸淘淨，油鹽調食。

**注釋**

〔一〕麥藍菜：王作賓認為是石竹科王不留行屬植物王不留行 *Vaccaria segetalis* (Neek.) Garcke.，鑑定正確。二者形態特徵吻合，且王不留行別名也叫麥蘭菜。

**119. 女婁菜**〔一〕 生密縣韶華山山谷中。苗高一、二尺。莖叉相對分生。葉似旋覆花葉，頗短；色微深

緑，抪莖對生。稍間出青蓇葖，開花微吐白蕊。結實青子，如枸杞微小。其葉味苦。

**救饑** 採嫩苗葉煠熟，換水浸去苦味，淘淨，油鹽調食。

**注釋**

〔一〕女婁菜：伊博恩認為是石竹科女婁菜屬植物女婁菜 *Silene aprica* Turcz.；王作賓認為是石竹科女婁菜屬植物堅硬女婁菜 *Melandryum firmum* Rohrb.。女婁菜的葉形為條狀披針形或披針形，而堅硬女婁菜的葉形為卵狀披針形，與《救荒本草》文中"葉似旋覆花葉，頗短"的描述吻合。故堅硬女婁菜更符合《救荒本草》的敍述。

120. **委陵菜**〔一〕 一名翻白菜。生田野中。苗初搨地生，後分莖叉。莖節稠密，上有白毛。葉彷彿類栢葉而極闊大，邊如鋸齒形，面青背白；又似鷄腿兒葉而却窄；又類鹿蕨葉，亦窄。莖葉間開五瓣黄花。其葉味苦，微辣。

**救饑**　採苗葉煠熟，水浸淘淨，油鹽調食。

**注釋**

〔一〕委陵菜：伊博恩認為是薔薇科委陵菜屬多年生草本植物委陵菜 *Potentilla chinensis* Ser。這與《河南野菜野果》（36頁）所載“委陵菜”一致，委陵菜古今植物名稱相同，別名“翻飛草”亦相同。

121. **獨行菜**〔一〕　又名麥稭菜。生田野中。科苗高一尺許。葉似水棘針葉，微短小；又似水蘇子葉，亦短小狹窄，作瓦隴樣〔二〕。稍出細葶，開小黲白花。結小青蓇葖，小如綠豆粒。葉味甜，性温(1)。

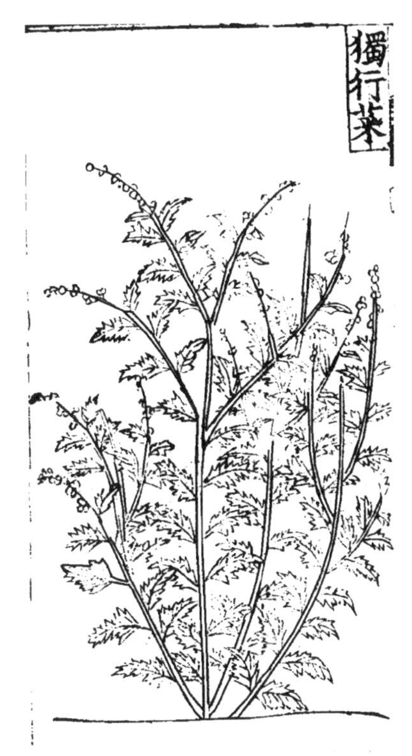


**救饑**　採嫩苗葉煠熟，換水淘淨，油鹽調食。

**校記**

(1) 温：原本漏，今據四庫本補。

**注釋**

〔一〕獨行菜：王作賓認為是十字花科獨行菜屬植物

*Lepidium ruderale* Wild.；伊博恩認為是同屬植物皺葉獨行菜 *L. sativum* Linn.；《河南野菜野果》(31頁) 認為是同屬越年生或一年生草本植物獨行菜 *Lepidium apetalum* Willd.，後者為當地人編寫，應更接近實際；且名稱古今相同。

〔二〕瓦隴：指傳統房頂用瓦鋪成的凸凹相間的行列。

122. 山蓼〔一〕 生密縣山野間。苗高一、二尺。葉似芍藥葉而長細窄音側；又似野菊花葉而硬厚；又似水胡椒葉亦硬。開碎瓣白花。其葉味微辣。

**救饑** 採嫩苗葉煠熟，換水浸去辣氣，作成黃色，淘洗淨，油鹽調食。

**注釋**

〔一〕山蓼：王作賓認為是毛茛科鐵線蓮屬植物 *Clematis* sp.，但未鑑定到種；伊博恩認為是 *Clematis augustifolia* Jacq。應該是毛茛科鐵線蓮屬植物棉團鐵線蓮 *Clematis hexapetale* Pall.，二者形態特徵相吻合，且棉團鐵線蓮別名“山蓼”。

# 【卷　二】

新增(1)

123. **花蒿**〔一〕　生荒野中。苗葉就地叢生。葉長三、四寸，四散分垂。葉似獨掃葉而長硬。其頭頗齊，微有毛澀。味微辛。

**救饑**　採葉煠熟，水浸淘淨，油鹽調食。

**校記**

(1) 新增：原本誤作"《本草》原有"，據本書體例和四庫本改。

**注釋**

〔一〕花蒿：伊博恩認為是鼠麴草屬植物 *Gnaphalium* sp.，但未鑑定到種。王作賓認為是菊科菊屬的野菊 *Dendranthema indicum*（L.）Des Monl.［= *Chrysanthemum indicum*］，但

從圖形上看，不像野菊。張翠君認為有可能是菊科香青屬植物零零香 *Anaphalis hancockii* Maxim，也有可能是鼠麴草屬植物白背鼠麴草 *G. japonicum* Thunb. 或鼠麴草 *Qnapha lium* affine D. Don。《救荒本草》文字描述簡單，圖又未繪花器官，故多種植物都符合其描述。

124. **葛公菜**〔一〕 生密縣韶華山山谷間。苗高二、三尺。莖方，窊面四楞，對分莖叉。葉亦對生，葉似蘇子葉而小；又似荏子葉而大。稍間開粉紅花。結子如小米粒而茶褐色。其葉味甜，微苦。

**救饑** 採葉煠熟，水浸去苦味，換水淘淨，油鹽調食。

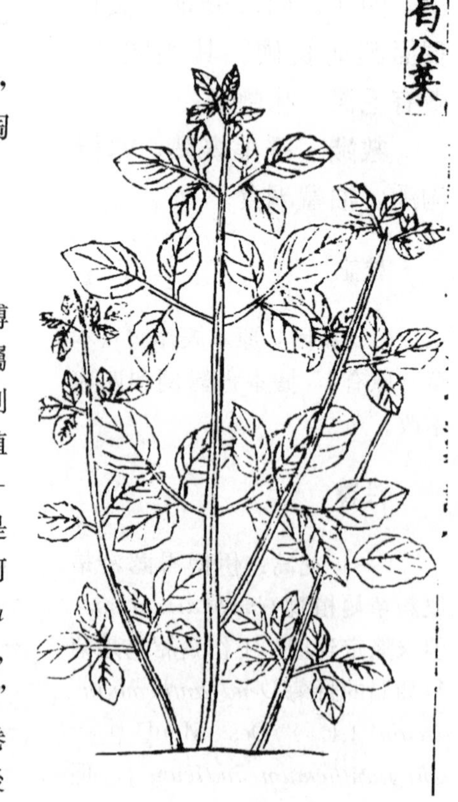


**注釋**

〔一〕葛公菜：伊博恩認是唇形科鼠尾草屬 *Salvia* sp.，但未鑑定到種；王作賓認為是同屬植物丹參 *Salvia miltiorrhiza* Bge.。張翠君認為是為唇形科鼠尾草屬植物河南鼠尾 *Salvia honania* Bailey.。丹參 5 個小葉，而河南鼠尾“三出複葉”（《中國植物誌》第 66 卷 156 頁），在這點上，後者更吻合《救荒本草》圖中3個小葉的描繪。

125. **鯽魚鱗**〔一〕　生密縣韶華山山野中。苗高一、二尺。莖方而茶褐色，對分莖叉。葉亦對生，葉似鷄腸菜葉，頗大；又似桔梗葉而微軟薄，葉面却微紋皺。稍間開粉紅花。結子如小栗粒而茶褐色。其葉味甜。

**救饑**　採葉煠熟，水浸淘淨，油鹽調食。

**注釋**

〔一〕鯽魚鱗：伊博恩認為是爵床科爵床屬植物爵床 *Rostellularia procumbens* Nees.；王作賓、張翠君認為是馬鞭草科蕕屬多年生草本植物蕕 *Caryopteris nepetaefolia* Maxim.。

126. **尖刀兒苗**〔一〕　生密縣梁家衝山野中。苗高二、三尺。葉似細柳葉，硬(1)又細長而尖，葉皆兩兩抪音布莖對生。葉間開淡黄花。結尖角兒，長二寸許，麁如蘿蔔。角中有白穰及小匾黑子。其葉味甘。

**救饑**　採葉煠熟，水浸洗淨，油鹽調食。

**校記**

(1) 硬：原本為“更”，據徐光啟本改。

**注釋**

〔一〕尖刀兒苗：張翠君認為是蘿藦白前屬植物徐長卿 *Cynanchum paniculatum* (Bunge) Kitagawa.。尖刀兒苗與徐長卿的形態特徵比較符合；且徐長卿的蓇葖果單生，刺刀形，可能是“尖刀兒苗”名稱的由來。

## 127. 珎珠菜〔一〕

生密縣山野中。苗高二尺許。莖似蒿稈，微帶紅色。其葉狀似柳葉而極細小；又似地稍瓜葉。稍頭出穗，狀類鼠尾草穗。開白花。結子，小如綠豆粒，黃褐色。葉味苦澀。

**救饑**　採葉煠熟，換水浸去澀味，淘淨，油鹽調食。

## 注釋

〔一〕玠珠菜：王作賓、伊博恩、《河南野菜野果》都認為是報春花科珍珠菜屬植物珍珠菜*Lysimachia clethroides* Duby。張翠君認為是同屬狹葉珍珠菜*Lysimachia pentapetala* Bunge。珍珠菜葉長 6～15 釐米，寬 2～5 釐米，與《救荒本草》圖文的描述有明顯差距，但與狹葉珍珠菜葉狹披針形，長 3～5 釐米，寬不超過 1 釐米，絕大部分葉的寬度都在 5 毫米以內的形狀極相似。玠，音 ㄓㄣ，同“珍”。

## 128. 杜當歸〔一〕

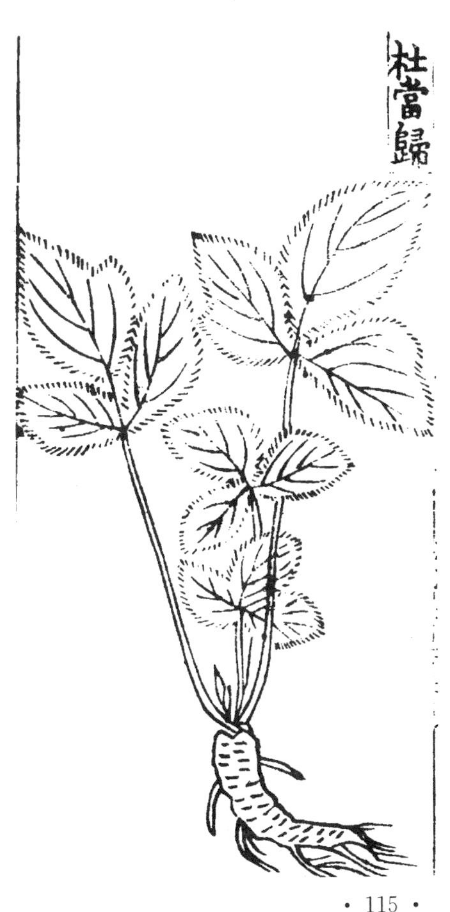


生密縣山野中。苗高一尺許。莖圓而有線楞。葉似山芹菜葉而硬，邊有細鋸齒刺；又似蒼朮(1)葉而大。每三葉攢生一處。開黄花。根似前胡根；又似野胡蘿蔔根。其葉味甜。

**救饑**　採葉煠熟，水浸作成黄色，換水淘洗淨，油鹽調食。

**治病**　今人遇當歸缺，以此藥代之。

**校記**

（1）朮：原本作“木”，今據四庫本改。

**注釋**

〔一〕杜當歸：王作賓認為是傘形科當歸屬植物 *Augelica* sp.，未鑑定到種；伊博恩認為是五加科楤木屬植物土當歸 *Aralia cordata* Thunb.，亦即食用土當歸；張翠君認為有可能是五加科楤木屬植物東北土當歸 *A. continentalis* Kitaog。明代胡濙《衛生易簡方》卷之一《諸風》載“治風氣，活血去頭風用自搖草，一名杜當歸，取根煎服。”別名為杜當歸的自搖草是不是土當歸，暫無明確根據，但其功效、主治及藥用部位等卻是與土當歸一致的，故杜當歸為土當歸的可能性更大些。

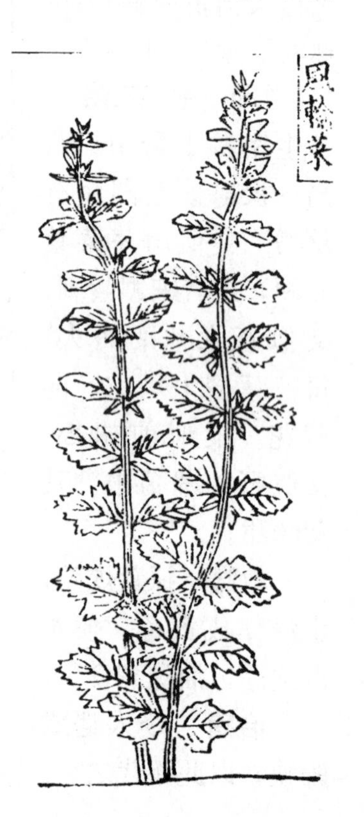


129. **風輪菜**〔一〕　生密縣山野中。苗高二尺餘。方莖四楞，色淡綠微白。葉似荏子葉而小；又似威靈仙葉，微寬，邊有鋸齒叉。兩葉對生，而葉節間又生子葉，極小。四葉相攢對生〔二〕。開淡粉紅花。其葉味苦。

**救饑**　採葉煠熟，水浸

去邪味，洗淨，油鹽調食。

**注釋**

〔一〕風輪菜：即唇形科風輪菜屬多年生草本植物風輪菜 *Clinopodium chinense*（Benth.）O. Kuntze［= *Calamintha Chinensis* Benth.］，古今植物名稱相同。

〔二〕相攢對生：應是指從葉腋生出的芽。

130. **拖白練苗**〔一〕　生田野中。苗搨地生。葉似垂盆草葉而又小〔二〕。葉間開小白花。結細黄子。其葉味甜。

**救饑**　採苗葉煠熟，油鹽調食。

**注釋**

〔一〕拖白練苗：王作賓認為是茜草科豬殃殃屬（拉拉藤屬）植物 *Galium* sp.，未鑑定到種。張翠君認為可能是豬殃殃屬的植物北方拉拉藤（砧草）*Galium boreale* Linn.。二者形態特徵多有吻合。王家葵等（《救荒本草校釋與研究》103頁）認為茜草科豬殃殃屬植物多為直立或攀援狀草木，與書中所言“苗搨地生”不符，而疑為景天科景天屬植物。可做一說。

〔二〕垂盆草：即景天科景天屬多年生肉質草本植物

垂盆草 *Sedum sarmentosum* Bunge.，又名臥莖景天。

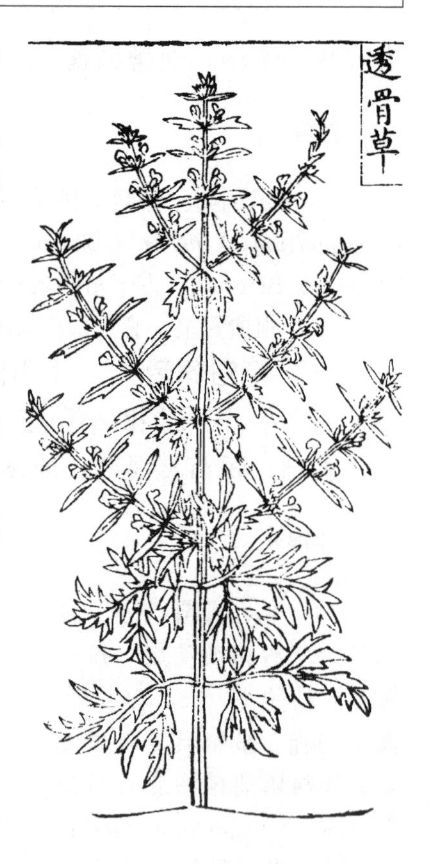


131. **透骨草**〔一〕　一名天芝蔴。生中牟荒野中。苗高三、四尺。莖方，窊面四楞，其莖脚紫，對節分生莖叉。葉似蕳蒿葉而多花叉，葉皆對生。莖節間攢開粉紅花。結子似胡麻子。葉味苦。

**救饑**　採嫩苗葉煠熟，水浸去苦味，淘淨，油鹽調食。

**治病**　今人傳說，採苗搗傅腫毒。

**注釋**

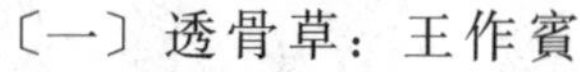

〔一〕透骨草：王作賓認為是唇形科益母草屬植物 *Leonurus* sp.，未鑑定到種；張翠君認為就是唇形科益母草屬一年或二年生草本植物益母草 *Leonurus heterophyllus* Sweet.，因為天芝麻也是益母草的別名。

132. **酸桶笋**〔一〕　生密縣韶華山山澗(1)邊。初發笋葉，其後分生莖叉。科苗高四、五尺。莖稈似水葒莖而紅赤色。其葉似白槿葉而澀；又似山格刺菜葉，亦澀。紋脈亦麄。味甘，微酸。

**救饑**　採嫩笋葉煠熟，水浸去邪味，淘淨，油鹽調食。

**校記**

(1) 潤：原本作"間"，今據四庫本、徐光啓本改。

**注釋**

〔一〕酸桶笋：即蓼科蓼屬植物虎杖 *Polygonum cuspidatum* S et. Z.，二者形態特徵相吻合，且虎杖的別名有酸桶筍、酸湯桿、酸通等等，與"酸桶笋"相合或相近。

133. **鹿蕨菜**〔一〕　生輝縣山野中。苗高一尺許。其葉之莖，背圓而面窊五化切。葉似紫香蒿脚葉而肥闊，頗硬；又似胡蘿蔔葉，亦肥硬。味甜。

**救饑**　採苗葉煠熟，水浸淘淨，油鹽調食。

**注釋**

〔一〕鹿蕨菜：王作賓認為是鳳尾蕨科蕨屬植物蕨 *Pteridium aquilinum* kuhn.；張翠君認為《救荒本草》所描述的不是蕨類植物，而應是“鹿角菜”的誤寫，鹿角菜是菊科鬼針草屬植物小花鬼針草 *Bidens parviflora* Willd. 的别名。檢索資料，野生蕨菜的確在許多地方有“鹿蕨菜”之别名，此外還有蕨兒菜、火蕨菜、拳菜、拳頭菜、龍頭菜、如意菜等别名，故鹿蕨菜為野生蕨菜 *Pteridium aquilinum*（L.）Kuhn. var. *latiusculum*（Desv.）Underw。

**134. 山芹菜**〔一〕 生輝縣山野間。苗高一尺餘。葉似野蜀葵葉，稍大而有五叉；又似地牡丹葉，亦大。葉中攛生莖叉，稍結刺毬，如鼠粘子刺毬而小。開花黪白色。葉味甘。

**救饑** 採苗葉煠熟，水浸淘淨，油鹽調食。

**注釋**

〔一〕山芹菜：伊博恩認為是傘形科變豆菜屬植物 *S. europaca* Linn.；王作賓、張翠君認為是同屬植物變豆菜 *Sanicula elata* Ham. var. *chinensis* Makino ＝［*Sanicula chinensis* Bunge］，且變豆菜一别名即山芹菜。但考慮到稍後《救荒本草》又有“變豆菜”植物出現，二者葉狀基本相同，只是後者沒有花果的描述。聯繫到變豆菜屬在我國有 15 種及 3 變種，山芹菜也許是其中

的一種。王家葵等（《救荒本草校釋與研究》106 頁）認為或是直刺變豆菜 *Sanicula chinensis* S. Moore，其說可信。

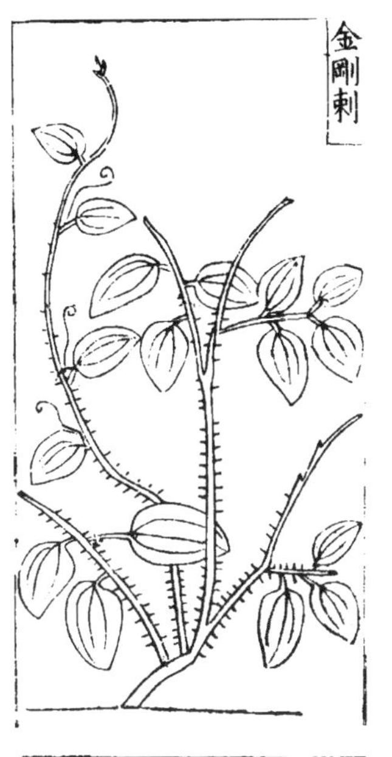


135. **金剛刺**〔一〕 又名老君鬚。生輝縣鴉子口山野間。科條高三、四尺。條似刺蘼音梅花條〔二〕，其上多刺。葉似牛尾菜葉；又似龍鬚菜葉。比此二葉俱大。葉間生細絲蔓。其葉味甘。

**救饑** 採葉煠熟，水浸淘淨，油鹽調食。

**注釋**

〔一〕金剛刺：伊博恩認為是百合科菝葜屬落葉攀緣狀灌木菝葜 *Smilax china* L.。菝葜別名就叫“金剛刺”。

〔二〕刺蘼花：即薔薇科薔薇屬植物某一品種。

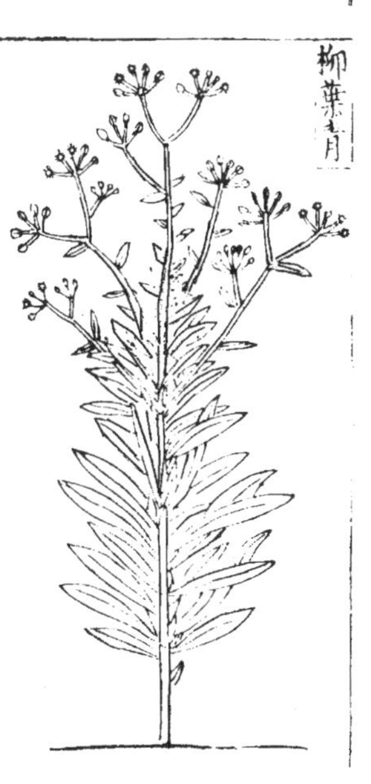


136. **柳葉青**〔一〕 生中牟荒野中。科苗高二尺餘。莖似蒿莖。葉似柳葉而短，抪音布莖而生。開小白花，銀褐心。其葉味微辛。

**救饑** 採嫩葉煠熟，水浸淘淨，油鹽調食。

**注釋**

〔一〕柳葉青：王作賓認為是柳葉菜科柳葉菜屬植物 *Epilobium* sp.，未鑑定到種；伊博恩認為是同屬多年生草本植物長稈柳葉菜 *Epilobium pyrricholophum* F. & S.。然該屬植物花多紅色或紫色，與文中所記"開小白花"不合，疑非一類。

137. **大蓬蒿**〔一〕 生密縣山野中。莖似黃蒿，莖色微帶紫。葉似山芥菜葉而長大(1)，極多花叉；又似風花菜葉，花叉亦多；又似漏蘆葉，却微短。開碎瓣黃花。苗葉味苦。

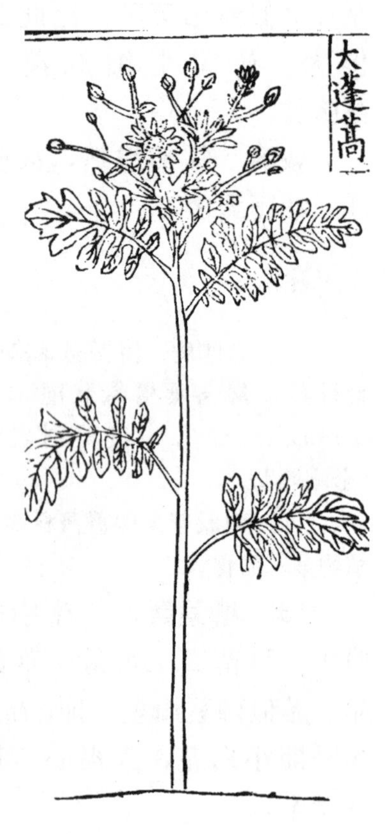


**救饑** 採葉煠熟，水浸淘去苦味，油鹽調食。

**校記**

(1) 大：四庫本、徐光啓本作"尖"。

**注釋**

〔一〕大蓬蒿：王作賓認為是 *Artemisia sieversiana* Eh. et kit，即菊科蒿屬植物大籽蒿（白蒿）。張翠君指出從花序上看，該植物是明顯的頭狀

花序，因而不是蒿屬植物。並認為是菊科茼蒿屬的歐茼蒿 *Chrysanthemum coronarium* Linn.，且茼蒿菜也稱蓬蒿菜。而王家葵等（《救荒本草校釋與研究》108 頁）疑是菊科千里光屬植物，或即菊科多年生草本植物羽葉千里光 *Senecio argunensis* Turcz.。

138. **狗筋蔓**〔一〕　生中牟縣沙崗間。小科就地拖蔓生。葉似狗掉尾葉而短小；又似月芽菜〔二〕，微尖艄而軟，亦多紋脈。兩葉對生，葉稍間開白花。其葉味苦。

**救饑**　採葉煠熟，水浸淘去苦味，油鹽調食。

**注釋**

〔一〕狗筋蔓：即石竹科狗筋蔓屬植物狗筋蔓 *Cucubalus baccifer* Linn.，古今植物名稱相同，二者植物形態特徵相吻合。

〔二〕月芽菜：疑即衛矛科衛矛屬植物。

139. **兔兒傘**〔一〕　生滎(1)陽塔兒山荒野中。其苗高二、三尺許。每科初生一莖，莖端生葉。一層有七八

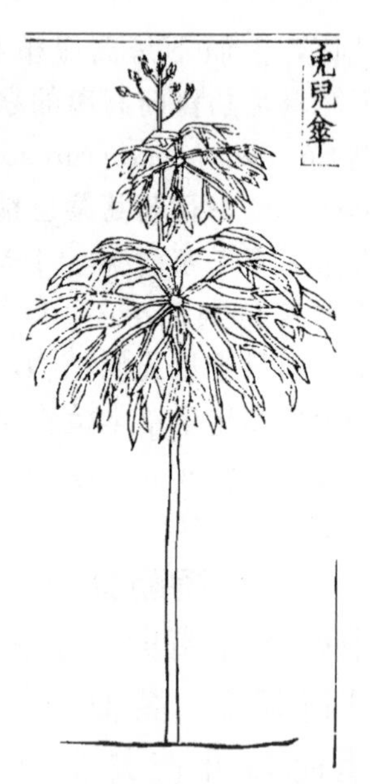


葉〔二〕，每葉分作四叉，排生如傘蓋狀，故以為名。後於葉間攛生莖叉，上開淡紅白花。根似牛膝而踈短。味苦微辛。

**救饑**　採嫩葉煠熟，換水浸淘去苦味，油鹽調食。

**校記**

(1) 檾：原本作“榮”，今據四庫本、徐光啓本改。

**注釋**

〔一〕兔兒傘：菊科兔兒傘屬植物兔兒傘 *Syneilesis aconitifolia* (Bunge) Maxim，且古今植物名稱相同。

〔二〕七八葉：並不是7、8片單葉，而是一片圓盾形的葉，掌狀深裂，裂片7～9，又依2～3回叉狀分裂。

140. **地花菜**〔一〕　又名墓頭灰。生密縣山野中。苗高尺餘。葉似野菊花葉而窄細；又似鼠尾草葉，亦瘦細。稍葉間開五瓣小黄花。其葉味微苦。

**救饑**　採葉煠熟，水浸淘

洗淨，油鹽調食。

**注釋**

〔一〕地花菜：敗醬科敗醬屬植物糙葉敗醬 *Patrinia scabra* Bge.。二者形態特徵相吻合，而且名稱相通，糙葉敗醬別名“墓頭回”，而做為中藥材的墓頭回別名“地花菜”、“墓頭灰”，其中“回”、“灰”諧音。

141. **杓兒菜**〔一〕　生密縣山野中。苗高一、二尺。葉類狗掉尾葉而窄，頗長，黑綠(1)色，微有毛澀；又似耐驚菜葉而小，軟薄，稍葉更小。開碎瓣淡黃白花。其葉味苦。

**救饑**　採葉煠熟，水浸去苦味，淘洗淨，油鹽調食。

**校記**

(1) 綠：原本作“緣”，今據四庫本、徐光啓本改。

**注釋**

〔一〕杓兒菜：即菊科天名精屬植物煙管頭草 *Carpesium cernuum* Linn.，二者形態特徵相吻合，且煙管頭草的別名也叫杓兒菜。

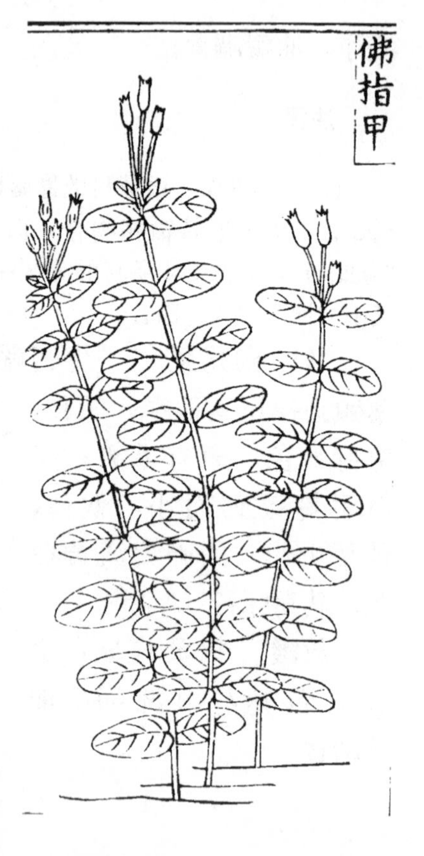


142. **佛指甲**〔一〕　生密縣山谷中。科苗高一、二尺。莖微帶赤黄色。其葉淡緑，背皆微帶白色。葉如長匙頭樣，似黑豆葉而微寬；又似鵝兒腸葉，甚大，皆兩葉對生。開黄花。結實形如連翹，微小，中有黑子，小如粟粒。其葉味甜。

**救饑**　採嫩葉煠熟，换水淘洗淨，油鹽調食。

**注釋**

〔一〕佛指甲：王作賓認為是 *Hypericum* sp.，即金絲桃科金絲桃屬植物（《中國植物誌》分類為藤黄科金絲桃屬）。張翠君進一步認為是藤黄科金絲桃屬植物黄海棠 *Hypericum ascyron* Linn.。伊博恩認為是景天科景天屬植物 *Sedam luneare* 或 *S. japnicum*（日本景天）。按李時珍《本草綱目》草部七《佛甲草》載："《救荒本草》言高一、二尺，葉甚大者，乃景天，非此也。"也可能是景天科景天屬植物凹葉景天 *Sedum emarginatum* Migo，其葉匙狀倒卵形，甚合《救荒本草》文。

143. **虎尾草**〔一〕　生密縣山谷中。科苗二、三尺。

莖圓。葉頗似柳葉而瘦短；又似兔兒尾葉，亦瘦窄；又似黄精葉頗軟。抪莖攢生。味甜，微澀。

**救饑**　採嫩苗葉煠熟，换水淘去澀味，油鹽調食。

**注釋**

〔一〕虎尾草：王作賓、伊博恩、張翠君均認為是報春花科珍珠菜屬植物珍珠菜 *Lysimachia clethroides* Duby，且有文獻記載珍珠菜别名有虎尾。然與前面出現的“珍珠菜”有衝突，《中華本草》認為是同屬植物虎尾草 *Lysimachia clethroides* Bge.，此説值得重視，珍珠菜屬僅在我國就有 120 種。

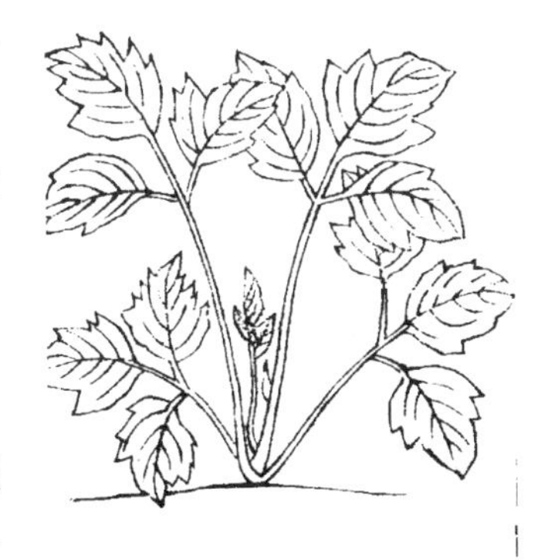

144. **野蜀葵**〔一〕　生荒野中。就地叢生。苗高五寸許。葉似葛勒子秧葉而厚大；又似地牡丹葉。味辣。

**救饑**　採嫩苗煠熟，水浸淘淨，油鹽調食。

**注釋**

〔一〕野蜀葵：即伞形科鴨兒芹屬植物鴨兒芹 *Cryptotaenia ja-*

*ponica* Hassk.，二者形態特徵相符，且鴨兒芹別名野蜀葵，與今名相同。

145. **蛇葡萄**〔一〕　生荒野中。拖蔓而生。葉似菊葉而小，花叉繁碎；又似前胡葉，亦細。莖葉間，開五瓣小銀褐花。結子如豌豆大，生青，熟則紅色。苗葉味甜。

**救饑**　採葉煠熟，換水浸淘淨，油鹽調食。

**治病**　今人傳說，擣根傅〔二〕貼瘡腫。

**注釋**

〔一〕蛇葡萄：伊博恩認為是葡萄科蛇葡萄屬植物異葉蛇葡萄 *Ampelopsis heterophylla* S.&Z.；王作賓認為是同屬植物烏頭葉蛇葡萄 *Ampelopsis aconitifolia* Bunge，也即王家葵等（《救荒本草校釋與研究》113頁）所言的草白蘞。烏頭葉蛇葡萄是掌狀複葉，小葉 3～5，而《救荒本草》圖是掌狀深裂，與異葉蛇葡萄同，故可能是異葉蛇葡萄。另該植物為木質藤本，《救荒本草》列入草部，不妥。

〔二〕傅：通敷。

146. **星宿菜**〔一〕　生田野中。作小科苗生。葉似石竹子葉而細小；又似米布袋葉，微長。稍上開五瓣小尖白花。苗葉味甜。

**救饑**　採苗葉煠熟，水浸淘淨，油鹽調食。

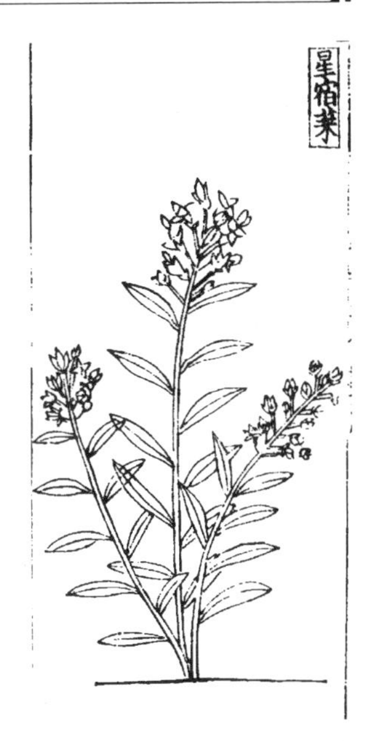


**注釋**

〔一〕星宿菜：伊博恩認為是報春花科排草屬植物星宿菜 *Lysimachia fortunei* Mazim；王作賓認為是同屬植物澤星宿菜 *Lysimachia candida* Lindl。後者葉形、花色更相符。

147. **水蓑衣**〔一〕　生水泊邊。葉似地稍瓜葉而窄音側小。每葉間皆結小青蓇葖音骨突。其葉味苦。

**救饑**　採苗葉煠熟，水浸淘去苦味，油鹽調食。

**注釋**

〔一〕水蓑衣：爵床科水蓑衣屬植物水蓑衣 *Hygrophila salicifolia* (Vahl) Nees.。二者植物名稱古今相同，形態特徵也相吻合。

148. **牛妳菜**〔一〕　出輝縣山野中。拖藤蔓而生。葉似牛皮硝葉而大〔二〕；又似馬兜零葉〔三〕，極大。葉皆對節生。稍間開青白小花。其葉味甜。

**救饑**　採嫩苗葉煠熟，水浸淘淨，油鹽調食。

**注釋**

〔一〕牛妳菜：王作賓和伊博恩都認為是蘿藦科牛奶菜屬植物絨毛藍葉藤 *Marsdenia tomentosa* Morr. et Decne.。妳，音ㄋㄞˇ，同"奶"。

〔二〕牛皮硝：即蘿藦科牛皮消屬蔓性半灌木植物牛皮消 *Cynanchum auriculatum* Royle ex Wight。

〔三〕馬兜零：馬兜玲之別名。

149. **小虫兒卧單**〔一〕　一名鐵線草。生田野中。苗搨地生。葉似苜蓿葉而極小；又似鶏眼草葉，亦小。其莖色紅。開小紅花。苗味甜。

**救饑**　採苗葉煠熟，水浸淘淨，油鹽調食。

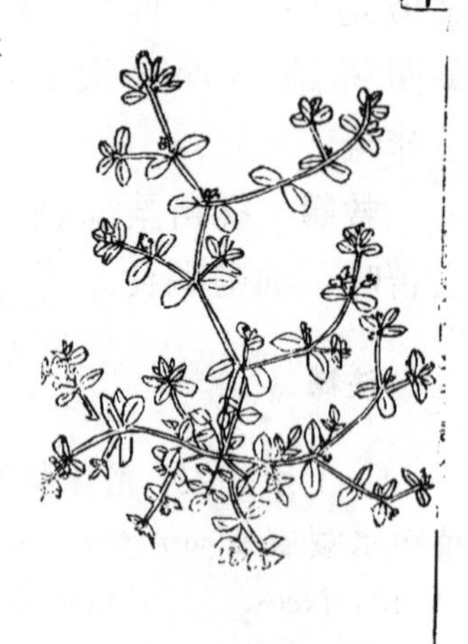

**注釋**

〔一〕小蟲兒卧單：即大戟科大戟屬植物地錦 *Euphorbia humifusa* Willd，二者形態特徵相吻合；且地錦别名有小蟲卧單、小蟲兒卧蛋、雀兒卧蛋等，名稱古今基本相同。

150. **兔兒尾苗**〔一〕　生田野中。苗高一二尺。葉似水洪葉而狹短〔二〕，其尖頗齊。稍頭出穗，如兔尾狀。開花，白色。結紅蓇葖，如椒目大。其葉味酸。

**救饑**　採嫩苗葉煠熟，水浸淘淨，油鹽調食。

**注釋**

〔一〕兔兒尾苗：即玄參科婆婆納屬植物兔兒尾苗 *Veronica longifolia* Linn.，二者形態特徵相吻合，古今植物名稱相同。

〔二〕水洪：即水葒。

151. **地錦苗**〔一〕　生田野中。小科苗，高五七寸。苗葉似圓荽音雖。葉間開紫花。結小角兒。苗葉味苦(1)。

**救饑** 採苗葉煠熟，水浸淘淨，油鹽調食。

**校記**

(1) 苦：原本誤作“若”，今據四庫本、徐光啓本改。

**注釋**

〔一〕地錦苗：伊博恩認為是罌粟科紫堇屬植物刻葉紫堇 *Corydalis incisa* Pres.；王作賓認為是同屬植物紫堇 *Corydalis edulis* Maxim.；張翠君認為是同屬植物地丁草 *Corydalis bungeana* Turcz.。

152. **野西瓜苗**〔一〕 俗名禿漢頭。生田野中。苗高一尺許。葉似家西瓜葉而小，頗硬。葉間生蔕，開五瓣銀褐花，紫心黄蘂。花罷作蒴，蒴内結實，如楝子大。苗葉味微苦。

**救饑** 採嫩苗葉煠熟，水浸去邪味，淘過，油

鹽調食。

**治病**　今人傳說，採苗搗傅瘡腫，拔毒。

**注釋**

〔一〕野西瓜苗：即錦葵科木槿屬植物野西瓜苗 *Hibiscus trionum* Linn.，二者形態特徵相吻合，植物名稱古今相同。

**153. 香茶菜**〔一〕　生田野中。莖方，窊五化切面四楞。葉似薄荷葉，微大，抪莖對生。稍頭出穗，開粉紫花。結蒴音朔，如蕎麥蒴而微小。葉味苦。

**救饑**　採葉煠熟，水浸去苦味，淘洗淨，油鹽調食。

**注釋**

〔一〕香茶菜：王作賓和伊博恩都認為是唇形科香茶菜屬植物長管香茶菜 *Plectranthus longitubus* Miq [＝*Isodon longitubas* Miq]；張翠君認為可擴大到唇形科香茶菜屬的多種植物，包括藍萼香茶菜 *Isodon glaucocalyx* Maxim Kudo。香茶菜，古今植物名稱也相同。

154. **薔蘼**音牆梅〔一〕

又名刺蘼。今處處有之，生荒野崗嶺間，人家園圃中亦栽。科條青色，莖上多刺。葉似椒葉而長，鋸齒，又細，背頗白。開紅白花，亦有千葉者。味甜淡。

**救饑**　採芽葉煠熟，換水浸淘淨，油鹽調食。

**注釋**

〔一〕薔蘼：王作賓認為是薔薇科薔薇屬植物 Rosa sp.；伊博恩認為是同屬植物 *Rosa indica* Linn.。張翠君認為應該是薔薇屬植物，幾種植物都有可能，其中開白花的是野薔薇 *Rosa multiflora* Thunb.。

155. **毛女兒菜**〔一〕　生南陽府馬鞍山中。苗高一尺許。葉似綿絲菜葉而微尖；又似兔兒尾葉而小。莖葉皆有白毛。稍間開淡黃花，如大黍粒，十數顆攢成一穗。味甘，酸。

**救饑**　採苗葉煠熟，水浸淘淨，油鹽調食；或拌米麵蒸食，亦可。

**注釋**

〔一〕毛女兒菜：王作賓和伊博恩認為是菊科鼠麴草屬植物白背鼠麴草 *Gnaphalium japonicum* Thunb，也即細葉鼠麴草，鑑定可信，二者形態特徵相吻合，且細葉鼠麴草別名中就有“毛女兒菜”名。

**156. 𤛑音麗牛兒苗**〔一〕　又名鬪牛兒苗〔二〕。生田野中。就地拖秧而生。莖蔓細弱，其莖紅紫色。葉似園荽葉，瘦細而稀疎。開五瓣小紫花。結青蓇葖音骨突兒，上有一嘴既委切，甚尖鋭音芮，如細錐音追子狀，小兒取以為鬪戲。葉味微苦。

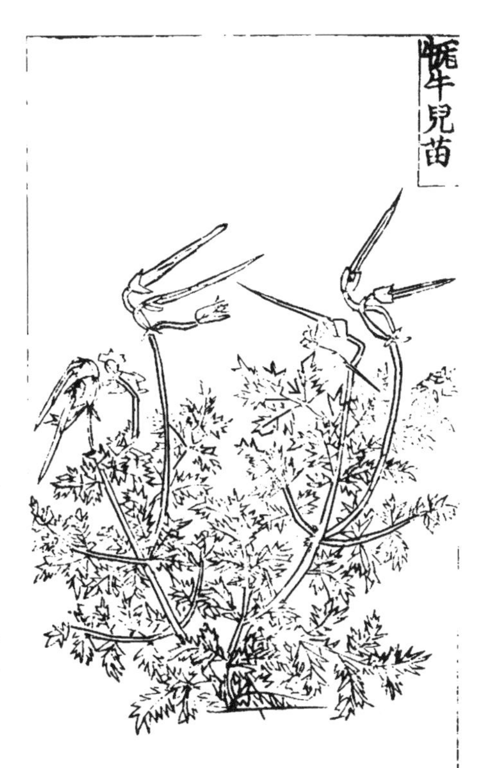


**救饑**　採葉煠熟，換水浸去苦味，淘淨，油鹽調食。

**注釋**

〔一〕𤛑牛兒苗：王作賓認為是牻牛兒苗科牻牛兒苗屬植物牻牛兒苗 *Erodium stephanianum* Willd。鑑定正確，植物名稱古今相同。

〔二〕鬪：音ㄉㄡˋ，

同“鬬”。

157. **鐵掃箒**〔一〕　生荒野中。就地叢生，一本二三十莖。苗高三、四尺。葉似苜蓿葉而細長；又似細葉胡枝子葉，亦短小。開小白花。其葉味苦。

**救饑**　採嫩苗葉煠熟，換水浸去苦味，油鹽調食。

**注釋**

〔一〕鐵掃箒：王作賓和伊博恩均認為是豆科胡枝子屬植物尖葉鐵掃帚的變種 *Lespedeza juncea* Pers. var. *sericea* Hemsl.。或許胡枝子屬植物 *Lespedeza* sp. 的某些種也可能包括在內，如截葉鐵掃帚 *Lespedeza cuneata* (Dum.-Cours.) G. Don，因為它們的別名也都叫“鐵掃帚”。

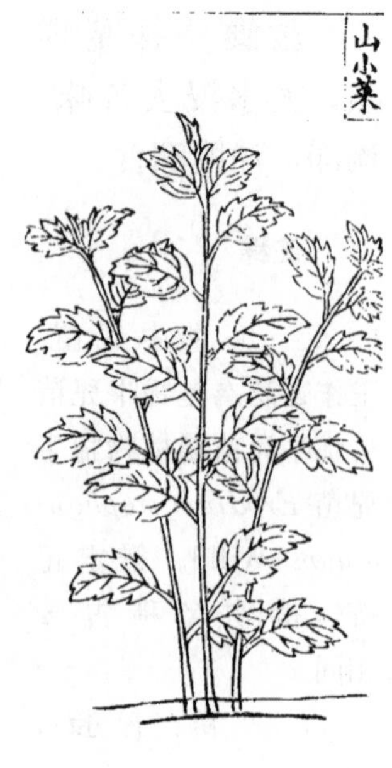


158. **山小菜**〔一〕　生密縣山野中。科苗高二尺餘，就地叢生。葉似酸漿子葉而窄小，面有細紋脈，邊有鋸齒，色深緑；又(1)似桔梗葉，頗長艄。味苦。

**救饑**　採葉煠熟，水浸淘去苦味，油鹽調食。

**校記**

（1）又：原本為“人”，據三十四年本、四庫本改。

**注釋**

〔一〕山小菜：王作賓和伊博恩均認為是桔梗科風鈴草屬植物紫斑風鈴草 *Campanula punctata* Lam.。

159. **羊角苗**〔一〕　又名羊妳科，亦名合鉢兒，俗名婆婆針紮兒，又名紐絲藤，一名過路黃。生田野下濕地中。拖藤蔓而生。莖色青白。葉似馬兜零葉而長大；又似山藥葉，亦長大，面青，背頗白，皆兩葉相對生。莖葉折之，俱有白汁出。葉間出穗，開五瓣小白花。結角似羊角狀，中有白穰〔二〕。其葉味甘，微苦。

**救饑**　採嫩葉煠熟，換水浸去苦味、邪氣，淘淨，油鹽調食。

**注釋**

〔一〕羊角苗：蘿藦科蘿藦屬多年生蔓性草本植物蘿藦 *Metaplexis*

*japonica*（Thunb.）Makino，二者形態特徵吻合，且蘿藦別名婆婆針紮兒、婆婆針線包，與《救荒本草》所載俗名相同或相近。

〔二〕穰：音 ㄖㄤˊ，同“瓤”，指某些植物的皮或殼裏包着的部分。

160. **耬斗菜**〔一〕　生輝縣太行山山野中。小科苗，就地叢生。苗高一尺許。莖梗細弱。葉似牡丹葉而小。其頭頗團。味甜。

**救饑**　採葉煠熟，水浸淘淨，油鹽調食。

**注釋**

〔一〕耬斗菜：伊博恩認為是毛茛科耬斗菜屬植物歐耬斗菜 *Aquilegia flabellata* S. &Z.；王作賓認為是同屬植物紫花耬斗菜 *Aquilegia vulgaris* Linn.；張翠君認為是同屬植物耬斗菜 *Aquilegia viridiflora* Pall.。耬斗菜又名西洋耬斗菜，是從歐洲引進的，且全草及種子有毒，開花期毒性最大，恐難成立。而同屬植物華北耬斗菜 *Aquilegia yabeana* Kitag. 迄今仍分佈於河南，特別是嵩縣地區，且生於海拔 800～1 200 米的山區，這不僅比迄今在河南無分佈的紫花耬斗菜在地理上更具競爭性，而且也吻合《救荒本草》所言“太行山山野中”的記載。

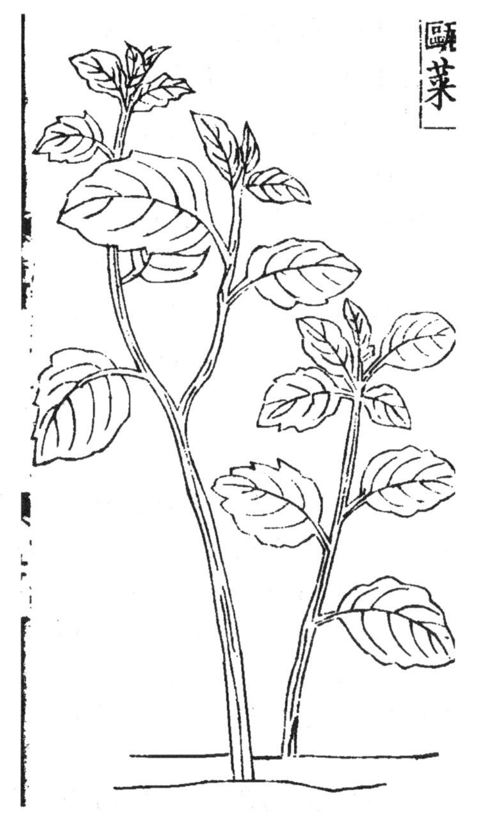


161. **甌菜**〔一〕

生輝縣山野中。就地作小科苗，生莖叉(1)。葉似山莧(2)菜葉而有鋸齒；又似山小菜葉，其鋸齒比之却小。味甜。

**救饑**　採嫩苗葉煠熟，水浸淘淨，油鹽調食。

**校記**

(1) 叉：原本為“友”，據三十四年本、四庫本改。

(2) 莧：原本為“見”，據三十四年本、四庫本改。

**注釋**

〔一〕甌菜：王作賓認為是茄科茄屬植物龍葵 *Solanum nigrum* Linn. 或者茄科酸漿屬植物 *Physalis* sp.。

162. **變豆菜**〔一〕　生輝縣太行山山野中。其苗葉初作地攤音灘科生。葉似地牡丹葉，極大，五花叉，鋸齒尖。其後葉中分生莖叉，稍葉頗小，上開白花。其葉味甘。

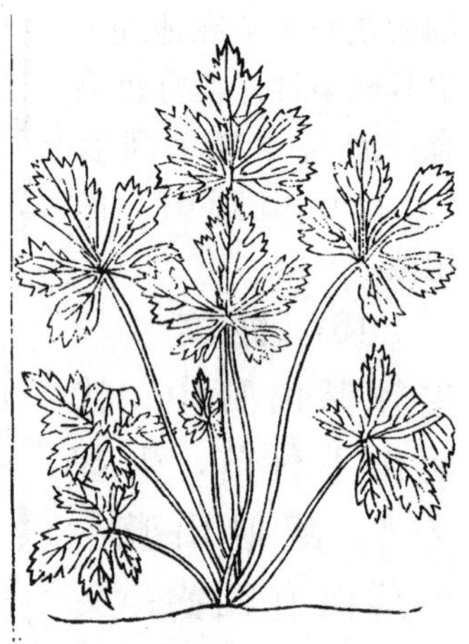


**救饑**　採葉煠熟，做成黃色，換水淘淨，油鹽調食。

**注釋**

〔一〕變豆菜：伊博恩認為是傘形科變豆菜屬植物 *Sanicnla curopaea* Linn 或 *S. sinensis* Bge；王作賓認為是同屬植物變豆菜（山芹菜）*Sanicula chinensis* Bge.。後者更為吻合，且古今植物名稱相同。

163. **和尚菜**〔一〕　田野處處有之。初生搨地布葉。葉似野天茄兒葉而大，背微紅紫色。後攛苗，高二、三尺。葉似葧蓬葉，短小而尖；又似紅落藜葉而色不紅〔二〕。結子如灰菜子。葉味辛酸，微鹹〔三〕。

**救饑**　採嫩葉煠熟，換水浸去邪味，淘淨，油鹽調食；

或晒乾煠食，亦可。或云：不可多食，久食，令人面腫。

**注釋**

〔一〕和尚菜：菊科腺梗菜屬植物腺梗菜 *Adenocaulon himalaicum* Edgew.。二者植物形態特徵相吻合，且腺梗菜的別名就叫和尚菜。

〔二〕紅落藜：即舜芒穀，為藜科藜屬植物。

〔三〕醎：音ㄒㄧㄢˊ，同“鹹”。

## 根可食

### 《本草》原有

164. **萎蕤**〔一〕　《本草》一名女萎，一名熒，一名地節，一名玉竹，一名馬薰。生太山山谷及舒州、滁州、均州，今南陽府馬鞍山亦有。苗高一、二尺。莖班〔二〕。葉似竹葉，闊短而肥厚，葉尖處有黃點；又似百合葉，却頗窄小。葉下結青子，如椒粒大。其根似黃精而小異〔三〕。節上有鬚。味甘，性平，

無毒。

**救饑**　採根換水煑，極熟，食之。

**治病**　文具《本草》草部條下。

**注釋**

〔一〕萎蕤：即百合科黄精屬植物玉竹 *Polygonatum officinale* All. ［＝*P. odoratum*（Mill.）Druce］，且玉竹的别名也稱萎蕤。

〔二〕班：同"斑"，意雜色。

〔三〕根：實際上是根狀莖。古人沒有現代植物結構知識，故《救荒本草》將之歸入"根可食"的草部。

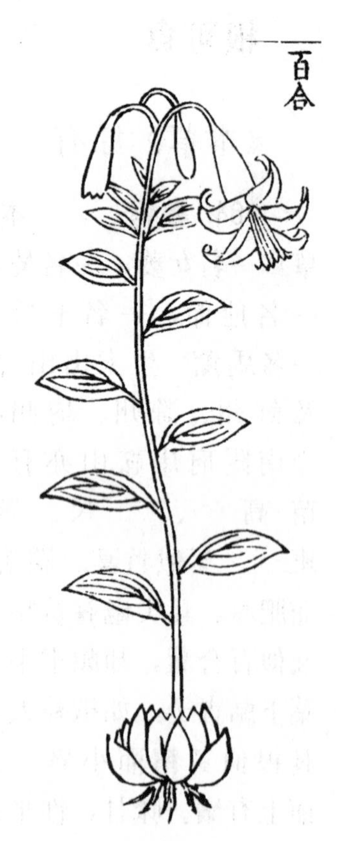


165. **百合**〔一〕　一名重箱，一名摩羅，一名中逢花，一名強瞿。生荆州山谷，今處處有之。苗高數尺，薢蘸如箭〔二〕。四面有葉如鶏距〔三〕；又似大柳葉而寬，青色，稀踈。葉近莖微紫，莖端碧白。開淡黄白花，如石榴觜而大〔四〕。四垂向下，覆長蘂；花心有檀色。每一枝(1)顛〔五〕，須五六花。子紫(2)色，圓如梧桐子，生於枝葉間。每葉一子，不在花中。此又異也。根色白〔六〕，形如松子殼，四向攢生，中間出苗；又如葫蒜，重疊生二三十瓣。味甘，性平，無毒；一云有小毒。又有一種開紅花，名山丹，不堪用。

**救饑** 採根煮熟，食之，甚益人氣。又云蒸過，與蜜食之；或為粉，尤佳。

**治病** 文具《本草》草部條下。

**校記**

(1) 枝：原本無，據寇宗奭撰《本草衍義》原文補。此句出自《本草衍義》卷之九百合：“每一枝顛，須五六花。子紫色，圓如梧桐子。”

(2) 紫：原本無，據寇宗奭撰《本草衍義》原文補。

**注釋**

〔一〕百合：即百合科百合屬植物百合 *Lilium brownii* F. E. Brown var. *Viridulum* Baker，植物名稱古今一致。

〔二〕簳：即幹，且徐光啟本為“幹”。

〔三〕鷄距：鷄左右兩腿內側腕間凸出的東西。唐代白居易《鷄距筆賦》載：“足之健者有鷄足，毛之勁者有兔毛。”

〔四〕觜：音ㄗㄨㄟˇ，同“嘴”。

〔五〕枝顛：即枝頭。

〔六〕根：實際上是球形的鱗莖，古人沒有現代植物結構知識，故將其歸入“根可食”的草部。

**166. 天門冬**〔一〕 俗名萬歲藤，又名婆羅樹，《本草》一名顛勒，或名地門冬，或名筵門冬，或名巔棘，

或名浫羊食，或名管松。生奉高山谷及建州〔二〕、漢州，今處處有之。春生藤蔓，大如釵股，長至丈餘，延附草木上。葉如茴香，極尖細而疎滑，有逆刺；亦有澀而無刺者。其葉如絲杉而細散，皆名天門冬。夏生白花，亦有黄花及紫花者。秋結黑子，在其根枝傍；入伏後無花，暗結子。其根白，或黄紫色，大如手指，長二、三寸；大者為勝。其生高地，根短味甜氣香者上；其生水側下地者，葉細似蘊而微黄，根長而味多苦、氣臭者下，亦可服。味苦、甘，性平、大寒，無毒。垣衣〔三〕、地黄及貝母為之使。畏曾青〔四〕。服天門冬，誤食鯉魚中毒，浮萍解之〔五〕。

**救饑**　採根換水，浸去邪味，去心煑食；或晒乾煑熟，入蜜食，尤佳。

**治病**　文具《本草》草部條下

**注釋**

〔一〕天門冬：王作賓認為是百合科天門冬屬植物石刁柏

*Asparagus officinalis* Linn. 或同屬植物 *A. lucidus* Lindl.；伊博恩提供的學名為同屬植物 *A. lucidus* L. 或 *A. falcatus* Benth. 或 *A. insularis* Hance.；張翠君認為應是天門冬屬的天門冬 *Asparagus cochinchinensis*（Lour.）Merr.。後者古今植物名稱相同，形態特徵相吻合。

〔二〕奉高：古縣名，在今泰安市岱岳區。漢武帝元封元年（公元前 110），割瀛、博共界置，轄岳東北四十里，以供泰山。從西漢建立至北齊，一直為泰山郡治所在地。

〔三〕垣衣：指牆上背蔭處所生的苔蘚植物。因覆蔽如人之衣，故名。

〔四〕曾青：音 ㄘㄥˊ ㄑㄧㄥ，礦產名。色青，可供繪畫及化金屬用。道士常用為煉丹的藥品。《荀子・王制》："南海有羽翮、齒革、曾青、丹幹焉。"楊倞注曰："曾青，銅之精，可繢畫及化黃金者，出蜀山越嶲。"李時珍《本草綱目・金石四・曾青》："曾，音層，其青層層而生，故名。或云，其生從實至空，從空至層，故曰曾青也。"

〔五〕浮萍：即浮萍科多年生漂浮植物紫背浮萍 *Spirodela polyrrhiza* Schleid. 或青萍 *Lemnaminor* Linn 的全草。

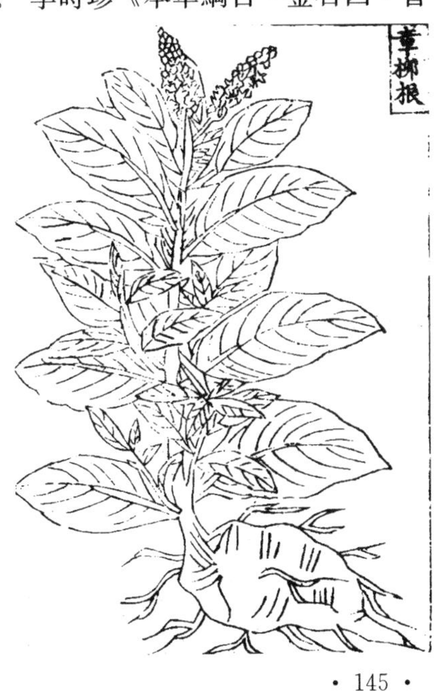


## 167. 章柳根〔一〕

《本草》名商陸，一名募音湯根，一名夜呼，一名白昌，一名當陸，一名章陸。《爾雅[1]》

謂之蓫薚音遂湯，《廣雅[2]》謂之馬尾。《易》謂之莧陸。生咸陽川谷，今處處有之。苗高三、四尺。 麄似鷄冠花蘀，微有線楞，色微紫赤。葉青，如牛舌，微闊而長。根如人形者，有神。亦有赤、白二種。花赤，根亦赤；花白，根亦白。赤者不堪服食，傷人，乃至痢血不已。白者堪服食。又有一種名赤昌，苗葉絕相類，不可用，須細辨之。商陸味辛、酸；一云味苦，性平，有毒；一云性冷。得大蒜良。

**救饑** 取白色根，切作片子，煠熟，換水浸洗淨，淡食，得大蒜良。凡製：薄切，以東流水浸二宿，撈出，與豆葉隔間入甑蒸，從午至亥；如無葉，用豆依法蒸之,亦可。花白者年多,仙人採之,作脯，可為下酒。

**治病** 文具《本草》草部“商陸”條下。

**校記**

(1) 雅：原本訛作“邪”字，今據四庫本改。
(2) 雅：原本訛作“邪”字，今據四庫本改。

**注釋**

〔一〕章柳根：即商陸科商陸屬植物商陸 *Phytolacca acinosa* Roxb.，植物形態特徵相符，且商陸名稱延用至今，俗稱“章柳根”。

**168. 沙參**〔一〕 一名知母，一名苦心，一名志取，一名虎鬚，一名白參，一名識美，一名文希。生河內川谷及冤句、般陽續山〔二〕，並淄、齊、潞、隨、歸州，

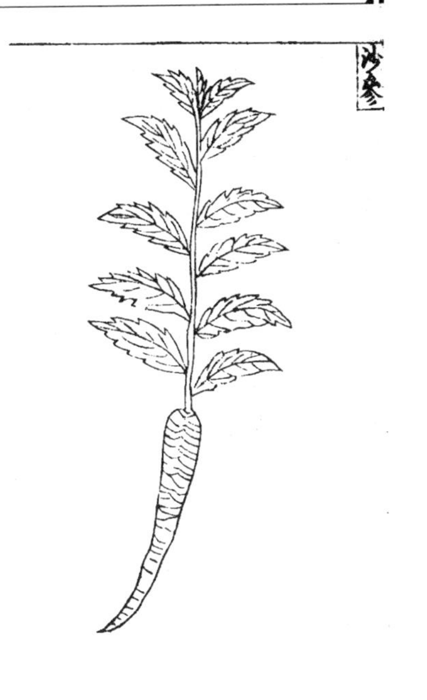


而江淮、荊湖州郡皆有。今輝縣太行山邊亦有之。苗長一、二尺，叢生崖坡間。葉似枸杞葉，微長而有叉牙鋸齒。開紫花。根如葵根，赤黃色，中正白實者佳。味微苦，性微寒，無毒。惡防已及藜蘆〔三〕。又有杏葉沙參及細葉沙參〔四〕，氣味與此相類，但《圖經》內不曾該載此二種葉苗形容〔五〕，未(1)敢併入本條，今皆另條開載。

**救饑**　掘根浸洗極淨，換水煑去苦味，再以水煑極熟，食之。

**治病**　文具《本草》草部條下。

**校記**

(1) 未：原本為“木”，據三十四年本、四庫本改。

**注釋**

〔一〕沙參：王作賓認為是桔梗科沙參屬植物 *Adenophora lamarckii* Fisch.；伊博思認為是同屬植物 *Adenophora polymarpha* ledeb. var. latifolia Herden 或者 *A. verticillata* Fisch [=*A. tetraphylla* Fisch]（輪葉沙參）；張翠君認為是同屬植物

石沙参 *A. polyantha* Nakai。

〔二〕般陽：古縣名，西漢初年置，因治所位於般水之陽而得名，地在今淄博市淄川區。南朝宋元嘉五年（428）為貝丘縣。隋開皇十八年（598）為淄川縣，唐初置淄川郡。宋置淄川郡屬京東東路。元設般陽路，治所在淄川城。明初設般陽府，洪武九年（1376）升淄川縣為淄川州，洪武十年（1377）又改為淄川縣，屬濟南府。般陽曾長期為州、郡、路治所。

〔三〕防已：據台灣賴榮祥先生《防巳·防已·防己等種種問題及相關生藥製劑之應用》一文考證，“防巳”一名最早見於《神農本草經》，以後《名醫别録》、《神農本草經集注》、《新修本草》、《嘉祐本草》、《四聲本草》、《圖經本草》、《本草拾遺》、《雷公炮炙論》、《肘後方》、《初虞世方》等晉、唐、宋諸家本草及臨床家均以此爲名。至李時珍《本草綱目》問世後本草中始有“防已”之名出現，而後在清乾隆初期汪昂《本草備要》中更有“巳”、“已”並出之現象，至民國復刻《本草綱目》則已然由“防已”衍變成“防己”。

〔四〕杏葉沙參：即桔梗科多年生草本植物 *Adenophora axilliflora* Borb，亦稱“杏參”，或名薺苨。根入藥，稱南沙參。

〔五〕形容：原本指形體和容貌。這裏指植物形態特徵。

**169. 麥門冬**〔一〕　《本草》云：秦名羊韭，齊名麥韭，楚名馬韭，越名羊蓍，一名禹葭音加，一名禹餘糧。生隨州、陸州及函谷堤阪肥土石間，久廢處有之，今輝縣山野中亦有。葉似韭葉而長，冬夏長生。根如穬音礦麥而白色。出江寧者，小、潤；出新安者〔二〕，大、白。其大者，苗如鹿葱，小者如韭。味甘，性平，微寒，無毒。地黄、車前為之使。惡欵冬、苦瓠、苦芙；畏木

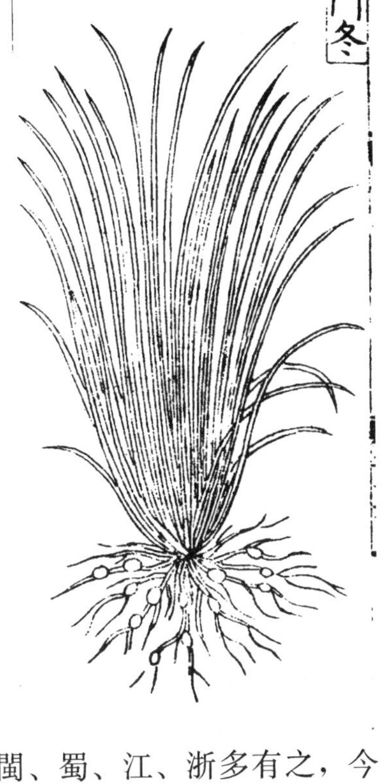


耳、苦參、青蘘烏老切。

**救饑** 採根，換水浸去邪味，淘洗淨，蒸熟，去心食。

**治病** 文具《本草》草部條下。

**注釋**

〔一〕麥門冬：王作賓、張翠君認為是百合科沿階草屬植物沿階草 *Ophiopogon japonicus* ker. - Gawl.，別名麥冬，麥門冬；伊博恩認為是百合科麥冬屬的麥冬或土麥冬屬的植物 *Liriope spicata* Lour.。

〔二〕新安：明縣名，在今河南新安縣。

170. **苧根**〔一〕 舊云：閩、蜀、江、浙多有之，今許州人家田園中亦有種者。皮可績布，苗高七、八尺，一科十數莖。葉如楮葉而不花叉，面青背白，上有短毛；又似蘇子葉。其葉間出細穗，花如白楊而長，每一朶凡十數穗，花青白色。子熟，茶褐色。其根黄白色，如手指麁。宿根地中，至春自生，不須藏種。荆、揚間一歲二、三刈(1)，剥其皮，以竹刀刮其表，厚處自脱，得裏如筋者，煑之，用緝〔二〕。以苧近蠶種之，則蠶不

生。根味甘，性寒。

**救饑** 採根，刮洗去皮，煑極熟，食之甜美。

**治病** 文具《本草》草部條下。

**校記**

（1）揚：原本作“楊”，今據四庫本改。

**注釋**

〔一〕苧根：即蕁麻科苎麻属植物苎麻 *Boehmeria nivea*（Linn.）Gaud。

〔一〕緝：即把苧麻析成縷連接起來。

171. **蒼朮**(1)〔一〕 一名山薊，一名山薑，一名山連，一名山精。生鄭山、漢中山谷〔二〕，今近郡山谷亦有，嵩山、茅山者佳〔三〕。苗淡青色，高二、三尺。莖作蒿薛。葉掭莖而生，稍葉似棠葉，脚葉有三、五叉，皆有鋸齒小刺。開花，紫碧色，亦似刺薊花；或有黄白花者。根長如指〔四〕，大而肥實。皮黑茶褐色。味苦、甘；一云味甘、辛。性温，無毒。防風、地榆為之使。

**救饑** 採根去黑皮，薄切，浸二、三宿，去苦味，

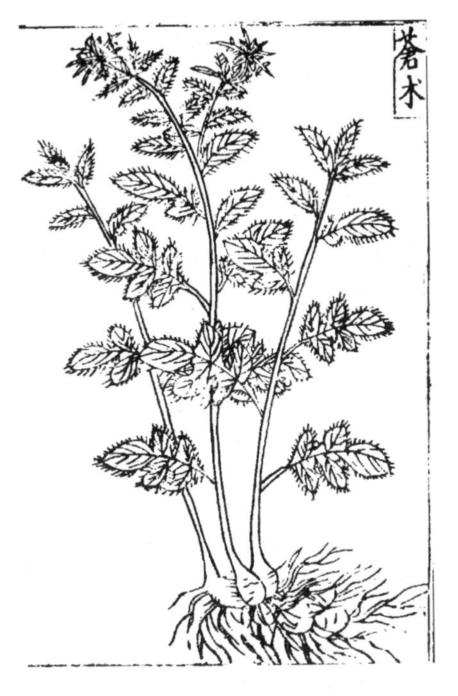


煮熟食；亦作煎餌，久服，輕身延年，不饑。

**治病**　文具《本草》草部條下。

**校記：**

（1）朮：原本、三十四年本、四庫本均作“术”，今據理改。本條中此均改，不再出校記。

**注釋**

〔一〕蒼朮：伊博恩認為是菊科蒼朮屬植物關蒼朮 *Atractylodes* ovata Thunb. ［＝*A. japonica* Koidz. ex Kitan］；王作賓認為是同屬植物北蒼朮 *Atractylodes chniensis* (Bge) DC.。但產於今江蘇、河南等地的南蒼朮，即同屬多年生草本植物茅蒼朮 *Atractylodes lancea*（Thunb.）DC. 似更吻合《救荒本草》的描述。茅蒼朮，以產於江蘇茅山一帶者品質最好，故名。吻合文中“嵩山、茅山者佳”說法，又其味微甘、辛，亦吻合“味甘、辛”記載，而北蒼朮“味辛”。

〔二〕鄭山：指關中的華山與少華山，因其地原為周代諸侯鄭國屬地，故名。

〔三〕茅山：原名句曲山，又稱地肺山，因相傳西漢景帝時，有茅盈、茅固、茅衷三兄弟在此修練並得道成仙，遂改稱三茅山，簡稱茅山。其地位於江蘇省的西南部，今句容、金壇、溧水、丹徒、丹陽五个縣（市）之間。主峰大茅峰。茅山是著名道教勝地，被列為十大洞天中的第八洞天，七十二福地中的第一福地。

〔四〕根：實際上是根狀莖。

172. **菖蒲**〔一〕 一名堯韭，一名昌陽。生上洛池澤及蜀郡、嚴道、戎、衛、衡州〔二〕，並嵩岳石磧上，今池澤處處有之。葉似蒲而匾，有脊，一如劒刃。其根盤屈有節〔三〕，狀如馬鞭。薛大，根旁引三、四小根，一寸九節者良，節尤密者佳；亦有十二節者，露根者不可用。又一種名蘭蓀，又謂溪蓀，根形、氣色極似石上菖蒲，葉正如蒲，無脊。俗謂之菖蒲生於水次，失水則枯。其菖蒲味辛，性温，無毒。秦皮、秦艽為之使(1)。惡地膽、麻黃。不可犯鐵，令人吐逆。

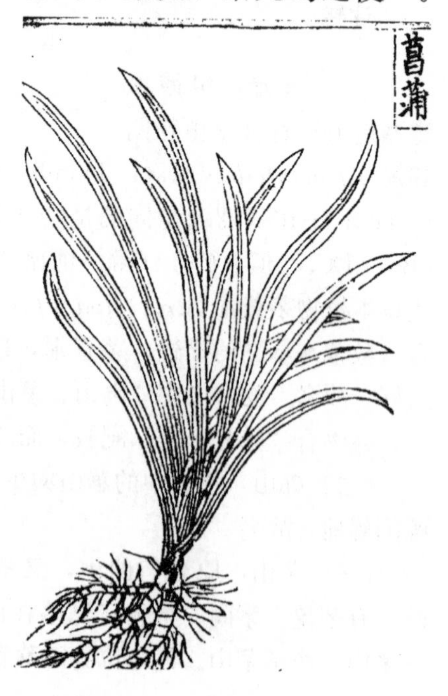


**救饑** 採根，肥大節稀，水浸去邪味，製造作果，食之。

**治病** 文具《本草》草部條下。

**校記**

(1) 艽：艽之訛字。四庫本改為“艽”。

**注釋**

〔一〕菖蒲：即天南星

科菖蒲屬植物菖蒲 *Acorus calamus* Linn.，古今植物名稱相同。

〔二〕上洛：郡縣名，因居洛河上游，故名，地在今陝西商洛地區。西漢時置上洛縣，西晉泰始二年（266），設上洛郡，治所設上洛縣，領上洛、商縣、豐陽三縣。唐乾元元年（758）撤上洛郡，改為商州。嚴道，古縣名，公元前316年，秦國始置，治所在今滎經縣嚴道鎮附近古城坪。此地產金銅，是古代南絲綢之路的重要驛站。戎，即戎州，地在今四川宜賓市。又元至元二十二年（1285）劃大壩軍民府地置戎州。在今興文縣。明洪武四年（1371）降為戎縣。衛，即衛州，北周宣政元年（578）置。治所在朝歌（隋改衛縣，今河南淇縣），唐轄境相當今河南新鄉市、汲縣、輝縣、浚縣及淇縣等地。

〔三〕根：實際上是根狀莖。

## 新增

**173. 葍子根**〔一〕　俗名打碗花，一名兔兒苗，一名狗兒秧。幽薊間謂之燕葍根〔二〕。千葉者呼為纏枝牡丹〔三〕，亦名穰花。生平澤中，今處處有之。延蔓而生。葉似山藥葉而狹小。開花，狀似牽牛花，微短而圓，粉紅色。其根甚多。大者如小筋麄，長一、二尺，色白。味甘，性温。

**救饑**　採根，洗淨蒸食之；或晒乾杵碎[四]，炊飯食，亦好；或磨作麵，作燒餅蒸食，皆可。久食則頭暈破腹[五]；間食則宜。

**注釋**

〔一〕葍子根：伊博恩認為是旋花科打碗花屬植物打碗花 *Calystegia hederacea* Choisy 及同屬植物籬打碗花 *C. sepium* R. Br.；王作賓認為是同屬植物打碗花 *Calystegia hederacea* Choisy。葍子根俗名打碗花，別名狗兒秧。《河南野菜野果》（50 頁）載新鄭、杞縣打碗花地方名為狗兒秧，古今植物名稱相同，二者形態特徵吻合。

〔二〕幽薊：即今京津地區。

〔三〕纏枝牡丹：即旋花科打碗花屬植物 *Calystegia dahurica* (Herb.) Choisy f. anestia (Fernald) Hara。

〔四〕杵：《說文》曰："杵，舂杵也。"杵碎，即用木杵搗碎。

〔五〕破腹：腹瀉。

**174. 菽蕿**音冒嫂**根**[一]　俗名麵碌碡音禄軸。生水邊下濕地。其葉就地叢生，葉似蒲葉而肥短，葉背如劒脊樣。葉叢中間攛葶，上開淡粉紅花，俱皆六瓣。花頭攢開，如傘蓋狀。結子如韭花蓇葖音骨突。其根如鷹爪黄連樣[二]，色似墐泥色[三]。味甘。

**救饑**　採根，揩去皴音逡毛，用水淘淨，蒸熟食；或晒乾炒熟食；或磨作麵蒸食，皆可。

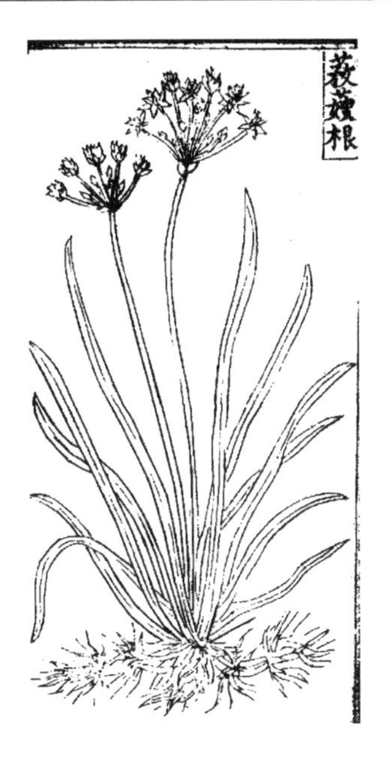


**注釋**

〔一〕莪蒁根：即花藺科花藺屬植物花藺 *Butomus umbellatus* Linn.，現為莪蒁根科茅蒁屬植物莪蒁，古今植物名稱相同。

〔二〕鷹爪黃連：黃連中一種，《本草綱目》草部二《黃連》：黃連"大抵有二種：一種根麄無毛，有珠，如鷹雞爪形而堅實，色深黃。"《本草從新》："黃連，種數甚多：雅州連，細長彎曲，微黃無毛，有硬刺；馬湖連，色黑細毛，繡花針頭硬刺，形如雞爪；此二種最佳。"此處的根，實為根狀莖。

〔三〕墐泥：即用黏土和的泥。

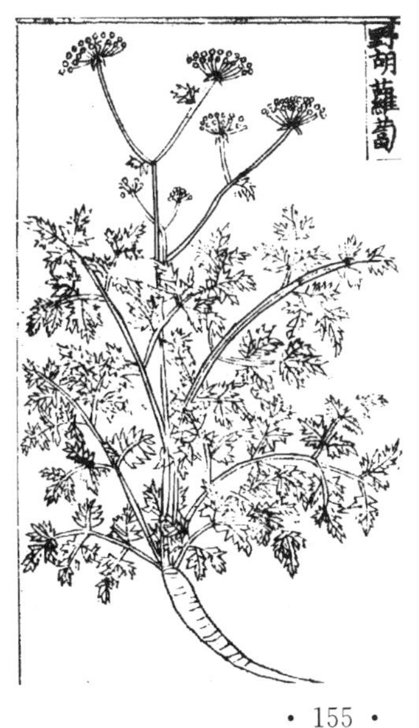


175. **野胡蘿蔔**〔一〕　生荒[1]野中。苗葉似家胡蘿蔔，俱細小。葉間攛生。莖叉稍頭開小白花，衆花攢開如傘蓋狀，比蛇床子花頭又大。結子比蛇床子，亦大。其根比家胡蘿蔔尤細小。味甘。

**救饑**　採根，洗淨蒸食。生食亦可。

**校記**

（1）荒，原本訛作“𦬼”，今據四庫本改。

**注釋**

〔一〕野胡蘿蔔：伊博恩認為是傘形科香根芹屬植物香根芹 *Osmorhiza aristata* Mak & yabe 或同科竊衣屬植物破子草 *O. japonica* S&Z.；王作賓認為是傘形科胡蘿蔔屬植物野蘿蔔 *Daucus carota* Linn.。王氏鑑定與《河南野菜野果》（47 頁）所載野菜野胡蘿蔔一致，且二者形態特徵相吻合，古今植物名稱基本相同。

## 176. 綿棗兒〔一〕

一名石棗兒。出密縣山谷中，生石間。苗高三、五寸。葉似韭葉而闊，瓦隴樣。葉中攛葶出穗，似鷄冠莧穗而細小〔二〕。開淡粉紅花，微帶紫色。結小蒴兒，其子似大藍子而小，黑色。根類獨顆蒜〔三〕；又似棗形而白。味甜，性寒。

**救饑**　採取根，添水久煮極熟，食之。不換水煮，食後腹中鳴，有下氣。

**注釋**

〔一〕綿棗兒：即百合科綿棗兒屬多年生草本植物綿棗兒 *Scilla chinensis* Benth.［＝*S. scilloides*（Lindl.）Druce］，古今植物名稱相同，形態特徵相吻合。

〔二〕鷄冠莧：即莧科青葙屬一年生草本植物青葙 *Celosia argentea* Linn.，青葙一别名鷄冠莧。

〔三〕根：實際上是卵圓形的鱗莖。

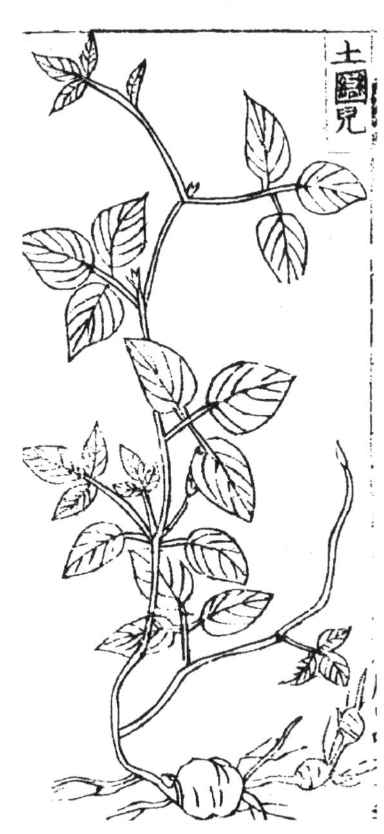


177. **土圞兒**〔一〕　一名地栗子。出新鄭山野中。細莖延蔓而生。葉似緑豆葉，微尖艄，每三葉攢生一處。根似土瓜兒根〔二〕，微團。味甜。

**救饑**　採根煮熟，食之。

**注釋**

〔一〕土圞兒：即豆科土圞屬植物土圞兒 *Apios fortunei* Maxim，古今植物名稱相同，形態特徵相吻合。

〔二〕土瓜兒：疑為葫蘆科王瓜 *Trichosanthes cucumeroides* (Ser) Maxim 一類。

**178. 野山藥**〔一〕 生輝縣太行山山野中。妥他果切藤而生。其藤似葡萄藤，條稍細，藤頗紫色。其葉似家山藥葉而大，微尖。根比家山藥極細瘦〔二〕，甚硬。皮色微赤。味微甜，性温平，無毒。

**救饑** 採根煮熟，食之。

**治病** 今人與《本草》草部下“薯蕷”同用。

**注釋**

〔一〕野山藥：伊博恩認為是薯蕷科薯蕷屬植物日本薯蕷 *Dioscorea japonica* Th.，也叫野山藥；王作賓認為是同屬植物山藥 *Dioscorea batatas* Decne。張翠君認為是日本薯蕷 *Dioscorea japonica* Thunb 或戟葉薯蕷（一名野山藥）*D. doryophora* Hance。其中日本薯蕷説為多數學人所接受，且《河南野菜野果》(81～82 頁）記載地方名為野山藥的植物就是日本薯蕷 *Dioscorea japonica* Thunb。

〔二〕根：實際上是塊莖。

**179. 金瓜兒**〔一〕 生鄭州田野中。苗似初生小葫蘆

葉而極小；又似赤雹兒葉〔二〕。莖方。莖葉俱有毛刺。每葉間出一細藤，延蔓而生。開五瓣尖碗子黄花。結子如馬瓟音雹大〔三〕，生青熟紅。根形如鷄彈〔四〕，微小。其皮土黄色，内則青白色。味微苦，性寒。與酒相反。

**救饑**　掘取根，換水煮，浸去苦味，再以水煮極熟，食之。

**注釋**

〔一〕金瓜兒：葫蘆科赤瓟屬多年生蔓性草本植物赤瓟 *Thladiantha dubia* Bunge.，二者形態特徵吻合。

〔二〕赤雹兒：可能是葫蘆科赤瓟兒屬攀援草本植物南赤雹 *Thladiantha nudiflora* Hemsl.。

〔三〕馬瓟：葫蘆科馬瓟屬（*Zehneria*）植物。瓟，音ㄅㄛˊ，同瓟。

〔四〕彈：音ㄉㄢˋ，指形狀像彈丸的東西，如禽鳥的卵等。此處鷄彈，即鷄蛋。

**180. 細葉沙參〔一〕**　生輝縣太行山山衝間。苗高一、二尺。莖似蒿簳音秆。葉似石竹子葉而細長；又

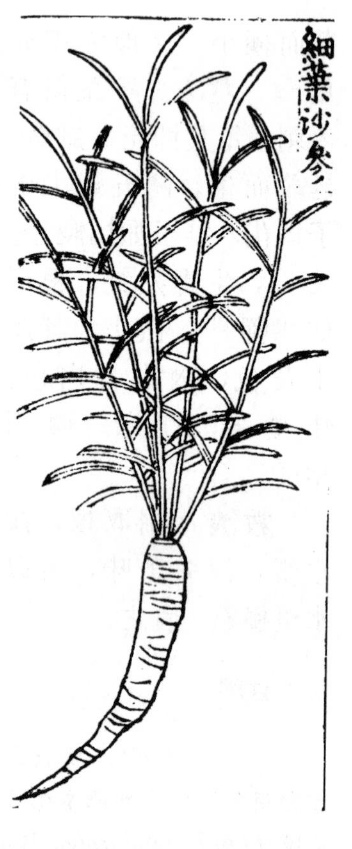


似水蓑與莎同，音棱衣葉，亦細長。稍間開紫花。根似葵根而麄如拇音母指大。皮色灰，中間白色。味甜，性微寒。《本草》有沙參，苗葉莖狀，所說與此不同，未敢併入條下，今另為一條，開載於此。

**救饑**　掘取根，洗淨煑熟，食之。

**治病**　與《本草》草部下"沙參"同用。

**注釋**

〔一〕細葉沙參：伊博恩認為是桔梗科蘭花參屬植物 *Wahlenbergia gracilis* DC. 或 *W. agrestis* DC. 或 *W. marginata* DC.（蘭花參）；王作賓認為是桔梗科沙參屬植物 *Adenphora coronaka* DC.；張翠君認為從《救荒本草》的圖形看，同屬植物長柱沙參 *Adenophora stenanthina*（Ledeb.）Kitagawa、細葉沙參 *A. stenophylla* Hemsl.、狹葉沙參 *A. gmelinii*（spreng.）Fisch. 都有可能；王家葵等（《救荒本草校釋與研究》146 頁）認為是桔梗科沙參屬植物紫沙參 *Adenophora paniculata* Nannf.，後者一名細葉沙參。

181. **鷄腿兒**〔一〕　一名飜白草。出鈞州山野中。苗高七、八寸，細長，鋸齒，葉硬兀靜切厚，背白。其葉似地榆葉而細長。開黄花。根如指大，長三寸許。皮赤内白，兩頭尖艄。味甜。

**救饑**　採根，煑熟食；生喫，亦可。

**注釋**

〔一〕鷄腿兒：即薔薇科委陵菜屬植物翻白草 *Potentilla discolor* Bunge.，鷄腿兒一名“翻白草”，古今植物名稱相同，植物形態特徵相吻合。

182. **山蔓菁**〔一〕　出鈞州山野中。苗高一、二尺。莖葉皆蒿苣色。葉似桔梗葉，頗長艄而不對生；又似山小菜葉，微窄。根形類沙參，如手指麄。其皮灰色，中間白色。味甜。

**救饑**　採根，煑熟食；生亦可食。

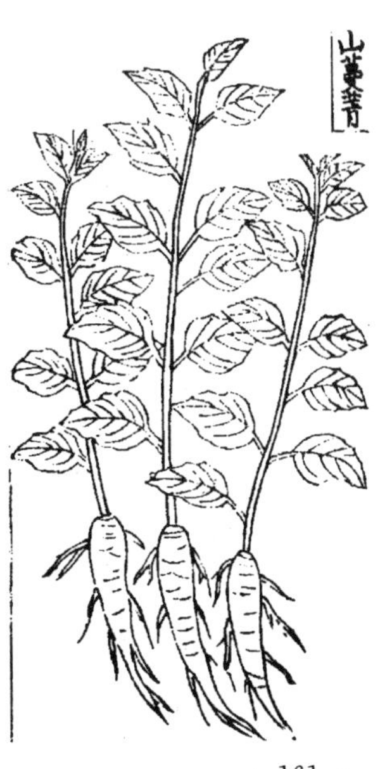


**注釋**

〔一〕山蔓菁：王作賓認為是桔梗科沙参屬植物 *Adenophora* sp.，為是。圖文簡略，特別是無花實描述，只能初定到屬。另稍後第185種植物地参可能與其為同一種植物。

183. **老鴉蒜**〔一〕 生水邊下濕地中。其葉直生，出土四垂。葉狀似蒲而短，背起劒脊〔二〕。其根形如蒜瓣〔三〕。味甜。

**救饑** 採根煠熟，水浸淘淨，油鹽調食。

**注释**

〔一〕老鴉蒜：王作賓認為是石蒜科石蒜屬植物石蒜 *Lycoris radiata* Herb.；伊博恩認為是同屬植物忽地笑（也叫黄花石蒜）*Lycoris aurea* Herb. 或者石蒜。二者都可算，但《救荒本草》描述葉“背起劍脊”而言，其更應是忽地笑 *Lycoris aurea*（L’H’erit）Herb.。在中藥上，黄花石蒜的鱗莖，常作石蒜入藥。

〔二〕背起劍脊：是指葉背面中凸如劍脊。

〔三〕根：實際上是球形鱗莖。

184. **山蘿蔔**〔一〕 生山谷間，田野中亦有之。苗高五、七寸，四散分生莖葉。其葉似菊葉而闊大，微有艾香。每莖五、七葉排生，如一大葉。稍

間開紫花。根似野胡蘿蔔根而黲白色。味苦。

**救饑**　採根煠熟，水浸淘去苦味，油鹽調食。

**注釋**

〔一〕山蘿蔔：川續斷科藍盆花屬植物華北藍盆花 *Scabiosa tschiliensis* Grunning.，華北藍盆花的別名就叫山蘿蔔，二者形態結構吻合。

185. **地參**〔一〕　又名山蔓菁。生鄭州沙崗間。苗高一、二尺。葉似初生桑科小葉，微短；又似結梗葉，微長。開花似鈴鐸樣〔二〕，淡紅紫色。根如拇(1)指大，皮色蒼，肉黲白色。味甜。

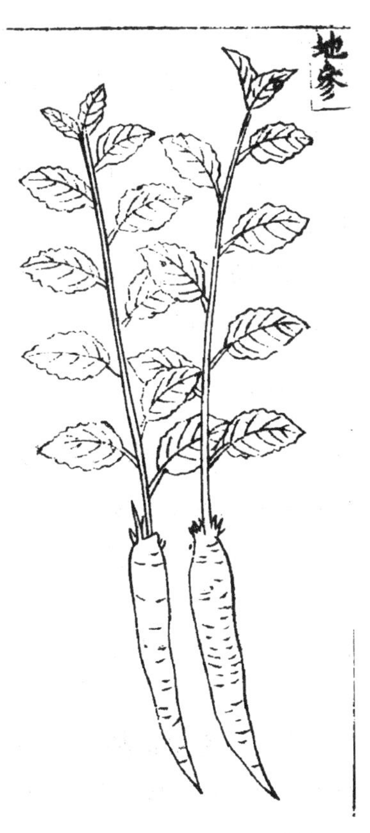


**救饑**　採根煑食。

**校記**

(1) 拇，原本為“母”，據四庫本改。

**注釋**

〔一〕地參：一名山蔓菁，與第 182 號植物同名，圖文亦與前者類似，故當為桔梗科沙參屬植物 Adenophora sp.，伊博恩認為是沙參屬植物薄葉薺苨 *Adenophora remotifolia*

Mip. 或百合科知母屬植物知母 *Anemarrhena asphodelodes* Bge.，可備一說。

〔二〕鈴鐸：也稱為手鐸、寶鐸、風鐸，用金、銅、鐵等金屬所製造，呈鐘形，內繫銅珠，頂端有柄，形狀不一。

**186. 獐牙菜**〔一〕 生水邊。苗初搨地生。葉似龍鬚菜葉而長窄。葉頭頗團而不尖。其葉嫩薄；又似牛尾菜葉亦長窄。其根如茅根而嫩。皮色灰黑。味甜。

**救饑** 掘根，洗淨煑熟，油鹽調食。

**注釋**

〔一〕獐牙菜：伊博恩認為是龍膽科獐牙菜屬多年生直立草本植物獐牙菜 *Swertia bimaculata* Hook & Th.。雖古今植物名稱一致，但與《救荒本草》圖多有不合之處，且今獐牙菜植物因含龍膽苦苷、當藥苦苷等成分，苦味明顯，與《救荒本草》文所載“味甜”相反。故有待進一步研究。

**187. 鵝兒頭苗**〔一〕 生祥符西田野中。就地妥他果切秧生。葉甚稀踈。每五葉攢生，狀如一葉，其葉花叉有小鋸齒。葉間生蔓，開五瓣黄花。根叉甚多，其根形如香附子而鬚長〔二〕，皮黑肉白。味甜。

**救饑**　採根，换水煮熟食。

**注釋**

〔一〕鷄兒頭苗：薔薇科委陵菜屬植物匍枝委陵菜 *Potentilla flagellaris* Willd.，且匍枝委陵菜的别名就叫“鷄兒頭苗”。

〔二〕香附子：即莎草科莎草屬多年生草本植物香附子 *Cyperus rotundus* Linn.，地下部分為具紡錘狀塊莖。

# 實可食

## 《本草》原有

188. **雀麥**〔一〕　《本草》一名蘥麥，一名蘥音藥。生於荒野林下，今處處有之。苗似蘥麥而又細弱。結穗像麥穗而極細小，每穗又分作小叉穗十數箇〔二〕。子甚細小。味甘，性平，無毒。

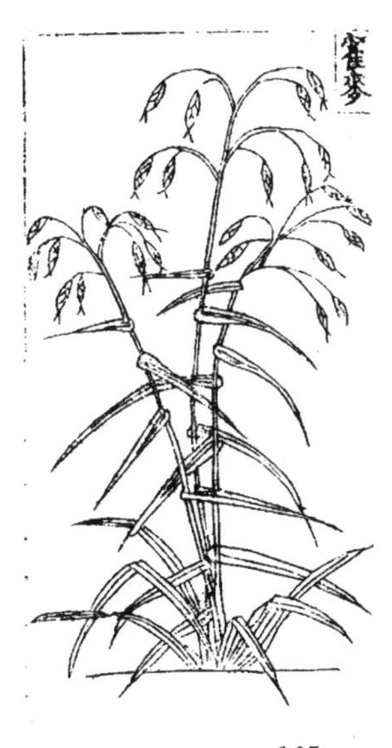


**救饑**　採子，舂去皮，搗作麵蒸食。作餅食，亦可。

**治病**　文具《本草》草部條下。

**注釋**

〔一〕雀麥：即禾本科雀麥屬植物雀麥 *Bromus japonicus* Thunb.，古今植物名稱相同。

〔二〕箇：個的異體字。

189. **回回米**〔一〕　《本草》名薏[1]苡人[2]，一名解蠡音离，一名屋菼音毯，一名起實，一名贛音紺[3]，俗名草珠兒，又呼為西番蜀秫音蜀述。生真定平澤及田野。交趾生者〔二〕，子最大，彼土人呼為贛珠。今處處有之。苗高三、四尺。葉似黍葉而稍大。開紅白花。作穗子。結實青白色，形如珠而稍長，故名薏珠子。味甘，微寒，無毒。今人俗亦呼為菩提子。

**救饑**　採實舂，取[4]其中人〔三〕煑粥食；取葉煑飲，亦香。

**治病**　文具《本草》草部“薏[5]苡人”

條下。

### 校記

（1）薏：原本及三十四年本、四庫本均在“苡”字後，今改在之前。理由：一、“薏苡”是古人習慣用法；二、本書目錄即作“薏苡人”。

（2）人：四庫本、徐光啟本作“仁”。

（3）紺：原本、三十四年本、徐光啟本均作“縉”字，今據四庫本改。且“贛”字讀音，《説文・艸部》“古送切。又，古禫切”；《集韻》“古禫切，音感”；《廣韻》“古送切，音貢。薏苡別名”；《博雅》“贛實，薏苡也。又古暗切，音紺”。故原本注音“縉”，誤也。今讀ㄍㄨㄥˋ。

（4）取：原本、三十四年本為“耴”，今據四庫本、徐光啟本改。且“耴”義：一為眾多的聲音；二為魚鳥的狀態。義於文中不通。

（5）薏：原本及三十四年本、四庫本均在“苡”字後，今改在之前。

### 注釋

〔一〕回回米：禾本科薏苡屬植物薏苡變種 *Coix lacryma-jobi* L. var. ma-yuen（Roman）Stapf.，其為栽培品種的原植物。

〔二〕交趾：早期指五嶺以南一帶之地。漢武帝滅南越後，於越南北部置交趾郡，始專指今越南北部。郡至宋初廢。

〔三〕人：同仁，核。《爾雅・釋木》郝懿行義疏：“核者，人也。古曰核，今曰人。”

190. **蒺藜子**〔一〕　《本草》一名旁通，一名屈人，

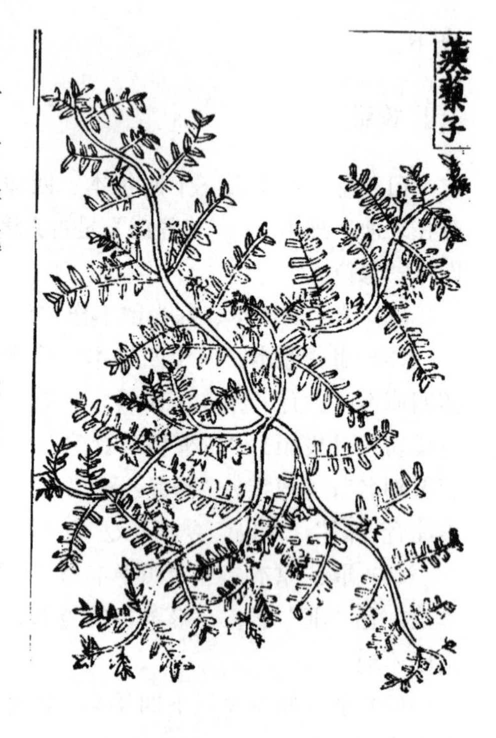


一名止行，一名犲〔二〕音柴羽，一名升推，一名即蔾，一名茨。生馮翊平澤或道傍〔三〕，今處處有之。布地蔓生。細葉。開小黄花。結子有三角刺人是也。味苦、辛，性温、微寒，無毒。烏頭為之使。又有一種白蒺蔾〔四〕，出同州沙苑，開黄紫花。作莢子，結子狀如腰子樣，小如黍粒。補腎藥多用。味甘，有小毒。

**救饑**　收子炒微黄，擣去刺，磨麵作燒餅；或蒸食，皆可。

**治病**　文具《本草》草部條下。

**注釋**

〔一〕蒺蔾子：即蒺藜科蒺藜屬植物蒺藜 *Tribulus terrestris* Linn.，古今植物名稱相同。

〔二〕犲：音ㄔㄞˊ，《玉篇》："犲狼也。本作豺。"

〔三〕馮翊：郡名，曹魏時改漢左馮翊置。治所在臨晉

（今陝西大荔）。轄境相當今陝西韓城、黃龍以南，白水、蒲城以東和渭河以北地區。北周時廢置。隋唐時曾改同州為馮翊郡。

〔四〕白蒺藜：即豆科黃芪屬多年生草木植物扁莖黃芪 *Astragalus complanatus* R. Br.，扁莖黃芪別名一“白疾藜”，其原産地為陝西省關中東部沙苑地區及潼關等地，故又名“沙苑子”。

191. **檾子**〔一〕　《本草》名莔與苘[1]同實。處處有之。北人種以打繩索。苗高五、六尺。葉似芋葉而短薄，微有毛澀。開金黃花。結實殼，似蜀葵實殼而圓大，俗呼為檾饅頭。子黑色，如蹨豆大。味苦，性平，無毒。

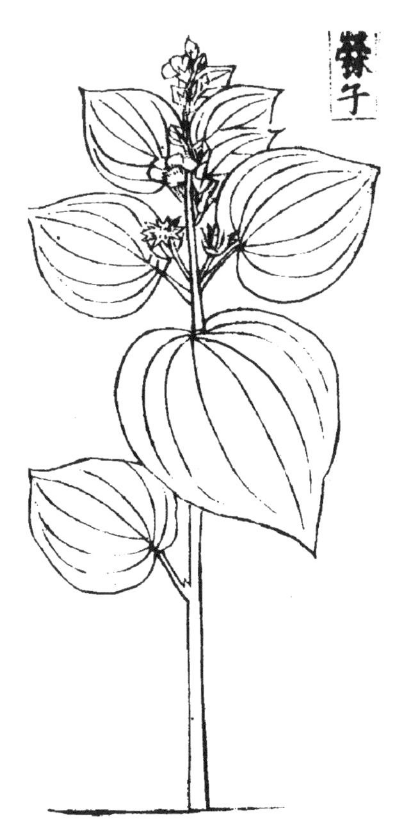


**救饑**　採嫩檾饅頭，取子生食。子堅實時，收取子，浸去苦味，晒乾，磨麵食。

**治病**　文具《本草》草部“莔實”條下。

**校記**

（1）苘：原本及三十四年本作“榮”，四庫本作“檾”，今據目錄改。目錄為“即蔄實”。

**注釋**

〔一〕 檾子：即錦葵科苘麻屬植物苘麻 *Abutilon avicennae* Gaertn [＝*A. theophrasti* Medicus]。

## 新增

192. **稗**音拜**子**〔一〕 有二種：水稗，生水田邊；旱稗，生田野中。今皆處處有之。苗葉似穇子，葉色深綠；脚葉頗帶紫色。稍頭出匾穗，結子如黍粒大，茶褐色。味微苦，性微温。

**救饑** 採子搗米煑粥食，蒸食尤佳；或磨作麵食，皆可。

**注釋**

〔一〕 稗子：伊博恩認為是禾本科黍屬植物 *Panicum crus-galli* L.；王作賓認為是禾本科稗屬植物稗 *Echino-*

*chloa crusgalli* （Linn.） Beauv.。應該説王氏所言之稗為水稗，而旱稗是其變種（又名稊）*E. crusgali* （Linn.） Beauv. var. *hispidula* (Retz.) Hack.。

193. **穇子**〔一〕　生水田中及下濕地內。苗葉似稻，但差短〔二〕。稍頭結穗，彷彿稗子穗。其子如黍粒大，茶褐色。味甜。

**救饑**　採子，搗米煮粥；或磨作麵蒸食，亦可。

**注釋**

〔一〕穇子：禾本科穇屬植物穇子 *Eluvsine coracana* （L.） Gaertn.，古今植物名稱相同。

〔二〕差短：指二物相比之間的差距，此處指穇葉比稻葉稍短。

194. **川穀**〔一〕　生汜水縣田野中〔二〕。苗高三、四尺。葉似初生薥秫音蜀述葉，微小。葉間叢開小黄白花。結子似草珠兒〔三〕，微小。味甘。

**救饑**　採子搗為米，生用冷水淘淨，後以滾水燙三、五次，去水下鍋。或作粥，或作飯食，皆可。亦[1]堪造酒。

校記

（1）亦：原本、三十四年本作“以”，四庫本作“并”，今據徐光啟本改。

注釋

〔一〕川穀：王作賓認為是禾本科薏苡屬植物薏苡 *Coix lacryma-jobi* Linn.，王說為是。薏苡一名“川穀”。

〔二〕汜水縣：古縣名，隋開皇二年（582）始置，治在今河南滎陽汜水鎮。歷代仍之，明屬河南布政使司開封府鄭州。

〔三〕草珠兒：即回回米，此為其俗名。

195. 莠草子〔一〕　生田野中。苗葉似穀，而葉微瘦。稍間結茸音戎細毛穗。其子比[1]穀細小，舂米類折米。熟時即收，不收即落。味微苦，性温。

**救饑**　採莠穗，揉音柔取子搗米，作粥或作水飯，皆可食。

**校記**

（1）比：原本、三十四年本作“北”，今據四庫本、徐光啟本改。

**注釋**

（1）莠草子：王作賓認為是禾本科狗尾草屬植物狗尾草 *Setaria viridis*（Linn.）Beauv.；前者形態特徵吻合，且狗尾草別名有“莠草子”、“莠草”。然後者亦有可能。

196. **野黍**〔一〕　生荒野中。科苗皆類家黍，而莖葉細弱。穗甚瘦小，黍粒亦極細小。味甜，性微溫。

**救饑**　採子，舂音冲去粗糠，或搗或磨麵，蒸糕食，甚甜。

**注釋**

〔一〕野黍：即禾本科野黍屬植物野黍 *Eriochloa villosa*（Thunb.）

Kunth.，古今植物名稱相同。

197. **鷄眼草**〔一〕　又名掐(1)音恰不齊。以其葉用指甲掐之，作劐〔二〕音霍不齊，故(2)名。生荒野中。搨地生。葉如鷄眼大，似三葉酸漿葉而圓；又似小蟲兒卧單葉而大。結子小如粟粒。黑茶褐色。味微苦(3)，氣味與槐相類，性温。

**救饑**　採子擣取米，其米青色。先用冷水淘淨，卻以滚水湯三、五次，去水下鍋，或煮粥或作炊飯，食之；或磨麵作餅食，亦可。

鷄眼草

**校記**

(1) 掐：本條之掐字，原本、三十四年本、四庫本均作“搯”，今據徐光啟本改。“搯”音ㄊㄠ，同“掏”，與注音、文義不合；而“掐”，音ㄑㄧㄚ，義為用指甲按或截斷，與注音、文義雙雙吻合。

(2) 故：原本為“救”，今據三十四年本、四庫本改。

(3) 苦：原本為“若”，今據四庫本、徐光啟本改。

**注釋**

〔一〕鷄眼草：王作賓認為是豆科鷄眼草屬植物鷄眼草 *Kummerowia striata* (Thunb.) Schindl.，正確。古今植物名稱相同，《河南野菜野果》（44 頁）所載“鵝眼草”亦即此種。

〔二〕作劀：指用指甲撕裂葉面之動作。劀，《集韻》釋“裂也”。

198. **鸛麥**〔一〕　田野處處有之。其苗似麥。攛七官切葶，但細弱。葉亦瘦細，抪音布莖而生。結細長穗。其麥粒極細小。味甘。

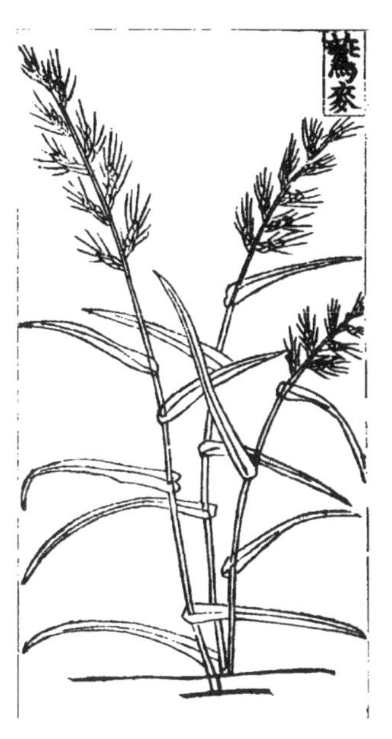


**救饑**　採子，舂去皮，擣磨為麵食。

**注釋**

〔一〕鸛麥：伊博恩認為是禾本科短柄草屬植物日本短柄草 *Brachy podium* japonicum Miq.；王作賓認為是禾本科雀麥屬植物雀麥 *Bromus japonicus* Thunb.；張翠君認為是禾本科鸛麥屬植物鸛麥 *Avena sativa* Linn.。但更可能是禾本科鸛麥屬植物野鸛麥 *Avena fatua* Linn.。因為當時鸛麥“野麥也，鸛麥所食，故名”（《本草綱目》穀部一《雀麥》）。

199. **潑盤**〔一〕　一名托盤。生汝南荒野中，陳、蔡間多有

之。苗高五、七寸。莖葉有小刺。其葉彷彿似艾葉稍團，葉背亦白。每三葉攢生一處。結子作穗如半柿大，類小盤堆石榴顆狀。下有蒂承，如柿蒂形。味甘酸，性温。

**救饑**　以潑盤顆粒紅熟時，採食之。彼土人取以當果。

**注釋**

〔一〕潑盤：伊博恩認為是薔薇科懸鉤子屬的蓬藥 *Rubus thunbergii* S. Z.；王作賓認為是同屬植物茅莓 *Rubus parvifolius* Linn.。二者形態結構雖與《救荒本草》的描述有相近之處，但也有不合處。蓬藥葉子兩面都生白毛，與文中“葉背亦白”相左。茅莓為小灌木，高1米左右，又與潑盤為草類、“苗高五七寸”不合。王家葵等（《救荒本草校釋與研究》162頁）認為是同屬植物刺藨 *R. hirsutus* Thunb.。

200. **絲瓜苗**〔一〕　人家園籬邊多種之。延蔓而生。葉似括樓葉，而花叉(1)大。每葉間出一絲藤，纏附草木上。莖葉間開五瓣大黄花。結瓜形如黄瓜而大，色青。嫩時可食；老則去皮。內有絲縷，可以擦洗油膩器皿。味微甜。

**救饑** 採嫩瓜切碎，煠熟，水浸淘淨，油鹽調食。

**校記**

(1) 㕚：原本、三十四年本作“叉”，今據萬曆十四年本、四庫本改。

**注釋**

〔一〕絲瓜苗：即葫蘆科絲瓜屬植物絲瓜 *Luffa cylindrical* Roem.，古今植物名稱相同。

## 201. 地角兒苗〔一〕

一名地牛兒苗。生田野中。搨地生。一根就分數十莖，其莖甚稠。葉似胡豆葉，微小，葉生莖面，每攢四葉，對生作一處。莖傍另又生葶。稍頭開淡紫花。結角似連翹角而小，中有子，狀似𧿒豆顆。味甘。

**救饑** 採嫩角生食；硬角煮熟，食豆。

**注釋**

〔一〕地角兒苗：王作賓認為是豆科棘豆屬植物二色棘豆 *Oxytropis bicolor* Bunge.。王說準確，古今植物形態特徵極其吻合。

202. **馬瓟**音雹**兒**〔一〕　生田野中。就地拖秧而生。葉似甜瓜葉，極小。莖蔓亦細。開黃花。結實比雞彈微小。味微酸。

**救饑**　摘取馬瓟熟者，食之。

**注釋**

〔一〕馬瓟兒：葫蘆科馬瓟兒屬植物馬瓟兒 *Melothria indica* Lour.。古今植物名稱相同，形態特徵也吻合。瓟，《說文》釋“小瓜也”。

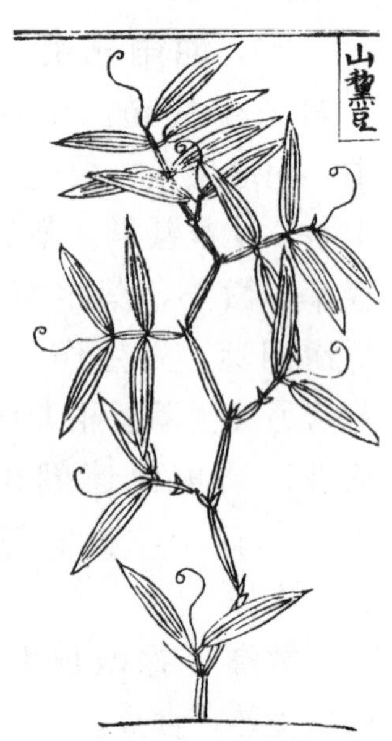


203. **山黧豆**〔一〕　一名山豌豆。生密縣山野中。苗高尺許。其莖窊面劍脊。葉似竹葉而齊短，兩兩對生。開淡紫花。結小角兒。其豆匾如䓍豆。味甜。

**救饑**　採取角兒，煑食或打取豆食，皆可。

**注釋**

〔一〕山黧豆：王作賓和伊博恩都認為是豆科山黧豆屬植物（今為香豌豆屬）*Lathyrus palustris* Linn.，也即現在國內栽培的普通山黧豆；張翠君認為是同屬五脈葉香豌豆 *Lathyrus quinguenervius*（Miq.）Litv. ex kom.，也許同屬三脈山黧豆 *Lathyrus komarovii* Ohwi. 更值得考慮，因為其葉上三條明顯縱脈與《救荒本草》圖中葉脈最為吻合。黧，黑黃色。

**204. 龍芽草**〔一〕　一名瓜香草。生輝縣鴨子口山野間。苗高一尺餘。莖多澀毛。葉形如地棠葉而寬大，葉頭齊團。每五葉或七葉作一莖，排生。葉莖脚上，又有小芽葉，兩兩對生〔二〕。稍間出穗，開五瓣小圓黃花。結青毛蓇葖，有子，大如黍粒。味甜。

**救饑**　收取其子，或擣或磨，作麵食之。

**注釋**

〔一〕龍芽草：王作賓認為是龍牙草 *Agrimonia pilosa* Ledeb.。龍牙草古今植物名稱相同，形態特徵吻合，當是。

〔二〕兩兩對生：實際上是單數羽狀複葉，小葉5～7枚，雜有小型小葉。

**205. 地稍瓜**〔一〕　生田野中。苗長尺許。作地攤科生。葉似獨掃葉而細窄尖(1)硬；又似沙蓬葉亦硬。周圍攢莖而生。莖葉間開小白花。結角長大如蓮子，兩頭尖艄音哨；又似鴉嘴形，名地稍瓜。味甘。

**救饑**　其角嫩時，摘取煠食。角若皮硬，剝取角中嫩穰，生食。

**校記**

(1) 尖：原本作"光"，今據三十四年本、萬歷十四年本、四庫本改。

**注釋**

〔一〕地稍瓜：即蘿藦科鵝絨藤屬植物地稍瓜 *Cynanchum thesioides* (Freyn) K. Schum.，古今植物名稱相同，形態特徵相符。

206. **錦荔枝**〔一〕　又名癩葡萄。人家園籬邊多種之。苗引藤蔓延，附草木生。莖長七、八尺，莖有毛澀。葉似野葡萄葉而花叉[1]多。葉間生細絲蔓。開五瓣黄碗子花。結實如雞子大，尖艄紋皺，狀似荔枝而大。生青熟黄，内有紅瓤。味甜。

**救饑**　採荔枝黄熟者，食瓤。

**校記**

（1）叉：原本、三十四年本作"又"，今據四庫本改。

**注釋**

〔一〕錦荔枝：即葫蘆科苦瓜屬一年生攀援草本植物苦瓜 *Momordica charantia* Linn.。

207. **鷄冠果**〔一〕　一名野楊梅。生密縣山谷中。苗高五、七寸。葉似潑盤葉而小；又似鷄兒頭葉，微團。開五瓣黄花。結實似紅小楊梅狀。味甜酸。

**救饑**　採取其果紅熟者，

食之。

**注釋**

〔一〕鷄冠果：即薔薇科蛇莓屬植物蛇莓 *Duchesnea indica* Focke.。

## 葉及實皆可食

### 《本草》原有

208. **羊蹄苗**〔一〕　一名東方宿，一名連虫陸，一名鬼目，一名蓄，俗呼猪耳朵。生陳留川澤〔二〕，今所在有之。苗初搨地生，後攛生莖叉，高二尺餘。其葉狹長，頗似萵苣而色深青；又似大藍葉，微闊。莖節間紫赤色。其花青白成穗。其子三稜。根似牛旁而堅實〔三〕。味苦，性寒，無毒。

**救饑**　採嫩苗葉煠熟，水浸淘淨苦味，油鹽調食。其子熟時，打子搗為米，以滚水燙三、

五次，淘淨下鍋，作水飯食，微破腹。

**治病**　文具《本草》草部條下。

**注釋**

〔一〕羊蹄苗：王作賓認為是蓼科酸模屬植物皺葉酸模 *Rumex crispus* Linn.。《中國植物誌》載皺葉酸模別名羊蹄葉，古今植物名稱相近，形態特徵相符，王説為是。

〔二〕陳留：郡縣名。春秋時鄭地，後為陳所侵，故曰陳留。秦始皇時，始置縣，治所在今開封陳留鎮。漢武帝時分河南郡置陳留郡，隋初廢。至清一直設陳留縣。

〔三〕牛旁：即牛蒡。

## 209. 蒼耳〔一〕

《本草》名葈音徙耳，俗名道人頭，又名喝起草，一名胡葈，一名地葵，一名葹音詩，一名常思，一名羊負來。《詩》謂之卷耳，《爾雅》謂之苓耳。生安陸川谷及六安田野〔二〕，今處處有之。葉青白，類粘糊菜葉〔三〕。莖葉稍間結實，比桑椹短小而多刺。其實味苦甘，性温。葉味苦辛，性微寒，有小毒；又云無毒。

**救饑**　採嫩苗葉煠熟，換水浸去苦味，淘淨，油鹽調食。其子炒微黄，搗去皮，磨為麵作燒餅；蒸食亦可；或用子熬油點燈。

**治病**　文具《本草》草部“葈耳”條下。

**注釋**

〔一〕蒼耳：王作賓和伊博恩認為是菊科蒼耳屬植物 *Xanthium strumarium* Linn.；張翠君認為是同屬植物蒼耳 *Xanthium sibiricum* Patrin，古今植物名稱也相同。

〔二〕安陸：縣名，秦代始置，地在今湖北雲夢縣，南朝始遷至今安陸縣，沿至今。“六安”，州縣名。先秦時為方國六，漢武帝時設六安國，東漢始置六安縣，元明時為六安州，地在今安徽六安。

〔三〕粘糊菜：即菊科豨薟屬植物豨薟之俗名。

## 210. 姑娘菜〔一〕

俗名燈籠兒，又名掛金燈，《本草》名酸漿，一名醋漿。生荆楚川澤及人家田園中，今處處有之。苗高一尺餘，苗似水莨而小。葉似天茄兒葉，窄小；又似人莧葉，頗大而尖。開白花。結房如囊，似野西瓜，蒴形如撮口布袋；又類燈籠樣。囊中有實〔二〕，如櫻桃大，赤黃色。味酸，性平、寒，無毒；葉味微苦。别條又有一種三葉酸漿草〔三〕，與此不同，治證亦别。

**救饑**　採葉煠熟，水浸淘去苦味，油鹽調食。子熟，摘取食之。

**治病**　文具《本草》草部“酸漿”條下。

**注釋**

〔一〕姑娘菜：茄科酸漿屬植物酸漿 *Physalis alkekengi* L. var. *franchetii*（Mast.）Makino。在酸漿名稱上，古今相同，又其别名燈籠草、紅姑娘、錦燈籠也近似；形態特徵相吻合。

〔二〕囊：即是膨大的宿萼，它包裹着漿果。

〔三〕三葉酸漿草：即酢漿科多年生草本植物酢漿草 *Oxalis corniculata* L.。

211. **土茜苗**〔一〕　《本草》根名茜根，一名地血，一名茹藘音閭，一名茅蒐音搜，一名蒨與茜同。生喬山川谷，徐州人謂之牛蔓。西土出者佳，今北土處處有之，名土茜。根可以染紅。葉似棗葉形，頭尖下闊，紋脈豎直。莖方。莖葉俱澀。四、五葉對生節間。莖蔓延，附草木。開五瓣淡銀褐花。結子〔二〕，小如綠豆粒，生青熟紅。根紫赤色。味苦，性寒，無毒；一云味甘；一云味酸。畏鼠姑〔三〕。葉味微酸。

**救饑**　採葉煠熟，水浸做成黃色，淘淨，油鹽調食。其子紅熟摘食。

**治病** 文具《本草》草部“茜根”條下。

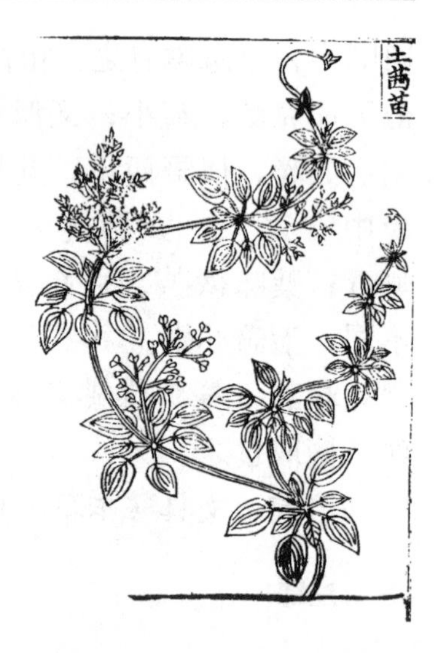


**注釋**

〔一〕土茜苗：伊博恩認為是茜草科茜草屬植物心葉茜草 *Rubia cordifolia* L. var *mungista* Miq.；王作賓認為是該屬植物茜草 *Rubia cordifolia* Linn.。後者為主流觀點，但茜草“葉4片輪生”（《中國高等植物圖鑑》第四冊275頁），與《救荒本草》圖所繪八葉輪生不合，值得再考慮。

〔二〕子：此處不是種子，是果實。

〔三〕鼠姑：牡丹別名。

212. **王不留行**〔一〕 又名剪金草，一名禁宮花，一名剪金花。生太山山谷，今祥符沙堈間亦有之。苗高一尺餘。其莖對節生叉。葉似石竹子葉而寬短。抪莖對生。脚葉似槐葉而狹長。開粉紅花。結蒴如松子大，似罌粟穀樣，極小。有子，如葶藶子大而黑色。味苦、甘，性平，無毒。

**救饑**　採嫩葉煠熟，換水淘去苦味，油鹽調食。子可搗為麵食。

**治病**　文具《本草》草部條下。

**注釋**

〔一〕王不留行：石竹科王不留行屬一年生草本植物王不留行（麥藍菜）*Vaccaria segetalis*（Neck.）Garcke。

## 213. 白薇〔一〕

一名白幕，一名薇草，一名春草，一名骨美。生平原川谷並陝西諸郡及滁州，今鈞州密縣山野中亦有之。苗高一、二尺。莖葉俱青。頗類柳葉而闊短；又似女婁脚葉而長硬，毛澀。開花紅色，又云紫花。結角似地稍瓜而大，中有白瓤。根狀如牛膝根而短，黄白色。味苦、鹹，性平、大寒，無毒。惡黄耆、大黄、大戟、乾薑、乾漆、山茱萸、大棗。

**救饑**　採嫩葉煠熟，水浸淘淨，油鹽調食。並取嫩角煠熟，亦可食。

**治病**　文具《本草》草部條下。

**注釋**

〔一〕白薇：伊博恩認為是同屬植物白薇 *Cynanchum atratum* Bunge.，為是。白薇又名直立白薇，植物名稱古今相同，形態特徵符合。

## 新增

### 214. 蓬子菜〔一〕

生田野中，所在處處有之。其苗嫩時，莖有紅紫線楞。葉似鰗音減蓬葉微細。苗老結子。葉則生出叉刺。其子如獨掃子大。苗葉味甜。

**救饑**　採嫩苗葉煠熟，水浸淘淨，油鹽調食。晒乾煠食，尤佳。及採子搗米，青色。或煑粥，或磨麵作餅蒸食，皆可。

### 注釋

〔一〕蓬子菜：即茜草科豬殃殃屬植物蓬子菜 *Galium verum* Linn.，古今植物名稱相同。

**215. 胡枝子**〔一〕 俗亦名隨軍茶。生平澤中。有二種，葉形有大小，大葉者，類黑豆葉；小葉者，莖類蓍草，葉似苜蓿葉而長大。花色有紫、白。結子如粟粒大，氣味與槐相類。性温。

**救饑** 採子，微舂即成米。先用冷水淘淨，復以滾水燙三、五次，去水下鍋。或作粥，或作炊飯，皆可。食加野綠豆，味尤佳。及採嫩葉蒸晒為茶，煑飲亦可。

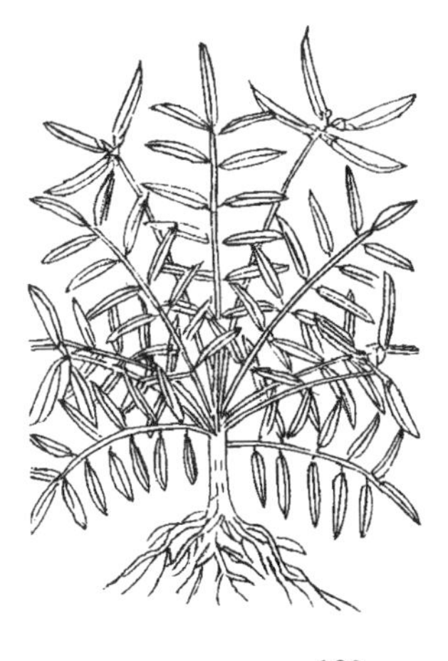


### 注釋

〔一〕胡枝子：多年生灌木植物胡枝子 *Lespedeza bicolor* Turcz.。《河南野菜野果》（44 頁）所載當地野菜胡枝子就是此種。

**216. 米布袋**〔一〕 生田野中。

苗搨地生。葉似澤漆葉而窄，其葉順莖排生〔二〕。稍頭攢結三、四角，中有子，如黍粒大，微匾。味甜。

**救饑** 採角取子，水淘洗淨，下鍋煮食。其嫩苗葉煠熟，油鹽調食，亦可。

**注釋**

〔一〕米布袋：王作賓認為是豆科米口袋屬植物米口袋 *Amblytropis multiflora* (Bge) Kitag. ＝［*Gueldenstaedtia multiflora* Bunge.］，鑑定正確。二者形態特徵吻合，且《河南野菜野果》（42 頁）所載野菜米口袋地方名就是"米布袋"。

〔二〕莖：實際上是羽狀複葉的葉柄；葉，實際上是羽狀複葉中的小葉。

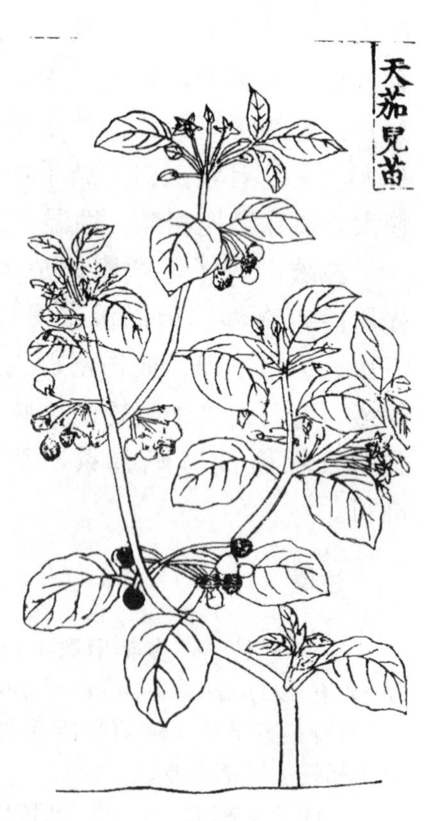


## 217. 天茄兒苗〔一〕

生田野中。苗高二尺許。莖有線楞。葉似姑娘草葉而大；又似和尚菜葉，却小。開五瓣小白花。結子似野葡萄大，紫黑色。味甜。

**救饑** 採嫩葉煠熟，水浸去邪味，淘淨，油鹽調食。其子熟時，亦可摘食。

**治病**　今人傳說，採葉傅貼腫毒、金瘡〔二〕，拔毒。

**注釋**

〔一〕天茄兒苗：即茄科茄屬植物龍葵 *Solanum nigrum* Linn.，二者形態特徵吻合，且龍葵的别名也叫天茄。

〔二〕金瘡：指刀箭等金屬器械造成的傷口。

**218. 苦馬豆**〔一〕　俗名羊尿胞。生延津縣郊野中〔二〕，在處亦有之。苗高二尺許。莖似黄耆苗，莖上有細毛。葉似胡豆葉微小；又似蒺藜葉卻大。枝葉間開紅紫花。結殼如拇指頂大〔三〕，中間多虛，俗呼為羊尿胞。内有子如檾音頃子大，茶褐色。子葉俱味苦。

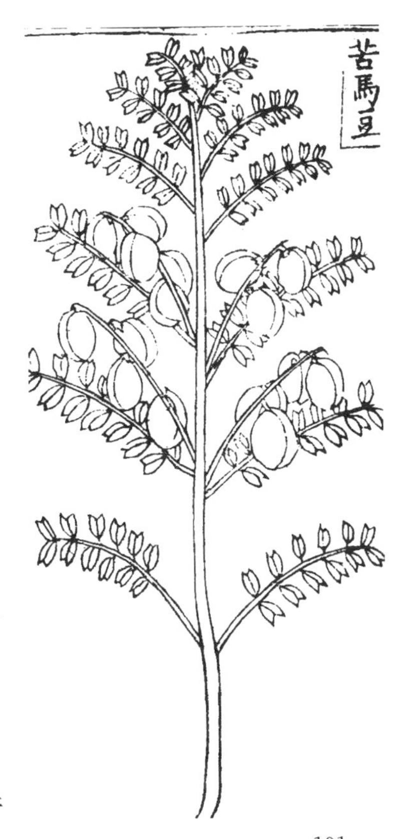


**救饑**　採葉煠熟，換水浸去苦味，淘淨，油鹽調食。及取子水浸，淘去苦味，晒乾，或磨或搗為麵，作燒餅、蒸食，皆可。

**注釋**

〔一〕苦馬豆：即豆科苦

馬豆屬矮小灌木植物苦馬豆 *Swainsona salsula* Taubert.，古今植物名稱相同，形態特徵相吻合。

〔二〕延津縣：秦嬴政五年（公元前 242），以境内多棘，置酸棗縣。北宋政和七年（1117）改名延津縣。以縣北原有黃河渡口延津，故名。地在今河南延津縣。

〔三〕拇指頂：即拇指頭。

**219. 猪尾把苗**〔一〕　一名狗脚菜。生荒野中。苗長尺餘。葉似甘露兒葉而甚短小，其頭頗齊。莖、葉皆有細毛。每葉間，順條開小白花。結小蒴兒，中有子，小如粟粒，黑色。苗葉味甜。

**救饑**　採嫩葉煠熟，換水浸淘淨，油鹽調食。子可搗為麵食。

**注釋**

〔一〕猪尾把苗：王作賓認為是報春花科排草屬植物 *Lysimachia* sp.，未鑑定到種；張翠君認為有可能是報春花科排草屬植物金爪兒 *Lysimachia grammica* Hance，二者形態特徵較相符。

## 根葉可食

### 《本草》原有

220. **黃精苗**〔一〕　俗名筆管菜，一名重樓，一名菟竹，一名雞格，一名救窮，一名鹿竹，一名萎蕤，一名仙人餘糧，一名垂珠，一名馬箭，一名白及。生山谷，南北皆有之。嵩山、茅山者佳。根生肥地者〔二〕，大如拳；薄地者，猶如拇指。葉似竹葉，或兩葉，或三葉，或四、五葉，俱皆對節而生。味甘，性平，無毒。又云莖光滑者，謂之太陽之草，名曰黃精，食之可以長生。其葉不對節，莖葉毛鈎子者，謂之太陰之草，名曰鈎吻，食之入口立死。又云：莖不紫、花不黃，為異。

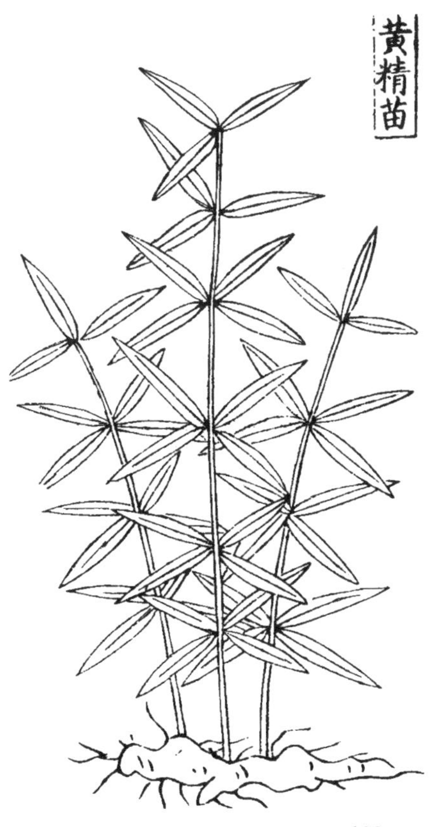


**救饑**　採嫩葉煠

熟，換水浸去苦味，淘洗淨，油鹽調食。山中人採根，九蒸九暴，食甚甘美。其蒸暴：用甑去底，安釜上，裝置黄精，令滿，密蓋蒸之，令氣溜，即暴之。如此九蒸九暴，令極熟。若不熟，則刺人喉咽〔三〕，久食長生辟穀，其生者，若初服，只可一寸半，漸漸增之，十日不食他食。能長服之，止三尺。服三百日後，盡見鬼神，餌必升天。又云，花實極可食，罕得見，至難得。

**治病** 文具《本草》草部條下。

**注釋**

〔一〕黄精苗：伊博恩認為是百合科黄精屬植物 *Polygonatum falcatum* A. Gr 或 *P. gigantenm* Dietr. var；王作賓認為是同屬植物黄精 *Polygonatum sibiricum* Redonte。張翠君認為《救荒本草》所描述的黄精苗，其實包含了黄精屬的幾種植物，包括黄精 *Polygonatum sibiricum* Redonte、輪葉黄精 *P. verticillatum*（L.）All、卷葉黄精 *P. cirrhifolium*（Wall.）Royle、多花黄精 *P. cyrtonema* Hua 等。

〔二〕根：實為根狀莖。

〔三〕喉咽：此句句出自《證類本草》所引《食療》篇，《食療》原文作“咽喉”。

221. **地黄苗**〔一〕 俗名婆婆妳，一名地髓，一名芐音戶，一名芑音杞。生咸陽川澤，今處處有之。苗初搨地生。葉如山白菜葉而毛澀，葉面深青色；又似芥菜葉而不花叉，比芥菜葉頗厚。葉中攛莖，上有細毛。莖稍開筒子花，紅黄色，北人謂之牛妳子花。結實如小麥粒。根長四、五寸，細如手指。皮赤黄色。味甘、苦，性

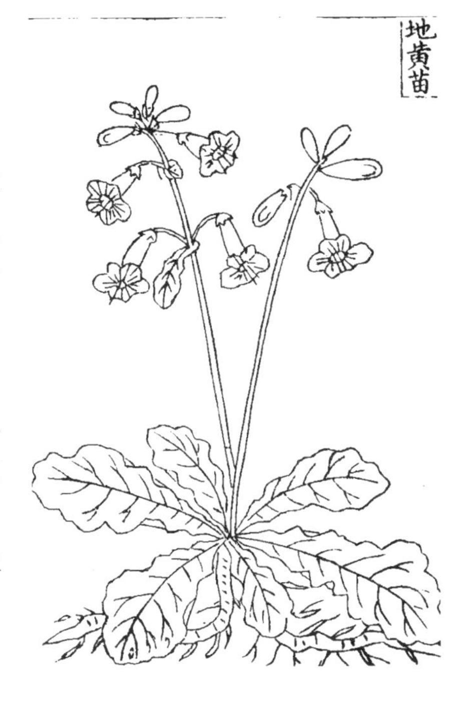


寒，無毒。惡貝母；畏蕪荑。得麥門冬、清酒良。忌鐵器。

**救饑**　採葉煑羹食，或擣絞根汁，搜麵作餺飥及冷淘食之〔二〕。或取根浸洗淨，九蒸九暴，任意服食。或煎，以為煎食，久服，輕身不老，變白延年。

**治病**　文具《本草》草部條下。

**注釋**

〔一〕地黃苗：即玄參科地黃屬植物地黃 *Rehmannia glutinosa* Libosch.，古今植物名稱相同，形態特徵較吻合。

〔二〕搜麵：摻和麵也。餺飥，亦作不托、餺飥，即湯餅。宋代歐陽修《歸田錄》載"湯餅，唐人謂之不托，今俗謂之餺飥矣。"冷淘則是一種冷麵，古人常常用植物葉子的汁液和麵做冷淘。唐代杜甫《槐葉冷淘》"青青高槐葉，采掇付中廚。新麵來近市，汁滓宛相俱。入鼎資過熟，加餐愁欲無。碧鮮俱照箸，香飯兼苞蘆。經齒冷於雪，勸人投此珠。"

**222. 牛旁子**〔一〕　《本草》名惡實，未去萼名鼠粘子，俗名夜叉頭，根謂之牛菜。生魯山平澤〔二〕，今處

處有之。苗高二、三尺。葉如芋葉，長大而澀。花淡紫色。實似葡萄而褐色[三]，外殼如栗梂而小，多刺[四]。鼠過之，則綴惹不可脫，故名。殼中有子，如半麥粒而匾小。根長尺餘，麄如拇指，其色灰黲。味辛，性平；一云味甘，無毒。

**救饑** 採苗葉煠熟，水浸去邪氣，淘洗淨，油鹽調食。及取根水浸，洗淨，煑熟食之。久食甚益人，身輕耐老。

**治病** 文具《本草》草部"惡實"條下。

**注釋**

〔一〕牛旁子：即菊科牛蒡屬植物牛蒡 *Arctium Lappa* Linn.，古今植物名稱相同，形態特徵相符。牛旁子，本草上作"牛蒡子"。

〔二〕魯山：縣名，地在今河南魯山縣。漢始置縣，名魯陽，唐改名魯山。因縣東北十八里有魯山，故名。《讀史方輿紀要》載："山高聳，回生群山，為一邑巨鎮，縣以此名。"

〔三〕實似葡萄：句出《本草圖經》，原文作“實似葡萄核”。

〔四〕外殼如栗梂而小，多刺：指總苞球形，苞片細長如鉤針狀。

223. **遠志**〔一〕　一名棘菀，一名葽音腰，一名細草。生太山及冤句川谷，河、陝、商、齊、泗州亦有〔二〕。俗傳夷門遠志最佳〔三〕。今密縣梁家衝山谷間多有之。苗名小草。葉似石竹子葉，又極細。開小紫花，亦有開紅、白花者。根黄色，形如蒿根，長及一尺許；亦有根黑色者。根葉俱味苦，性温，無毒。得茯苓、冬葵子、龍骨良；殺天雄、附子毒。畏珎珠、藜蘆、蜚蠊、齊蛤、蠐螬。

**救饑**　採嫩苗葉煠熟，换水浸去苦味，淘淨，油鹽調食。及掘取根，换水煑，浸淘去苦(1)味，去心，再换水煑極熟，食之。不去心，令人心悶。

**治病**　文具《本草》草部條下。

**校記**

（1）苦：原本為

"若"，今據四庫本、徐光啟本改。

### 注釋

〔一〕遠志：王作賓認為是遠志科遠志屬植物遠志 *Polygala tenuifolia* Will.，鑑定正確。古今植物名稱相同，形態特徵相吻合。

〔二〕泗州：始置於北周武帝宣政元年（578），治所在宿豫縣（今江蘇省宿遷市）。唐開元二十三年（735），徙於汴口臨淮縣，並改臨淮縣為泗州城（今江蘇盱眙縣），轄縣3～7個，是洪澤地區的政治經濟中心，也是唐宋漕運中心，有"水陸都會"之稱。清康熙十九年（1680），泗州城被洪水淹沒於洪澤湖底。

〔三〕夷門：初指戰國魏都城大梁的東門。因在夷山之上，故名。東門故址在今河南開封城內東北隅。後也作大梁（開封）的別稱。

## 新增

**224. 杏葉沙參**〔一〕　一名白麵根。生密縣山野中。苗高一、二尺。莖色青白。葉似杏葉而小，邊有叉牙；又似山小菜葉，微尖而背白。稍間開五瓣白碗子花。根形如野胡蘿蔔頗肥。皮色灰黲，中間白色。味甜，性微寒。《本草》有沙參，苗、葉、根、莖，其說與此形狀皆不同，未敢併入條下，乃另開於此。其杏葉沙參，又有開碧色花者。

**救饑**　採苗葉煠熟，水浸淘淨，油鹽調食。掘根，換水煮食，亦佳。

**治病**　與《本草》草部下"沙參"同用。

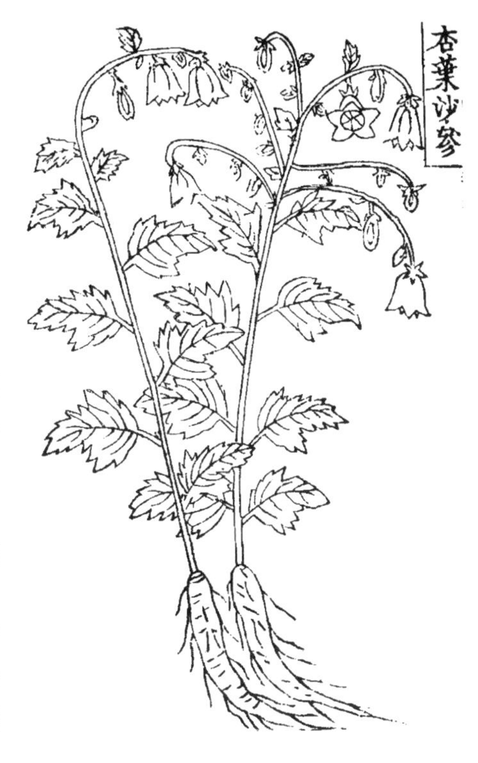


**注釋**

〔一〕杏葉沙參：王作賓認為是桔梗科沙參屬植物 *Adenophora stricta* Miq.；伊博恩認為是 *A. strita* Miq. 或 *A. polymorpha* Ledeb. var.；謝宗萬認為是同屬植物裂葉沙參 *A. hunanensis* Nannf.，理由是 *A. strita* Miq. 基生葉雖如杏葉，但花序狹緊而不鬆散開張，與《救荒本草》圖文所示不合（《品種論述》上冊）；張翠君認為應是同屬植物薺苨 *Adenophora trachelioides* Maxim。薺苨也稱杏葉菜，從葉的形態、花的顏色等看，與《救荒本草》的描述相吻合。而 *A. strita* Miq. 的葉是狹卵形。《中藥大辭典》（1606 頁）也認為《救荒本草》中的杏葉沙參是薺苨。

225. **藤長苗**〔一〕　又名旋菜。生密縣山坡中。拖蔓而生。苗長三、四尺餘。莖有細毛。葉似滴滴金葉而窄小〔二〕，頭頗齊。開五瓣粉紅大花。根似打碗花根。根葉皆味甜。

**救饑**　採嫩苗葉煠熟，水淘淨，油鹽調食。掘根，換水煑熟，亦可食。

**注釋**

〔一〕藤長苗：旋花科打碗花屬的植物藤長苗 *Calystegia pellita* (Ledeb.) G. Don.。二者形態特徵相吻合，古今植物名稱也相同。

〔二〕滴滴金：菊科多年生草本植物旋複花 *Inula japonica* Thunb. 的別名。

226. **牛皮消**〔一〕　生密縣山野中。拖蔓而生，藤蔓長四、五尺。葉似馬兜零葉，寬大而薄；又似何首烏葉，亦寬大。開白花。結小角兒。根類葛根而細小，皮黑，肉白。味苦。

**救饑**　採葉煠熟，水浸去苦味，油鹽調食。及取根，去黑皮，切作片，換水煑去苦味，淘洗淨，再以水煑極熟，食之。

**注釋**

〔一〕牛皮消：蘿藦科牛皮消屬植物蔓性半灌木植物牛皮消

*Cynanchum auriculatum* Royle ex Wight，古今植物名稱相同，形態特徵相吻合。

227. **菹**音鲊**草**〔一〕

即水藻也。生陂塘及水泊中。莖如麄線，長三、四尺。葉形似柳葉而(1)狹長，故名柳葉菹；又有葉似蓬子葉者〔二〕。根麄如釵股而色白〔三〕。味微鹹，性微寒。

**救饑**　撈取莖葉連嫩根，揀擇，洗淘潔淨，剉碎〔四〕，煠熟，油鹽調食。或加少米煮粥食，尤佳。

**校記**

(1) 而：原本、三十四年本均作"面"，今據四庫本、徐光啟本改。

**注釋**

〔一〕菹草：即眼子菜科眼子菜屬多年生沉水草本植物菹草 *Potamogeton crispus* Linn.，古今植物名稱相同，形態特徵吻合。

〔二〕葉似蓬子葉者：張翠君認為可能是眼子菜屬的另外兩種多年生沉水草本尖葉眼子菜 *Potamogeton oxyphyllus* Miq 或小眼子菜 *Potamogeton pusillus* L.，二者的葉子都為狹條形，前者葉寬 2～3 毫米，後者葉寬僅 1～1.5 毫米。

〔三〕根：實際上是根狀莖。釵股，即由兩股簪子合成別在婦女的髮髻上的一種首飾。

〔四〕剉：鍘切。

**228. 水豆兒**〔一〕 一名蔵菜。生陂塘水澤中。其莖葉比蒩草又細，狀類細線，連綿不絕。根如釵股而色白，根下有豆〔二〕，如退皮綠豆瓣。味甘。

**救饑** 採秧及根豆，擇洗潔淨，煑食。生醃食，亦可。

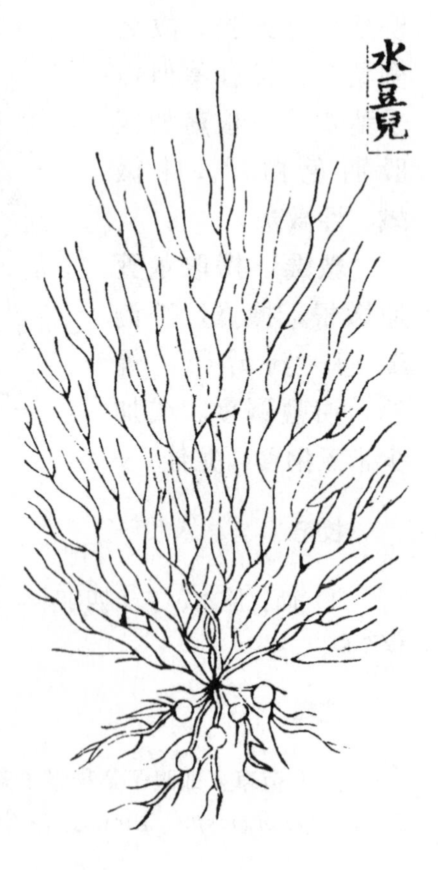


**注釋**

〔一〕水豆兒：王作賓和伊博恩認為是狸藻科狸藻屬植物狸藻 *Utricularia vulgaris* Linn.；張翠君認為是同屬水生食蟲草本植物黃花狸藻 *U. aurea* Lour.。狸藻科以前稱蔵菜科，因而可以確定是該科植物。但狸藻莖較麄，成繩索狀，不是“狀類細線”，而黃花狸藻長 30～100 釐米。莖細長，多分枝，與《救荒本草》所述“狀類細線，連綿不絕”較吻合。

〔二〕根：是羽狀複葉的裂片。豆，實際上為捕蟲囊，狸藻類植物生活在酸性的小池塘或水溝中，氮素營養很缺，生活環境迫使植物體不得不產生變異。經過自然選擇及遺傳的作用，其部分葉片分展成鼠籠式的捕蟲囊；囊口有門（瓣膜）及觸毛。在水中遊動的小蟲子碰到囊口的觸毛，門立即打開，小蟲子隨着水流進入囊內，該門的構造是只能進不能出，進入囊內的小蟲溺死在囊內的消化液中。

## 229. 草三奈〔一〕

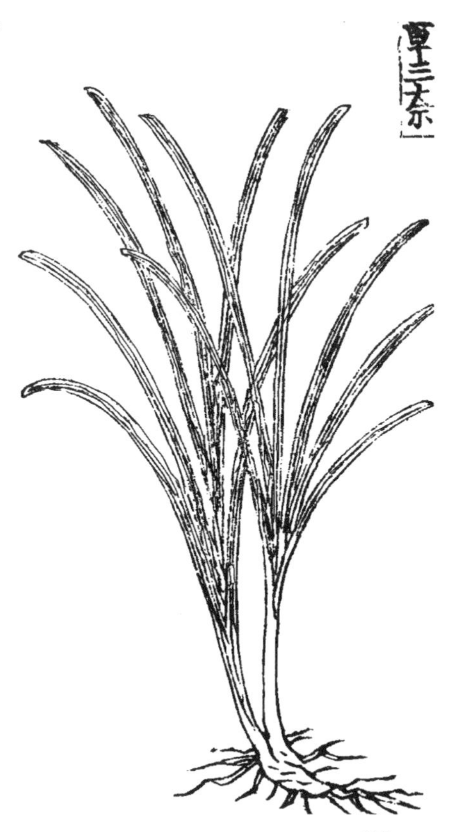


生密縣梁家衝山谷中。苗高一尺許。葉似蓑草而狹長。開小淡紅花。根似雞爪形而麄〔二〕，亦香。其味甘，微辛。

**救饑**　採根，換水煑食；近根白袴葉，亦可煠食。

**注釋**

〔一〕草三奈：伊博恩未做鑑定，王作賓認為是天南星科菖蒲屬植物菖蒲 *Acorus calamus* Linn.。雖然菖蒲的形態特徵與草三奈相近，但前者的葉子劍形，長50～80釐米，與《救荒本草》的圖文不符；而且菖蒲圓柱狀肉穗花序特徵十分明顯，亦與文中“開小淡紅花”不合。張翠君認為應是薑科薑屬植物野薑花 *Zingiber kawagoii* Hayata，野薑花別名穗花三奈、山辣、沙薑，名稱上有點近似，但形態特徵亦有不那麼吻合之處。其種待考。

〔二〕根：實際上是根狀莖。

**230. 水葱**〔一〕 生水邊及淺水中。科苗彷彿類家葱，而極細長。稍頭結青葖，彷彿類葱青葖而小。開黲白花。其根類葱根〔二〕，皮色紫黑。根苗俱味甘，微鹹。

**救饑** 採嫩苗連根揀擇洗淨，煠熟，水浸淘淨，油鹽調食。

**注釋**

〔一〕水葱：莎草科藨草屬植物水蔥 *Scirpus tebernaemonteni* Gmel.。二者形態特徵相吻合，古今植物名稱相同。

〔二〕根：實際上是麄壯的匍匐根狀莖。

## 根笋可食

### 《本草》原有

231. **蒲笋**〔一〕　《本草》名其苗為香蒲，即甘蒲也。一名睢，一名醮。俚俗名此蒲為香蒲，謂菖蒲為臭蒲。其香蒲水邊處處有之。根比菖蒲根極肥大而少節〔二〕。其葉初未出水時，葉莖紅白色，採以為笋〔三〕。後攛梗於叢葉中，花抱梗端，如武士棒杵，故俚俗謂蒲棒〔四〕。蒲黄〔五〕，即花中蘂屑也，細若金粉，當欲開時，有便取之。市廛間亦採之〔六〕，以蜜搜作果食貨賣，甚益小兒〔七〕。味甘，性平，無毒。

**救饑**　採近根白笋，揀剥洗淨，煠熟，油鹽調食。蒸食，亦可。或採根刮去麄皴七倫切，晒乾，磨麵，打餅蒸食，

皆可。

**治病**　文具《本草》草部“香蒲”及“蒲黄”條下。

**注釋**

〔一〕蒲笋：伊博恩認為是香蒲科香蒲屬植物寬葉香蒲 *Typha latifolia* Linn. 或日本香蒲 *T. Japonica* Miq.；王作賓認為是寬葉香蒲 *Typha latifolia* Linn.。張翠君認為香蒲屬的幾種植物都有可能：如長苞香蒲 *Typhy angustata* Bory et Chaub.、水燭 *T. angustifolia* L.、寬葉香蒲 *T. latifolia* Linn、東方香蒲 *T. orientalis* Presl、大衛香蒲 *T. davidiana*、水燭香蒲 *T. orgustifolia* 等。這些種的特徵都符合《救荒本草》的描述。另《本草綱目通釋》也認為香蒲是香蒲科多種植物的全草，或日本香蒲 *Typha Japonica* Miq.。

〔二〕根、菖蒲根：均指根狀莖。

〔三〕笋：應為嫩莖，帶有部分嫩莖的根莖稱為蒲蒻。

〔四〕蒲棒：即圓柱狀的穗狀花序。

〔五〕蒲黄：即花藥。

〔六〕市廛：本義即市場，此處指做買賣的人。

〔七〕皃：同兒，另四庫本作“兒”。

232. **蘆笋**〔一〕　其苗名葦子草，《本草》有蘆根〔二〕，《爾雅》謂之葭音佳葦(1)是穜切。生下濕陂澤中。其狀都似竹，但差小，而葉抱莖生〔三〕，無枝叉。花白，作穗如茅花。根如竹根，亦差小而節踈〔四〕。露出浮水者，不堪用。味甘；一云甘辛，性寒。

**救饑**　採嫩笋，煠熟，油鹽調食。其根甜，亦可生咂食之〔五〕。

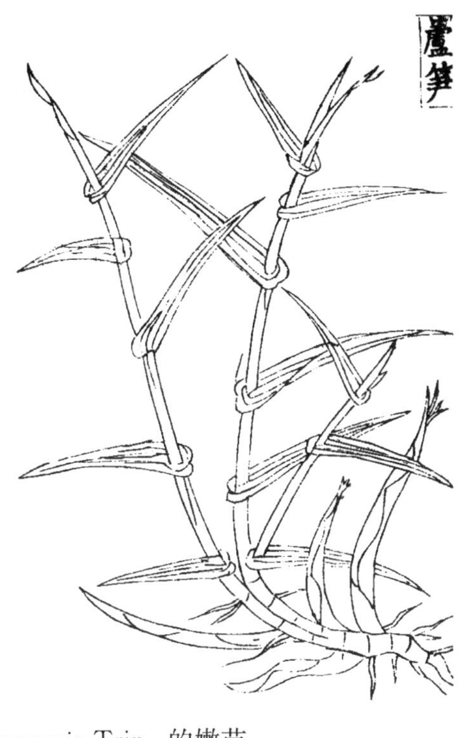


**治病**　文具《本草》草部“蘆根”條下。

**校記**

（1）葭蕐：音ㄐㄧㄚ ㄔㄨㄟˊ。然《爾雅·釋草》作“葭華”；《本草圖經》載“謹按《爾雅》謂蘆根為葭華”。均不見有作“葭蕐”云。恐“蕐”為“華”之訛字。

**注釋**

〔一〕蘆筍：即禾本科蘆葦屬多年生草本植物蘆葦 *Phragmites communis* Trin. 的嫩苗。

〔二〕根：此處實際上是根狀莖。

〔三〕葉抱莖：實際上是葉具葉鞘，葉鞘抱莖。

〔四〕踈：音ㄕㄨ，同“疏”。

〔五〕咂：音ㄗㄚ，咬吸。

233. **茅芽根**〔一〕　《本草》名茅根，一名蘭根，一名茹根，一名地菅音奸，一名地筋，一名蒹杜，又名白茅菅。其芽一名茅針〔二〕。生楚地山谷，今田野處處有之。春初生苗，布地如針；夏生白花，茸茸然〔三〕；至秋而枯。其根至潔白，亦甚甘美。根性寒，茅針性平，花性温，俱味甘，無毒。

**救饑**　採嫩芽，剝取嫩穰食，甚益小兒。及取根咂食，甜味。久服利人，服食此，可斷穀〔四〕。

**治病**　文具《本草》草部“茅根”條下。

**注釋**

〔一〕茅芽根：王作賓認為是禾木科白茅屬植物白茅 *Imperata cylindrical*（Linn.）Beauv. var *major*（Nees.）C. E. Hubb.，鑑定正確，二者形態特徵相符，另白茅的別名即茅根、茅针。

〔二〕被稱為茅針的“芽”，實際上為白茅初生未放的花序。

〔三〕花：是指圓錐花序，小穗基部和穎片密被細長絲狀毛，佔花穗的絕大部分，灰白色，質輕而柔軟，若棉絮狀。

〔四〕斷穀：亦稱“辟穀”、“絕穀”，即不食五穀。

## 根及花皆可食

### 《本草》原有

**234. 葛根**〔一〕　一名雞齊根，一名鹿藿，一名黃

斤。生汶山川谷〔二〕，及成州、海州、浙江，並澧、鼎之間〔三〕，今處處有之。苗引藤蔓，長二、三丈。莖淡紫色。葉頗似楸葉而小，色青。開花似豌豆花，粉紫色。結實如皂莢而小。根形如手臂。味甘，性平，無毒；一云性冷。殺野葛、巴豆、百藥毒。

**救饑**　掘取根入土深者，水浸洗淨，蒸食之。或以水中揉出粉。澄濾成塊，蒸、煮，皆可食。及採花，晒乾，煠食亦可。

**治病**　文具《本草》草部條下。

**注釋**

〔一〕葛根：即豆科葛屬植物野葛 *Pueraria lobata* (Willd.) Ohwi，古今植物名稱相近，形態特徵相吻合。

〔二〕汶山：郡縣名，西漢武帝時以"冉駹請臣置吏"設汶山郡，治所在汶江（今四川茂縣以北），又置汶山縣。隋時汶山郡改會州。作山名，戰國時指岷山，古汶、岷通用，山跨茂汶縣等地。

〔三〕澧：即澧縣，地在今湖南澧縣，古為澧州，位於湖南省西北部。鼎，即鼎州，地在今常德市。

**235. 何首烏**〔一〕　一名野苗，一名交藤，一名夜合，一名地精，一名陳知白，又名桃柳藤，亦名九真藤。出順州南河縣〔二〕，其嶺外、江南諸州及虔州皆有〔三〕，以西洛嵩山、歸德柘城縣者為勝〔四〕，今鈞州密縣山谷中亦有之。蔓延而生，莖蔓紫色。葉似山藥葉而不光。嫩葉間開黃白花，似葛勒花。結子有稜〔五〕，似蕎麥而極細小，如粟粒大。根大者如拳，各有五楞瓣，狀似甜瓜樣，中有花紋，形如鳥獸、山嶽之狀者，極珎〔六〕。有赤、白二種，赤者雄，白者雌。又云：雄者，苗葉黃白；雌者，赤黃色。一云：雄苗赤，生必相對，遠不過三、四尺，夜則苗蔓相交，或隱化不見。凡修合

藥，須雌雄相合服，有驗。宜偶日服，二、四、六、八日是也。其藥本無名，因何首烏見藤夜交，採服有功，因以採人為名耳〔七〕。又云：其為仙草，五十年者如拳大，號山奴，服之一年，髭髮烏黑〔八〕；一百年如碗大，號山哥，服之一年，顏色紅悅；百五十年如盆大，號山伯，服之一年，齒落重生；二百年如斗栲栳大〔九〕，號山翁，服之一年，顏如童子，行及奔馬；三百年如三斗栲栳大，號山精，服之一年，延齡，純陽之體，久服成地仙。又云：其頭九數者，服之乃仙。味苦澀，性微溫，無毒；一云味甘。茯苓為之使，酒下最良。忌鐵器、猪羊血及猪肉、無鱗魚，與蘿蔔相惡，若並食，令人髭鬢早白，腸風多熱。

**救饑**　掘根，洗去泥土，以苦竹刀切作片，米泔浸經宿，換水煮去苦味，再以水淘洗淨，或蒸或煮食之。花亦可煠食。

**治病**　文具《本草》草部條下。

**注釋**

〔一〕何首烏：即蓼科蓼屬多年生纏繞性草本植物何首烏 *Polygonum multiflorum* Thunb.，古今植物名稱相同，形態特徵相吻合。

〔二〕南河縣：古縣名，唐武德五年（622）置。治所在今廣西壯族自治區陸川縣東南的古城鎮，隸屬羅州。大曆八年（773）改屬順州。北宋開寶五年（972）省入陸川縣。

〔三〕嶺外：五嶺之外也，即嶺南。虔州，今江西贛州。隋開皇九年（589）置，以虔化水得名。南宋紹興二十三年

(1153)，改名贛州。

〔四〕柘城縣：地在今河南柘城縣。秦置，初名柘縣，《太平寰宇記》“邑有柘溝，以此名縣”。隋改名柘城縣，至今。

〔五〕稜：音 ㄌㄥˊ，同“棱”。指種子表層上的條狀突起。

〔六〕珎：同“珍”。

〔七〕關於藥材何首烏發現與命名的過程，可見唐代李翺著的《何首烏傳》。《本草綱目》草部七《何首烏》摘抄此文：“何首烏者，順州南河縣人。祖名能嗣，父名延秀。能嗣本名田兒，生而閹弱，年五十八，無妻子，常慕道術，隨師在山。一日醉臥山野，忽見有藤二株，相去三尺餘，苗蔓相交，久而方解，解了又交。田兒驚訝其異，至旦遂掘其根歸。問諸人，無識者。後有山老忽來。示之。答曰：子既無嗣，其藤乃異，此恐是神仙之藥，何不服之？遂杵為末，空心酒服一錢。七日而思人道，數月似強健，因此常服，又加至二錢。經年舊疾皆痊，髪烏容少。十年之內，即生數男，乃改名能嗣。又與其子延秀服，皆壽百六十歲。延秀生首烏。首烏服藥，亦生數子，年百三十歲，髪猶黑。”故名。

〔八〕髭：音 ㄗ。嘴上邊的鬍子。

〔九〕斗栲栳：也叫笆斗，一種竹條等編成的容器，底為半球形，形狀像斗。據說一個斗栲栳大的何首烏重量有七八斤。

## 根及實皆可食

### 《本草》原有

**236. 瓜樓根**〔一〕　俗名天花粉。《本草》有括樓實，一名地樓，一名果贏音裸，一名天瓜，一名澤姑，一名

黄瓜。生弘農川谷及山陰地，今處處有之。入土深者良，生鹵地者有毒。《詩》所謂"果蠃音裸之實"是也〔二〕。根亦名白藥，大者細如手臂，皮黄，肉白。苗引藤蔓，葉似甜瓜[1]葉而窄[2]，花叉有細毛。開花似葫蘆花，淡黄色。實在花下，大如拳。生青熟黄。根味苦，性寒，無毒。枸杞為之使。惡乾薑，畏牛藤、乾漆，反烏頭。

**救饑**　採根，削皮至白處，寸切之；水浸，一日一次換水，浸經四、五日，取出爛擣研，以絹袋盛之，澄濾令極細如粉。或將根晒乾，擣為麵，水浸澄濾二十餘遍，使極膩如粉。或為燒餅，或作煎餅，切細麵，皆可食。採括樓穰煑粥食，極甘。取子炒乾擣爛，用水熬油用，亦可。

**治病**　文具《本草》草部"括樓"條下。

### 校記

（1）瓜：原本作“人”，今據三十四年本、四庫本改。
（2）窄：原本作“作”，今據三十四年本、四庫本改。

### 注釋

〔一〕瓜樓根：即葫蘆科栝樓屬多年生攀援草本植物栝樓 *Trichosanthes kirilowii* Maxim. 的根。栝樓別名瓜蔞，古今植物名稱相同，形態特徵相吻合。

〔二〕果臝之實：句出《詩經·豳風·東山》。“果臝”，栝樓。

## 新增

237. **磚子苗**〔一〕　一名関子苗。生水邊。苗似水葱而麄大，內實；又似蒲臺。稍開碎白花。結穗似水莎草穗〔二〕，紫赤色。其子如黍粒大。根似蒲根而堅實，味甜。子味亦甜。

**救饑**　採子，磨麵食。及採根，擇洗淨，換水煑食；或晒乾，磨為麵食，亦可。

### 注釋

〔一〕磚子苗：伊博恩認為是莎草科磚子苗屬植物 *Mariscus sieberianus* Ness.；王作賓認為是莎草科莎草屬植物 *Cyperus* sp.，未鑑定出種名；王家葵等（《救荒本草校釋與研究》203 頁）認為是莎草科磚子苗屬植物磚子苗 *Mariscus umbellatus* Vahl。張翠君認為應是莎草科磚子苗屬植物密穗磚子苗 *Mariscus compactus*（Retz.）Druce.。密穗磚子苗的小穗軸鱗片紅棕色，與《救荒本草》的描述相符，而磚子苗小穗軸鱗片綠白色。

〔二〕水莎草：即莎草科水莎草屬多年生草本植物 *Juncellus serotinus*（Rottb.）C. B. Clarke。

## 花葉皆可食

### 《本草》原有

238. **菊花**〔一〕　一名節華，一名日精，一名女節，一名女華，一名女莖，一名更生，一名周盈，一名傅延年，一名陰成。生雍州川澤，及鄧、衡、齊州田野〔二〕，今處處有之。味苦，性平，無毒。朮(1)〔三〕、枸杞、桑根白皮為之使。

**救饑**　取莖紫氣香而味甘者，採葉煠食，或作羹皆可。青莖而大氣味作蒿苦者，不堪食，名苦薏。其花亦可煠食，或炒茶食。

**治病**　文具《本草》草部條下。

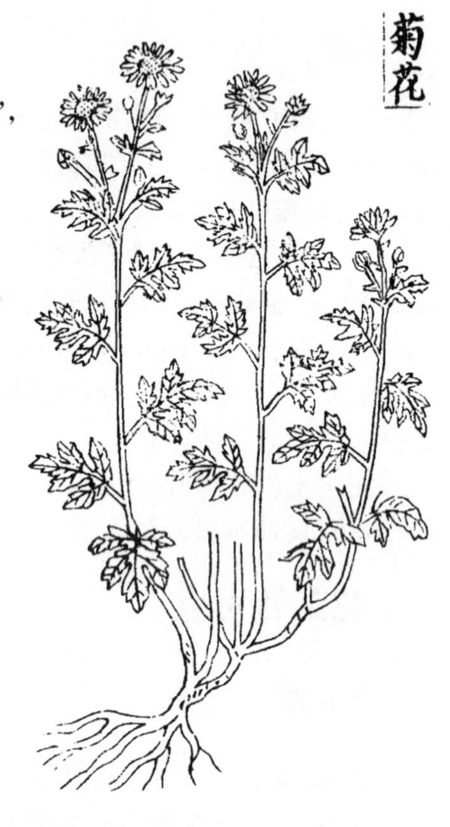


### 校記

(1) 朮：原本作“术”，今據理改。

### 注釋

〔一〕菊花：伊博恩認為是菊科茼蒿屬植物 *Chrysanthemum sinense* Sab. [=Dendranthema vestitum (Hemsl.) Ling.]；王作賓認為是菊科菊屬植物菊花 *Dendranthema morifolium* (Ramat.) Tzvel.。其實這裏應該包括二種菊花，“莖紫氣香而味甘者”是菊科菊屬植物甘菊 *Chrysanthemum morifolium* Ramat；“青莖而大氣味作蒿苦者”是同屬植物野菊 *Chrysanthemum indicum* L.。

〔二〕鄧：州名，隋開皇三年（583）置，其後數次改稱南陽郡等名，北宋乾德年間復稱鄧州，治所一直在穰（今河南鄧州市），州境包括今南召、內鄉、南陽、淅川等。衡，州名，隋平陳置衡州，治衡陽（今湖南衡陽市）。大業時改衡山郡。唐武德復為衡州。天寶時再改衡陽郡。唐肅宗至德年再改回衡州。明清有衡州府。齊，州名，北魏始置，隋一度改稱齊郡，宋徽宗政和中升為濟南府。治所在歷城（今山東濟南市），宋時州境包括長清、章丘、禹城、臨邑、濟陽等。

〔三〕朮：即菊科多年生草本植物白朮 *Atractylodes macrocephala* Koidz。葉互生，橢圓形或羽裂，邊緣有刺狀細鋸齒，紫紅色頭狀花生於莖頂。

239. **金銀花**〔一〕　《本草》名忍冬，一名鷺鷥藤，一名左纏藤，一名金釵股，又名老翁鬚，亦名忍冬藤。舊不載所出州土，今輝縣山野中亦有之。其藤凌冬不凋，故名忍冬草。附樹延蔓而生。莖微紫色，對節生葉。葉似薜荔葉而青〔二〕；又似水茶臼葉，頭微團而軟，背頗澀；又似黑豆葉而大。開花五出，微香，蔕帶紅色，花初開白色，經一、二日則色黃，故名金銀花。《本草》中不言善治癰疽發背〔三〕，近代名人用之養奇効。味甘，性温，無毒。

**救饑**　採花煠熟，油鹽調食。及採嫩葉，換水煮熟，浸去邪氣，淘淨，油鹽調食。

**治病**　文具《外科精要》[四]及《本草》草部“忍冬”條下。

**注釋**

〔一〕金銀花：即忍冬科忍冬屬攀援灌木忍冬 *Lonicera japonica* Thunb.，忍冬的別名有金銀花、二花、二苞花、通靈草等數十種。

〔二〕薜荔：即桑科榕屬多年生長綠性蔓性植物薜荔 *Ficus pumila* L.。

〔三〕癰疽發背：癰疽，毒瘡也，多而廣的叫癰，深的叫疽。發背，即癰疽生於脊背部位。這類毒瘡，現代醫學解釋為皮膚的毛囊和皮脂腺成群受細菌感染所致的化膿性炎，病原菌為葡萄球菌。

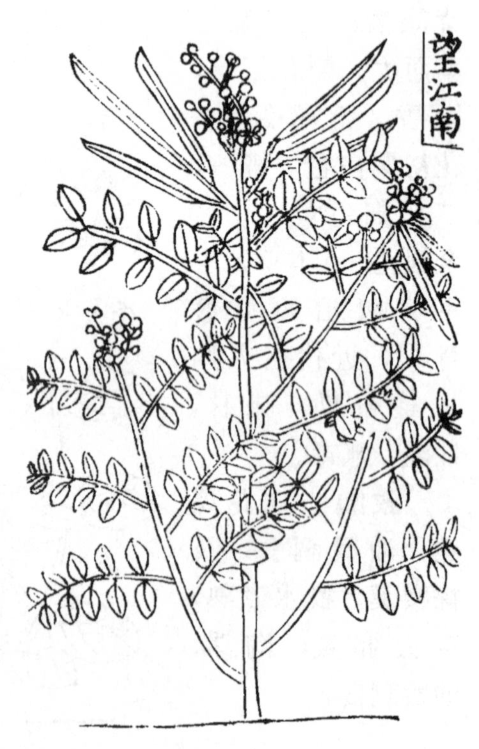


〔四〕《外科精要》：又名《外科寶鑑》。陳自明撰，宋代有代表性的外科著作，三卷。約刊於景定四年（1263）。陳氏字良甫，三世業醫，臨床經驗豐富，曾任建康府明道書院醫學教授。該書是在李迅、伍起予及曾孚先等人的外科學著作基礎上進一步補充整理而成。全書共60篇，重點敍述癰疽發背的診斷、鑑別及灸法、用藥等。書較早見於明《文淵閣書目》，傳於世者有熊宗立校本與薛己注本。

## 新增

240. **望江南**〔一〕　其花名茶花兒。人家園圃中多種。苗高二(1)尺許。莖微淡赤色。葉似槐葉而肥大，微尖；又似胡蒼耳葉頗大；及似皂角葉亦大〔二〕。開五瓣金黃花。結角長三寸許。葉味微苦。

**救饑**　採嫩苗葉煠熟，水浸淘去苦味，油鹽調食。花可炒食，亦可煠食。

**治病**　今人多將其子，作草決明子代用。

### 校記

(1) 二：原本、三十四年本作“貳”，據四庫本改。這樣改也是與前面用法統一。

### 注釋

〔一〕望江南：伊博恩認為是豆科決明屬植物茳芒決明 *Cassia sophera* Linn. 或菊科槖吾屬植物 *Ligularia japonica* Less；王作賓認為是豆科決明屬植物小決明 *Cassia tora* Linn.；《中國高等植物圖鑑》（第2冊）等書認為是豆科決明屬植物望江南 *Cassia occidentalis* L.。張翠君認為是決明屬植物茳芒決明 *Cassia sophera* Linn.，其別名望江南；並指出小決明的羽狀複葉具小葉6枚，與《救荒本草》圖小葉非常多的描繪不合。另望江南 *Cassia occidentalis* L. 為1～2米高的灌木或亞灌木，也與《救荒本草》文“苗高二尺許”有點不吻。也許這都是觀察不確產物，上述小決明、望江南等幾種都有可能。

〔二〕及：音 ㄐㄧˊ，可表示頻率，相當於“又”。

241. **大蓼**〔一〕　生密縣梁家衝山谷中。拖藤而生。莖有線楞而頗硬，對節分生莖叉。葉亦對生，葉似山蓼葉，微短而拳曲。節間開白花。其葉味苦，微辣。

**救饑**　採葉煠熟，換水浸去辣味，做成黃色，淘洗淨，油鹽調食。花亦可煠食。

**注釋**

〔一〕大蓼：王作賓和伊博恩認為是毛茛科鐵線蓮屬植物黃藥子（小葉力剛）*Clematis paniculata* Thunb.；謝宗萬認為是同屬植物黃花鐵線蓮 *Clematis intricata* Bge；張翠君認為是同屬藤本植物鐵線蓮 *Clematis florida* Thunb.。鐵線蓮具二回三出複葉，花乳白色，似比黃花鐵線蓮花淡黃色或黃花更符合《救荒本草》文“開白花”的記載。

# 莖可食

## 《本草》原有

242. **黑三稜**〔一〕　舊云：河陝、江淮、荆襄間皆有之。今鄭州賈峪山澗水邊亦有。苗高三、四尺。葉似菖蒲葉而厚大，背皆三稜劍脊。葉中攛葶，葶上結實，攢為刺毬，狀如楮桃樣而大〔二〕，顆瓣甚多。其顆瓣，形似草決明子而大，生則青，熟則紅黄色。根狀如烏梅而頗大〔三〕，有鬚蔓延相連〔四〕，比京三稜體微輕，治療並同。其葶味甜，根味苦，性平，無毒。

**救饑**　採嫩葶剝去麄皮，煠熟，油鹽調食。

**治病**　文具《本草》草部"京三稜"條下。

**注釋**

〔一〕黑三稜：伊博

恩認為是黑三棱科黑三棱屬植物 *Sparganium lougifolium* Turcz.；王作賓認為是同屬的小黑三棱 *Sparganium simplex* Huds.；張翠君認為是黑三棱科黑三棱屬多年生植物黑三棱 *Sparganium stoloniferum* Buch. - Ham.。持這種觀點者還有不少。

〔二〕楮桃：即桑科構樹屬落葉喬木構樹 *Broussonetia papyrifera*（Linn.）Vent.，構樹别名楮桃。

〔三〕根：實際上是根莖、塊莖。

〔四〕鬚：實際上是這種植物的鬚根。

## 新增

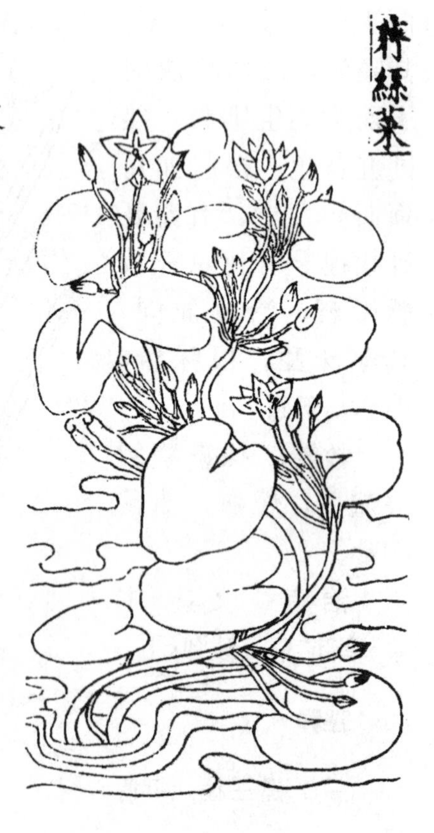


### 243. 荇絲菜〔一〕

又名金蓮兒，一名藕蔬菜。水中拖蔓而生。葉似初生小荷葉，近莖有椏劄音鴉藿。葉浮水上，葉中攛莖，上開金黄花。莖味甜。

**救饑**　採嫩莖煠熟，油鹽調食。

**注釋**

〔一〕荇絲菜：即龍膽科荇菜屬的荇菜 *Nymphoides peltatum*（Gmel.）O. Kuntze，荇菜，又名莕

菜、荇絲菜，古今植物名稱相同，形態特徵相吻合。

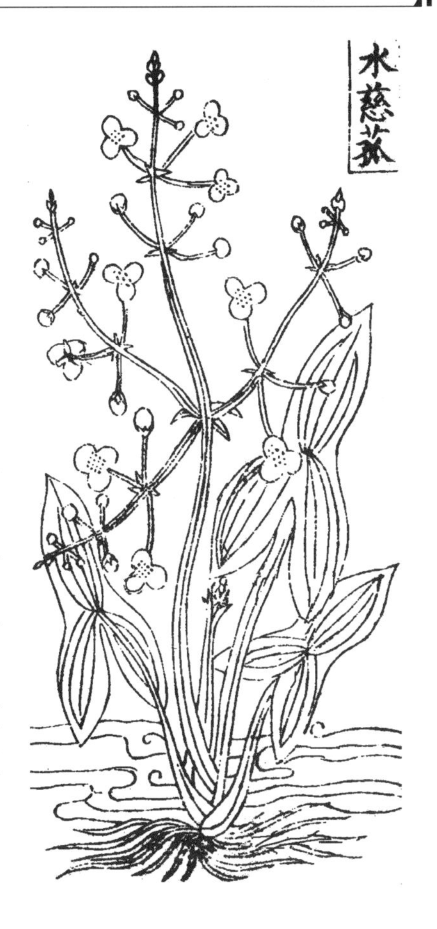


## 244. 水慈菰〔一〕

俗呼為剪刀草，又名箭搭草。生水中。其莖面窊背方。背有線楞。其葉三角，似剪刀形。葉中攛生莖叉，稍間開三瓣白花，黄心。結青蓇葖，如青楮桃狀，頗小。根類葱根而麄大〔二〕，其味甜。

**救饑**　採近根嫩笋莖，煠熟，油鹽調食。

**注釋**

〔一〕水慈菰：伊博恩、張翠君認為是澤瀉科慈姑屬植物慈姑 *Sagittaria sagittifolia* Linn.；王作賓認為是同屬植物野慈姑 *Sagittaria trifolia* Linn.；王家葵等（《救荒本草校釋與研究》212頁）認為是同屬植物慈姑的變種長瓣野慈姑 *Sagittaria trifolia* L. var. Longiloba Turcz.。此種還有待進一步考證。

〔二〕根：實際上是膨大的球莖。

## 筍及實皆可食

### 《本草》原有

245. **茭筍**〔一〕　《本草》有菰根，又名菰蔣草，江南人呼為茭草，俗又呼為茭白。生江東池澤水中及岸際，今在處水澤邊皆有之。苗高二、三尺。葉似蔗荻；又似茅葉而長大，闊厚。葉間攛葶，開花如葦。結實青子。根肥〔二〕，剝取嫩白筍可噉。久根盤厚，生菌音窘細嫩，亦可噉，名菰菜。三年以上，心中生葶如藕，白軟，中有黑脈，甚堪噉，名菰首〔三〕。味甘，性大寒，無毒。

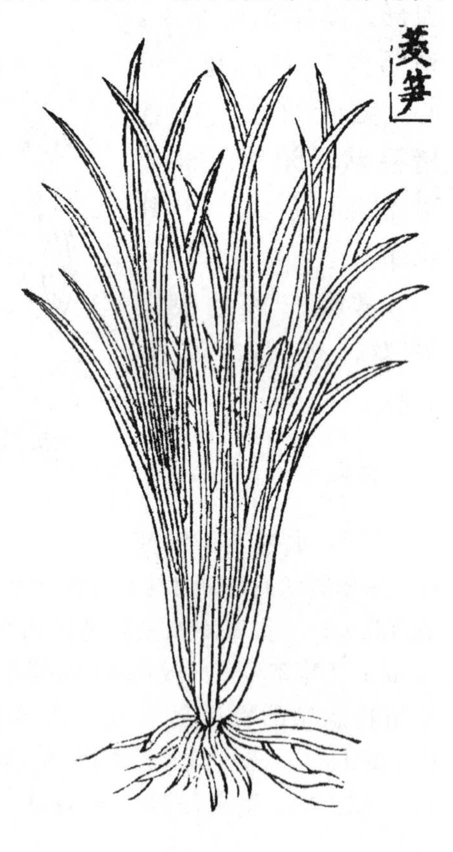


**救饑**　採茭菰筍煠熟，油鹽調食。或採子舂為米，合粟煑粥食之，甚濟饑。

**治病**　文具《本草》草部"菰根"條下。

## 注釋

〔一〕茭笋：即禾本科茭白屬（《中國植物誌》稱菰屬）的茭筍 *Zizania caduciflora*（Turcz.）Hand.-Mazz.，茭白別名茭兒菜、茭白。

〔二〕根：為肥厚的根狀莖。

〔三〕菰首：即茭白，它是菰植物的病體產物，由於菰植物體內寄生菰黑粉菌，其菌絲體跟隨植物生長，到抽穗時，花莖組織受這種菌絲體代謝產物——吲哚乙酸的刺激，膨大成肥嫩的肉質莖，即我們所食用的茭白筍。

# 【卷　三】

## 木　部

### 葉可食

《本草》原有

246. **茶樹**〔一〕 梌《本草》有茗、苦梌[1]與茶字同。《圖經》云：生山南漢中山谷〔二〕，閩、浙、蜀、荆、江、湖、淮南山中皆有之；唯建州北苑〔三〕數處産者，性味獨與諸方不同。今密縣梁家衝山谷間，亦有之。其樹大小皆類梔子。春初生芽，為雀舌、麥顆；又有新芽，一發便長寸餘，微麄如針，漸至環脚、軟枝條之類。葉老則似水茶臼葉而長；又似初生青岡橡葉而小[2]，光澤。又云：冬生葉，可作羹飲。世呼早採者為梌[3]與茶字同，晚取者為茗，一名荈音喘。蜀人謂之苦梌，今通謂之茶。茶、梌聲近，故呼之。又有研治作餅，名為臘茶者〔四〕，皆味甘、苦，性微寒，無毒。加茱萸、葱、姜等良。又別有一種，蒙山中頂上清峰茶〔五〕，云春分前後，多聚人力，候雷初發聲，並手齊採，若得四兩，服之即為地仙。

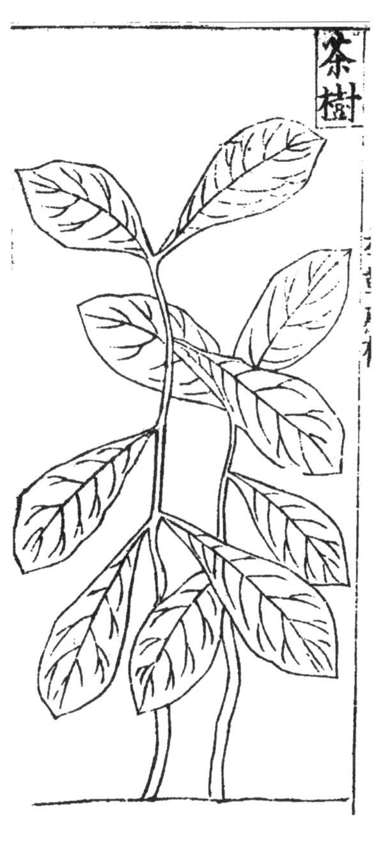


**救饑**　採嫩葉或冬生葉，可煑作羹食。或蒸焙作茶，皆可。

**治病**　文具《本草》木部“茗、苦樣”條下。

**校記**

（1）　：原本、三十四年本作“樣”，據四庫本改。另樣同“荼”，《玉篇·木部》：“樣，苦樣也。”

（2）小：原本、三十四年本作“小”，而四庫本作“少”。

（3）樣：原本為“搽”，據四庫本改。

**注釋**

〔一〕茶樹：即山茶科山茶屬植物茶 *Camellia sinensis*（L.）O. Ktze.。

〔二〕山：當指終南山。

〔三〕建州北苑：今福建省建甌市東峰鎮鳳凰山一帶。建州，即今福建建甌；北苑，因鳳凰山地處閩都之北，故名。唐德宗時，因建州刺史常袞在此初造“研膏茶”名震江南。閩龍啟年，鳳凰山成為皇家的御茶園。因貢北苑龍鳳團茶，名冠天下。宋人有熊蕃《宣和北苑貢茶録》、丁謂《北苑茶録》（又作

《建安茶録》)、趙汝勵《北苑貢茶録》等專述其事。後明太祖朱元璋詔罷貢始衰。

〔四〕臘茶：又稱蠟茶，是臘麵茶的簡稱。亦是對團茶、餅茶的俗稱。因團茶、餅茶焙乾以後，要用蠟狀的粥液結面保存。歐陽修《歸田錄》曰："臘茶出於劍、建。"元代《王禎農書》載當時茶葉有"茗茶"、"末茶"和"臘茶"三種。其中以"臘茶最貴"，製作最"不凡"，所以"此品唯充貢茶，民間罕見之"。

〔五〕蒙山中頂上清峰茶：蒙山位於成都平原的西部邛崍山脈，地跨名山、雅安兩縣。山有五頂，即上清、菱角、毗羅、井泉、甘露等五峰，狀如蓮花，上清峰是其中頂（嶺）。所産茶為蒙頂茶。此茶自唐代始為貢茶，一直沿襲到清代。

### 247. 夜合樹〔一〕

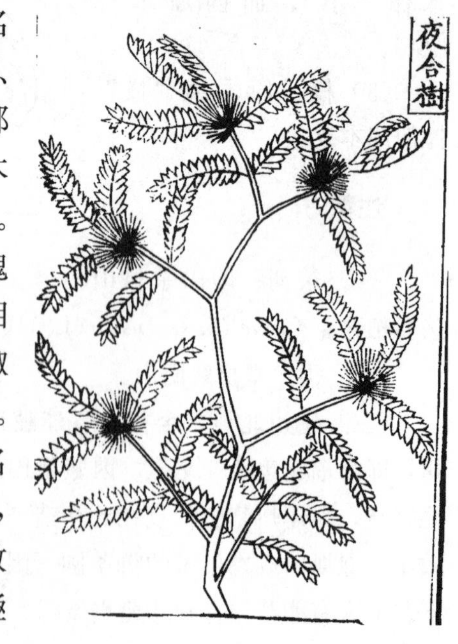


《本草》名合歡，一名合昏。生益州及雍、洛山谷。今鈞州、鄭州山野中亦有之。木似梧桐，其枝甚柔弱。葉似皂莢葉，又似槐葉，極細而密，互相交結，每一風來，輒似相解，了不相牽綴。其葉至暮而合，故名和昏。花發紅白色，瓣上若絲茸然〔二〕，散垂結實，作莢子，極薄細。微甘，性平，無毒。

**救饑**　採嫩葉煠熟，水浸淘淨，油鹽調食。晒乾煠食，尤好。

**治病**　文具《本草》木部“合歡”條下。

**注釋**

〔一〕夜合樹：即豆科合歡屬落葉喬木合歡 *Albizzia julibrissin* Durazz.，另花白色，羽葉較少者是同屬落葉喬木山合歡 *Albizzia kalkora*（Roxb.）Prain.。

〔二〕絲茸：即雄蕊。

## 248. 木槿樹〔一〕

《本草》云木槿，如小葵，花淡紅色，五葉成一花，朝開暮斂，花與枝兩用。湖南北人家，多種植為籬障。亦有千葉者〔二〕，人家園圃多栽種。性平，無毒，葉味甜。

**救饑**　採嫩葉煠熟，冷水淘淨，油鹽調食。

**治病**　文具《本草》木部條下。

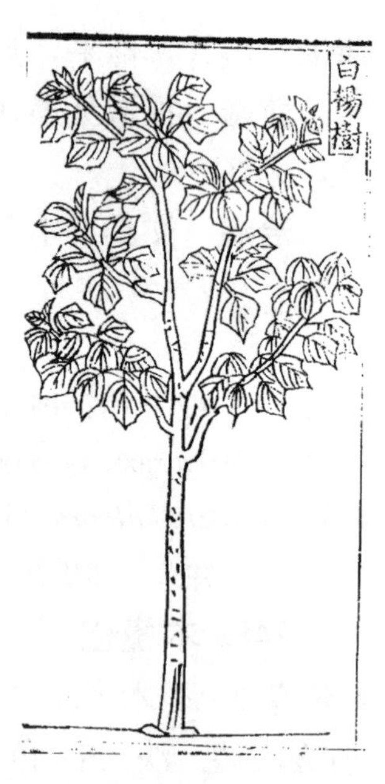


注釋

〔一〕木槿樹：即錦葵科木槿屬落葉灌木或小喬木木槿 *Hibiscus syriacus* Linn.，古今植物名稱相同，形態特徵相吻合。

〔二〕千葉者：指重瓣花。木槿花形有單瓣、重瓣之分。

249. **白楊樹**〔一〕 《本草》白楊樹皮。舊不載所出州土，今處處有之。此木高大，皮白似楊，故名。葉圓如梨，肥大而尖。葉背甚白，葉邊鋸齒狀。葉蔕小，無風自動也。味苦，性平，無毒。

**救饑** 採嫩葉煠熟，做成黃色，換水淘去苦味，洗淨，油鹽調食。

**治病** 文具《本草》木部條下。

注釋

〔一〕白楊樹：即楊柳科楊屬植物銀白楊 *Populus alba* Linn.。

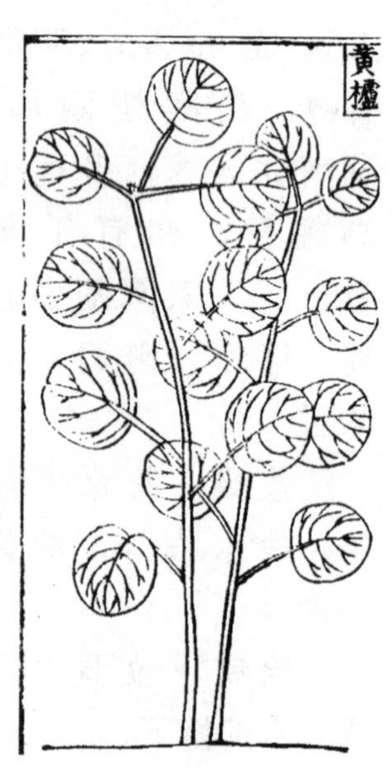


250. **黃櫨**〔一〕 生商洛山谷，今鈞州、新鄭山野中亦有之。葉

圓，木黃，枝莖色紫赤。葉似杏葉而圓大。味苦，性寒，無毒。木可染黃。

**救饑**　採嫩葉煠熟，水淘去苦味，油鹽調食。

**治病**　文具《本草》木部條下。

**注釋**

〔一〕黃櫨：伊博恩認為是漆樹科鹽膚木屬植物 *Rhus cotinus* Linn.；王作賓認為是漆樹科黃櫨屬植物紅葉（黃櫨變種）*Cotinus coggygria* Scop. var. cinerca Linn.。不過，現有不少人認為是漆樹科黃櫨屬落葉灌木或小喬木 *cotinus coggygria* scop.。

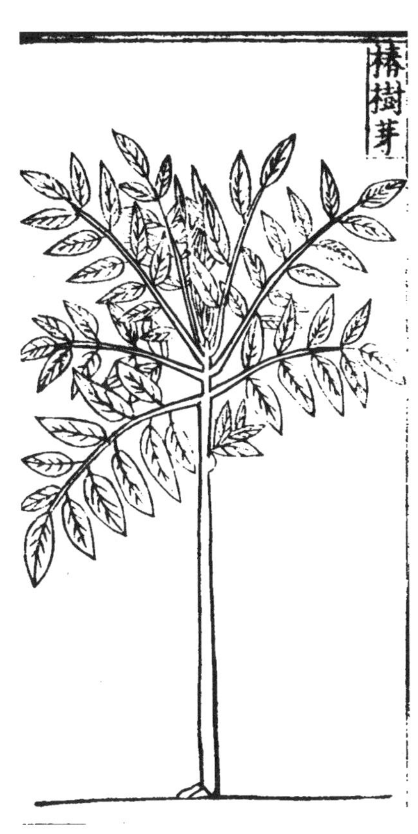


## 251. 椿樹芽〔一〕

《本草》有椿木、樗木。舊不載所出州土，今處處有之。二木形幹，大抵相類。椿木實而葉香，可啦；樗木疏而氣臭，膳夫熬去其氣，亦可啦。北人呼樗木為山椿，江東人呼為虎目。葉脫處有痕如樗蒲子，又如眼目，故得此名。夏中生莢〔二〕。樗之有花者無莢，有莢者無花。莢常生臭樗上，未見椿上有莢者。然世俗不辨椿樗之異，故俗名為椿莢。其實樗莢耳。其無花不實〔三〕，木大端直為椿；有花而莢，木小幹多迂(1)矮者為樗〔四〕。椿味苦，有毒；樗味苦，有小毒，性温。一云性熱，無毒。

**救饑** 採嫩葉煠熟，水浸淘淨，油鹽調食。

**治病** 文具《本草》木部"椿木、樗木及椿莢"條下。

**校记**

(1) "迂"，原本、三十四年本均作"迃"，今據四庫本改。另《本草衍義》、《證類本草》二書有關這段文字的記載亦是用"迂"字。

**注釋**

〔一〕椿樹：伊博恩、王作賓均認為是楝科椿屬落葉喬木香椿 *Toona sinensis* Tuss.，其實，《救荒本草》中的"椿"與"樗"是兩種不同科的植物，其中"椿木"是楝科椿屬的香椿 *T. sinensis* Tuss.，而"樗木"是苦木科臭椿屬的臭椿 *Ailanthus altissima*（Mill.）Swingle。

〔二〕莢：即臭椿的翅果。

〔三〕無花：此說法不正確，香椿其實也開花結實，此處乃襲《本草衍義》之誤。

〔四〕迂矮：彎曲低矮。

**252. 椒樹**〔一〕 《本草》蜀椒，一名南椒，一名巴椒，一名蓎藙音唐毅。生武都川谷及巴郡〔二〕，歸、峽、

蜀、川、陝、洛間人家園圃多種之〔三〕。高四、五尺，似茱萸而小，有針刺。葉似刺蘼葉，微小；葉堅而滑，可煑食，甚辛香。結實無花〔四〕，但生於葉間，如豆顆而圓，皮紫赤。此椒，江淮及北土皆有之。莖、實皆相類，但不及蜀中者皮肉厚，腹裏白，氣味濃烈耳。又云：出金州西城者佳〔五〕。味辛，性温，大熱，有小毒。多食令人乏氣，口閉者殺人。十月勿食椒，損氣傷心，令人多忘。杏仁為之使。畏款冬花。

**救饑**　採嫩葉煠熟，换水浸淘淨，油鹽調食。椒顆調和百味，香美。

**治病**　文具《本草》木部"蜀椒"條下。

**注釋**

〔一〕椒樹：王作賓認為是芸香科花椒屬植物野花椒 *Zanthoxylum simulans* Hance。應是。依據一是，《救荒本草》載樹“高四、五尺”，與真正花椒樹高3～7米，不合；二云椒樹“結實無花”，事實上二樹都有花，為密生疣狀突起的腺體。

〔二〕武都：郡名，公元前111年，漢武帝始建武都郡，治所在今西和縣洛峪附近。北魏遷至武都西北20公里的石門。唐代三遷於今武都城北高階地上。武都地當甘、川歷史交通孔道。巴郡，秦置，治所在江州（今重慶江北區），郡境包括今四川境內舊保寧、順慶、夔州、重慶四府及瀘州。唐時郡廢。

〔三〕歸：即歸州，唐置，治所在秭歸縣（今湖北秭歸縣），州境包括巴東、興山和秭歸三縣。此後名時有改換，直至清代。陝，即陝州，北魏太和十一年置。治所在陝縣（今河南三門峽市），州境包括今河南三門峽市洛寧、靈寶及山西平陸、運城東北地區。存至明代。

〔四〕結實無花：似指果實外部沒有疣狀突起的腺體。

〔五〕金州西城：金州，西魏廢帝三年（554）設。因月河川道出麩金，故名。治所在西城縣（今陝西安康）。

## 253. 椋音良子樹〔一〕

《本草》有椋子木。舊不載所出州土，今密縣山野中亦有之。其樹有大者，木則堅重，材堪為車輞〔二〕。初生作科條，狀類荆條，

對生枝叉。葉似柿葉而薄小，兩葉相當，對生。開白花。結子細圓，如牛李子，大如豌豆，生青熟黑。味甘、鹹，性平，無毒。葉味苦。

**救饑**　採嫩葉煠熟，水淘去苦味，洗淨，油鹽調食。

**治病**　文具《本草》木部條下。

**注釋**

〔一〕椋子樹：伊博恩認為是山茱萸科梾木屬落葉灌木梾木 *Cornus macrophylla* Wall.，正確。且梾木的別稱也叫涼子。

〔二〕車輞：舊式車輪周圍的框子。

## 新增

254. **雲桑**〔一〕　生密縣山野中。其樹枝、葉皆類桑，但其葉如雲頭；花叉又似木欒樹，葉微闊。開細青黄花。其葉味微苦。

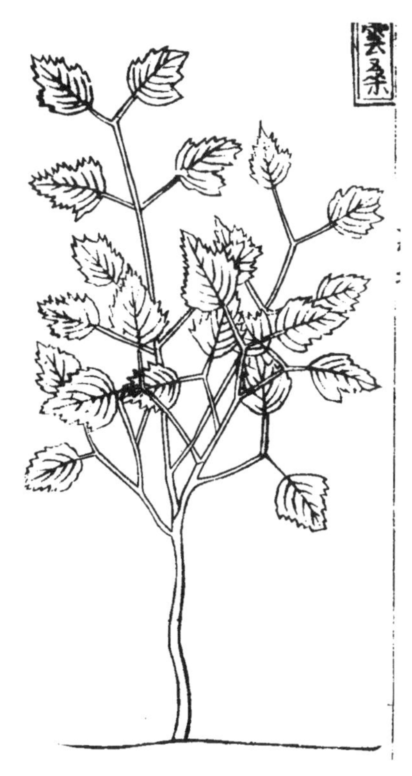


**救饑**　採嫩葉煠熟，換水浸淘去苦味，油鹽調食。或蒸晒作茶，尤佳。

## 注釋

〔一〕雲桑：孔慶萊等編《植物學大辭典》訂為領木春科植物雲葉 *Euptelea polyandra* Sieb. et. Zucc.；伊博恩認為是昆欄樹科領春木屬植物 *Euptelea polyandra* S & Z. 或者是 *E. franchetii* Van；王作賓認為是桑科桑屬植物 Morus sp.，未鑑定到種。張翠君認為領春木屬有一種植物叫雲桑，但形態與《救荒本草》的雲桑完全不同。雲桑有可能是桑 *Morus alba* Linn 的雄株，桑是雌雄異株植物，雄花綠色，花藥黃色，葉邊緣有麄鋸齒，有時不規則分裂，這些都與《救荒本草》的描述一致，《救荒本草》也沒有提到果實，而雄株也不結果。王家葵等（《救荒本草校釋與研究》224 頁）認為桑屬植物穗狀花序聚果特徵十分典型，《救荒本草》僅說“枝葉皆類桑”，而不言花實類桑，則顯非此屬植物；另雲葉 *Euptelea polyandra* Sieb. et. Zucc. 只分布於日本。故認為我國産者同屬植物領春木 *E. pleiosperma* Hook. f. et Thoms. 或是雲桑。領春木生長於大别山、伏牛山和桐柏山，在地理上也提供可能。

**255. 黄楝樹**〔一〕　生鄭州南山野中。葉似初生椿樹葉而極小；又似楝葉，色微帶黄。開花，紫赤色。結子，如豌豆大，生青，熟亦紫赤色。葉味苦。

**救饑**　採嫩芽葉煠熟，換水浸去苦味，油鹽調食。蒸芽曝乾，亦可作茶煑飲。

**注釋**

〔一〕黃楝樹：即漆樹科黃連木屬的黃連木 *Pistacia chinensis* Bge.，黃連木別名黃楝樹，古今植物名稱相近，形態特徵相符。

## 256. 凍青樹〔一〕

生密縣山谷間。樹高丈許，枝葉似枸骨子樹〔二〕，而極茂盛，凌冬不凋；又似樝音柤子樹葉而小〔三〕；亦似穁芽葉，微窄，頭頗團而不尖。開白花。結子如豆粒大，青黑色。葉味苦。

**救饑**　採芽葉煠熟，水浸去苦味，淘洗淨，油鹽調食。

**注釋**

〔一〕凍青樹：王作賓認為是木樨科女貞屬

植物常綠灌木小葉女貞 *Ligustrum quithoui* Carr.，鑑定正確。形態特徵與《救荒本草》的描述相吻合。

〔二〕枸骨子樹：即冬青科植物枸骨 *Ilex cornuta* Lindl. ex Paxt.。

〔三〕樝：音ㄓㄚ，同“楂”。

**257. 穁**音冗**芽樹**〔一〕　生輝縣山野中。科條似槐條，葉似冬青葉，微長。開白花。結青白子。其葉味甜。

**救饑**　採嫩葉煠熟，水淘淨，油鹽調食。

**注釋**

〔一〕穁芽樹：王作賓認為是木犀科女貞屬植物 *Ligustrum* sp.，未鑑定出種；張翠君認為可能是木犀科女貞屬植物蠟子樹 *Ligustrum acutissimum* Koehne，兩者形態特徵相吻合。蠟子樹全株“有短柔毛”，可能是“穁芽”名稱的由來。此說還有待進一步考訂。

**258. 月芽樹**〔一〕　又名芿音仍芽。生田野中。莖似槐條，葉似歪頭菜葉，微短，稍硬；又似穁芽葉，頗長艄。其葉兩兩對生〔二〕，味甘，微苦。

**救饑**　採嫩葉煠熟，水浸淘淨，油鹽調食。

**注釋**

〔一〕月芽樹：王作賓認為是衛矛科衛矛屬植物 *Euohy mus* sp.，未鑑定出種。未知何據。

〔二〕其葉兩兩對生：文與《救荒本草》圖為葉互生描繪矛盾，疑為畫工之誤。

259. **女兒茶**〔一〕　一名牛李子，一名牛筋子。生田野中。科條高五、六尺，葉似郁李子葉而長大，稍尖，葉色光滑；又似白棠子葉，而色微黃綠。結子如豌豆大，生則青，熟則黑茶褐色。其葉味淡、微苦。

**救饑**　採嫩芽葉煠熟，水浸淘淨，油鹽調食。亦可蒸暴，作茶煮飲。

**注釋**

〔一〕女兒茶：鼠李屬常綠灌木鼠李 *Rhamnus da-*

*vurica* Pall.，别名“牛李子”和圖中的對生葉及葉形都是判斷其為鼠李的依據。另吳其濬《植物名實圖考》卷三三“鼠李”條也指出：“《救荒本草》女兒茶，一名牛李子，一名牛筋子，即此。”

260. **省沽油**〔一〕　又名珎珠花。生鈞州風谷頂山谷中。科條似荆條而圓，對生枝叉。葉亦對生〔二〕。葉似驴驰布袋葉而大〔三〕；又似葛藤葉却小〔四〕，每三葉攢生一處。開白花，似珎珠色。葉味甘、微苦(1)。

**救饑**　採嫩葉煠熟，水浸淘淨，油鹽調食。

**校記**

(1) “微苦”二字後，原本、三十四年本有“性”，恐為衍字，亦可能後脱字。今據四庫本刪。

**注釋**

〔一〕省沽油：省沽油科省沽油屬植物省沽油 *Staphylea bumalda* DC.，其别名珍珠花。

〔二〕對生枝叉：實際上是對生複葉。

〔三〕驰：音 ㄊㄨㄛˊ，同“駝”。

〔四〕葛藤：即野葛，豆科葛屬藤本植物 *Pueraria lobata*（Willd.）Ohwi.。

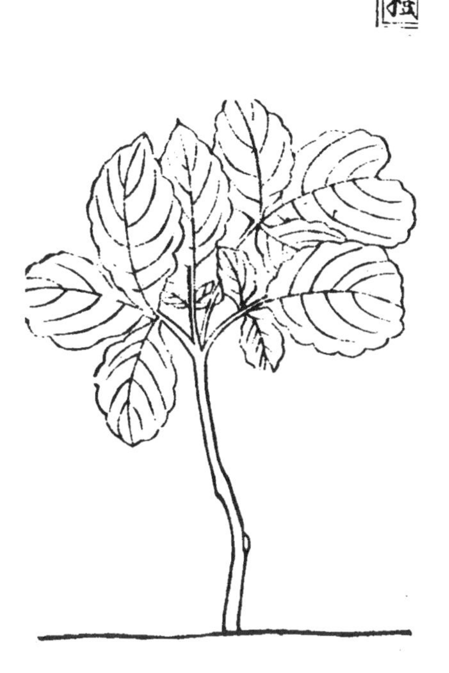


## 261. 白槿樹〔一〕

生密縣梁家衝山谷中。樹高五、七尺。葉似茶葉而甚闊大，尤潤；又似初生青岡葉，而無花叉；又似山格刺樹葉，亦大。開白花。其葉味苦。

**救饑**　採嫩葉煠熟，換水浸去苦味，油鹽調食。

### 注釋

〔一〕白槿樹：伊博恩認為是錦葵科木槿屬植物木芙蓉 *Hibiscus mutabilis* Linn.；王作賓認為是木犀科白蠟樹屬 *Fraxinus* sp. 植物。但不管是錦葵科的木芙蓉，還是被稱為“白槿”開白花者錦葵科木槿，它們與《救荒本草》圖文所描述的都有明顯不同，故此物待考。

## 262. 回回醋〔一〕

一名淋樸樕。生密縣韶華山山野中。樹高丈餘。葉似兜櫨樹葉而厚大，邊有大鋸齒；又似厚椿葉而亦大〔二〕。或三葉、或五葉排生一莖。開白花。結子大如豌豆，熟則紅紫色，味酸。花味微酸。

**救饑**　採葉煠熟，水浸去酸味，淘淨，油鹽調食。

其子調和湯，味如醋。

**注釋**

〔一〕回回醋：王家葵等撰《救荒本草校釋與研究》（230 頁）認為應是漆樹科鹽膚木屬灌木鹽膚木 *Rhus chinensis* Mill.。不僅其植株形態與《救荒本草》圖文接近，其葉及果實含蘋果酸、酒石酸、檸檬酸等有機酸，亦符合"回回醋"之名。現代植物文獻記載：鹽膚木高5～10 米；小枝、葉柄及花序都密生褐色柔毛。單數羽狀複葉互生，葉軸及葉柄常有翅；小葉 7～13，紙質，長5～12釐米，寬 2～5 釐米，邊有麄鋸齒，下面密生灰褐色柔毛。圓錐花序頂生；花小，雜性，黃白色；萼片 5～6，花瓣 5～6。核果近扁圓形，直徑約 5 毫米，紅色，有灰白色短柔毛。十分吻合《救荒本草》圖文描繪。鑑定正確。

〔二〕厚椿：疑為臭椿之誤，因為椿樹似無厚椿之名和品種，古今所見只有香椿、臭椿、白椿、千頭椿、紅葉椿及刺椿等名。

**263. 櫟**音色**樹芽**〔一〕 生鈞州風谷頂山谷間。木高一、二丈。其葉狀類野葡萄葉，五花尖叉；亦似綿花葉而薄小；又似絲瓜葉，却甚小，而淡黃綠色。開白花。葉味甜。

**救饑** 採葉煠熟，以水浸做成黃色，換水淘淨，油鹽調食。

**注釋**

〔一〕槭樹：伊博恩認為是槭科槭屬植物鷄爪槭 *Acer palmatum* Th. 或地錦槭 *A. pictum* Thunb.；王作賓認為是同屬植物地錦槭 *Acer pictum* Thunb. [ = *Acer mono* Maxim.]；應是地錦槭 *Acer pictum* Thunb.。另“槭”有兩音，一讀ㄑㄧˋ（戚）；一讀ㄙㄜˋ（色）。王家葵等認為應讀ㄑㄧˋ。但從槭樹別名為色木槭、色木，似還是讀ㄙㄜˋ。

**264. 老葉兒樹**〔一〕 生密縣山野中。樹高六、七尺。葉似茶葉而窄瘦尖艄；又似李子葉而長。其葉味甘、微澀。

**救饑** 採葉煠熟，水浸去澀味，淘洗淨，油鹽調食。

**注釋**

〔一〕老葉兒樹：王作賓提供的

學名為薔薇科 *Pourthiaea* sp. 屬植物，但在《中國高等植物圖鑑》查不到該屬的拉丁文；伊博恩認為是薔薇科石楠屬植物毛葉石楠 *Photinia villosa*（Thunb.）DC.。此種至多可判斷到是薔薇科的植物。

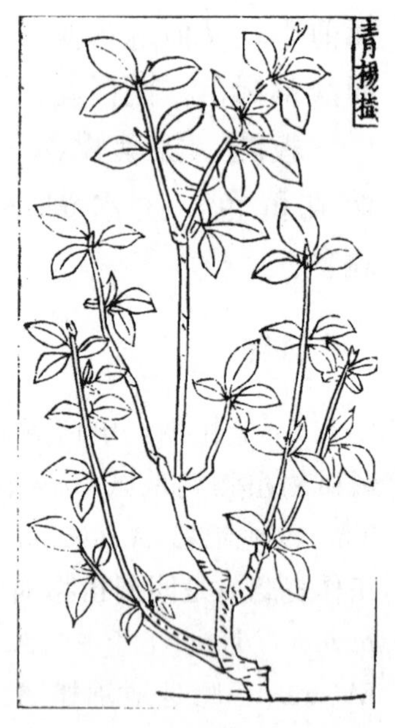


**265. 青楊樹**〔一〕　在處有之，今密縣山野間亦多有。其樹高大。葉似白楊樹葉而狹小，色青，皮亦頗青，故名青楊。其葉味微苦。

**救饑**　採葉煠熟，水浸做成黃色，換水淘淨，油鹽調食。

**注釋**

〔一〕青楊樹：王作賓認為是楊柳科柳屬植物小葉楊 *Populus simonii* Carr.，鑑定正確。吳其濬《植物名實圖考》卷三四也指出青楊樹，"今北地呼小葉楊"。古今植物名稱相同。

**266. 龍栢芽**〔一〕　出南陽府馬鞍山中。此木久則亦大。葉似初生橡櫟音歷小葉而短。味微苦。

**救饑**　採芽葉煠熟，換水浸淘淨，油鹽調食。

**注釋**

〔一〕龍栢芽：伊博恩認為是殼斗科櫟屬植物 *Quercus* sp.；王作賓認為是清風藤科泡花樹屬植物泡花樹 *Meliosma cuneifolia* Fr.；張翠君認為是殼斗科櫟屬植物鐵椆 *Quercus glauca* Thunb。現河南汝州、舞鋼市等地區有將龍栢芽做為山野菜出售的報道。

## 267. 兇櫨樹〔一〕

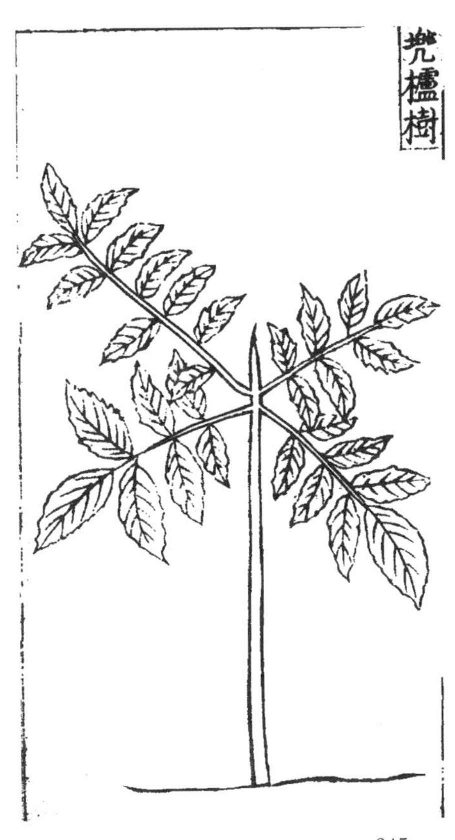


生密縣梁家衝山谷中。樹甚高大。其木枯朽極透，可作香焚，俗名壞香。葉似回回醋樹葉而薄窄；又似花楸樹葉，却少花叉。葉皆對生，味苦。

**救饑**　採嫩芽葉，煠熟，水浸去苦味，淘洗淨，油鹽調食。

**注釋**

〔一〕兇櫨樹：伊博恩認為是胡桃科化香樹

屬植物化香樹 *Platycarya strobilacea* S. &Z.；王作賓認為是苦木科苦木屬植物苦木 *Picrasma quassioides* Benn.；張翠君認為是芸香科黃蘗屬黃蘗植物 *Phellodendron amurense* Rupr.，依據是"葉似回回醋葉，又似花椒樹葉"，花椒是芸香科植物，從而推測兜櫨樹可能也是芸香科植物。芸香科植物含揮發油，黃蘗木栓質發達，有"作香焚"的可能。吳其濬《植物名實圖考》卷三四認為：櫰香，一名兜婁婆香即是此物。兜櫨樹俗名壞香，壞與櫰相近，而吳氏誤為一字。按兜婁婆香來源主要有二物，一是唇形科植物藿香 *Agastache rugosus*（Fisch.-Et Mey.）O. ktze. 的地上部分；二是金縷梅科喬木植物蘇合香樹 *Liquidambar orientalis* Mill. 的樹脂。前者為多年生草本植物，根本不合。後者葉形等亦多不合。此種待考。

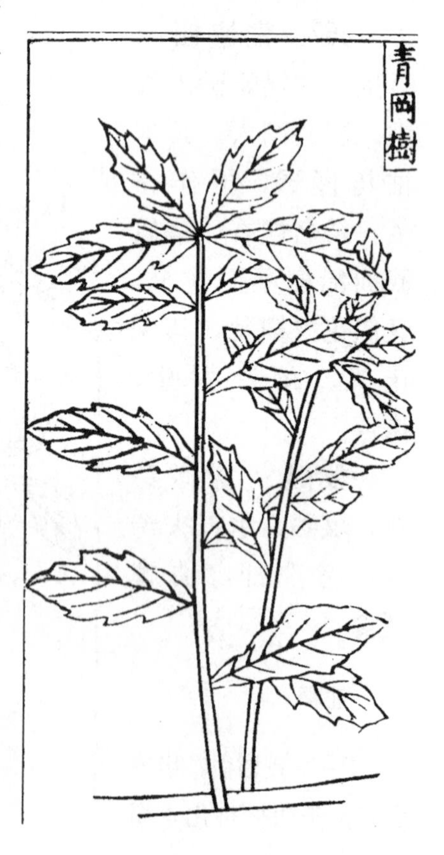


268. **青岡樹**〔一〕　舊不載所出州土，今處處有之。其木大而結橡斗者為橡櫟音歷；小而不結橡斗者為青岡。其青岡樹枝葉條幹，皆類橡櫟，但葉色頗青，而少花叉。味苦，性平，無毒。

**救饑**　採嫩葉煠熟，以水浸漬音自，做成黃色，換水淘洗淨，油鹽調食。

**注釋**

〔一〕青岡樹：伊博恩認為是櫟屬植物鐵稠 *Quercus glauca*；王作賓認為是山毛櫸科殼斗屬植物枹櫟 *Quercus Serrata* Thunb. ［＝*Q. glandulifera* Bl.］。

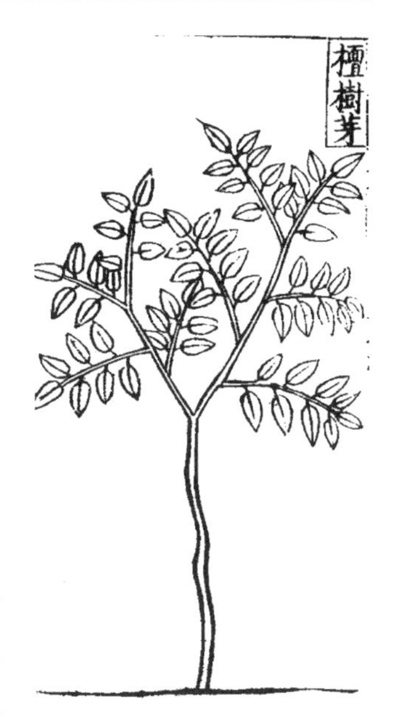


269. **檀樹芽**〔一〕　生密縣山野中。樹高一、二丈，葉似槐葉而長大。開淡粉紫花。葉味苦。

**救饑**　採嫩芽葉煠熟，換水浸去苦味，淘洗淨，油鹽調食。

**注釋**

〔一〕檀樹芽：即豆科黃檀屬植物黃檀 *Dalbergia hupeana* Hance. 的嫩芽葉，至今河南不少地方還把檀樹芽做為野菜出售。

270. **山茶科**〔一〕　生中牟土山田野中。科條高四、五尺，枝梗灰白色。葉似皂莢葉

而團；又似槐葉亦團。四、五葉攢生一處，葉甚稠密。味苦。

**救饑** 採嫩葉煠熟，水淘洗淨，油鹽調食。亦可蒸、晒乾，做茶煮飲。

**注釋**

〔一〕山茶科：伊博恩認為是山柳科山柳屬植物 *Clethra barbinervia* S.；王作賓認為是鼠李科鼠李屬植物琉璃枝（又名小葉鼠李）*Rhamnus parvifolia* Bunge.。前者山柳與《救荒本草》圖文描述相差較大，後者形態特徵與山茶科有所相似。

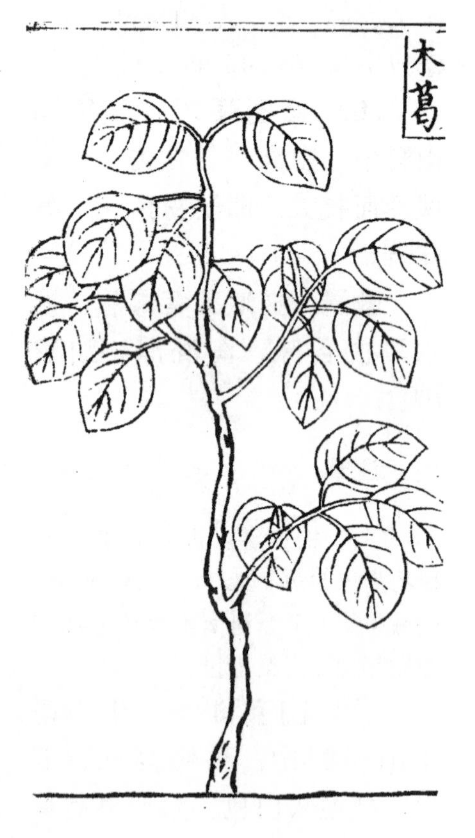


## 271. 木葛[一]

生新鄭縣山野中。樹高丈餘。枝似杏枝。葉似杏葉而團；又似葛根葉而小。味微甜。

**救饑** 採葉煠熟，水浸淘淨，油鹽調食。

**注釋**

〔一〕木葛：王作賓

認為是薔薇科木瓜屬植物木瓜 *Chaenomeles sinensis* (Thouin) Koehne.。王家葵等（《救荒本草校釋與研究》236頁）認為《救荒本草》圖文基本不具備薔薇科植物特徵，且木瓜本係易識常見之物，本書亦有專條，故王說有誤。其原植物待考。

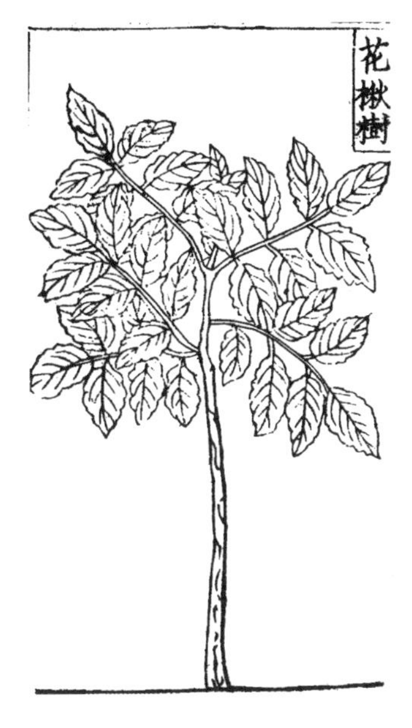


272. **花楸樹**〔一〕　生密縣山野中。其樹高大。葉似回回醋葉，微薄；又似兜櫨樹葉，邊有鋸齒叉。其葉味苦。

**救饑**　採嫩芽葉煠熟，換水浸去苦味，淘洗淨，油鹽調食。

**注釋**

〔一〕花楸樹：薔薇科花楸屬落葉喬木花楸 *Sorbus pohuashanensis* (Hance) Hedl.，別名花楸樹。《河南野菜野果》(95頁)著錄的當地花楸樹亦是此種。二者形態特徵符合，古今植物名稱相同。

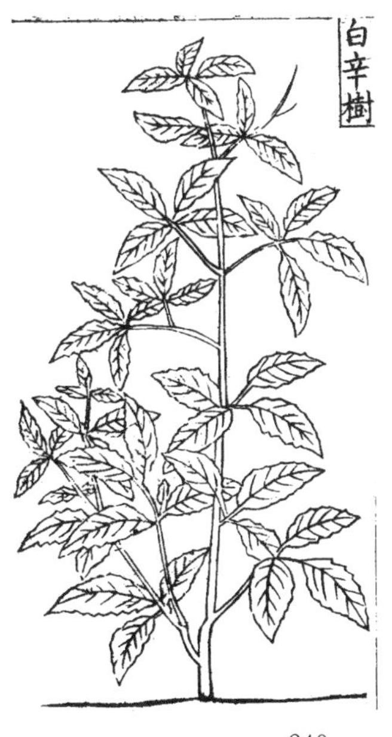


273. **白辛樹**〔一〕　生滎陽塔兒山崗野間〔二〕。樹高丈許。葉似青檀樹葉，頗長而薄，色

微淡綠；又似月芽樹葉而大，色亦差淡。其葉味甘，微澀。

**救饑**　採葉煠熟，水浸淘去澀味，油鹽調食。

**注釋**

〔一〕白辛樹：王作賓和伊博恩都認為是野茉莉科銀鐘花屬植物 *Halesia corymbosa* Nichols.。

〔二〕塔兒山：又名五雲山、霧雲山、塔山，塔兒山為當地方言俗稱。山位於今鄭州上街區峽窩鎮東南部，東臨滎陽城關鎮。為中嶽嵩山餘脈，海拔 589.4 米，植被以刺槐、刺柏為主，是當地百姓共同仰止的聖山。

## 274. 木欒樹〔一〕

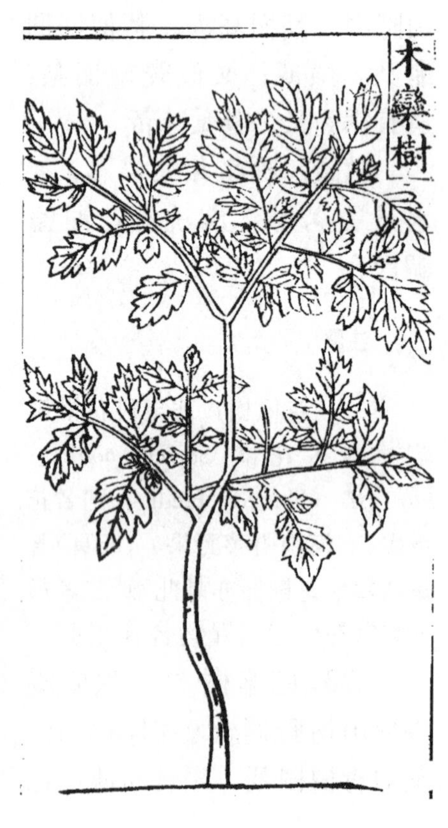


生密縣山谷中。樹高丈餘。葉似楝葉而寬大，稍薄。開淡黃花。結薄殼。中有子，大如豌豆，烏黑色。人多摘取，串作數珠〔二〕。葉味淡甜。

**救饑**　採嫩芽葉煠熟，換水浸淘淨，油鹽調食。

### 注釋

〔一〕木欒樹：即無患子科欒樹屬的欒樹 *Koelreuteria paniculate* Laxm.，古今植物名稱相近，形態特徵相吻合。

〔二〕數珠：又稱念珠、佛珠等。

**275. 烏棱樹**〔一〕　生密縣梁家衝山谷中。樹高丈餘。葉似省沽油樹葉而背白；又似老婆布黏葉，微小而艄。開白花。結子如梧桐子大，生則青，熟則烏黑。其葉味苦。

**救饑**　採葉煠熟，換水浸去苦味作過，淘洗淨，油鹽調食。

### 注釋

〔一〕烏棱樹：王作賓認為是樟科木薑子屬植物絹毛木薑子 *Litsea sericea* Hook.；張翠君認為木薑子屬植物山鷄椒 *Litsea cubeba* (Lour.) Pers. 與烏棱樹的形態特徵比較吻合，特别是山鷄椒的果熟時烏黑。與書中記載一致。王家葵等（《救荒本草校釋與研究》239 頁）認為絹毛木薑子雖在河南有分布，但此植物枝葉皆密被長絹毛，似非《救荒本草》所形容者。以為直接訂為木薑子 *Litsea pungens* Hemsl. 或更合理。

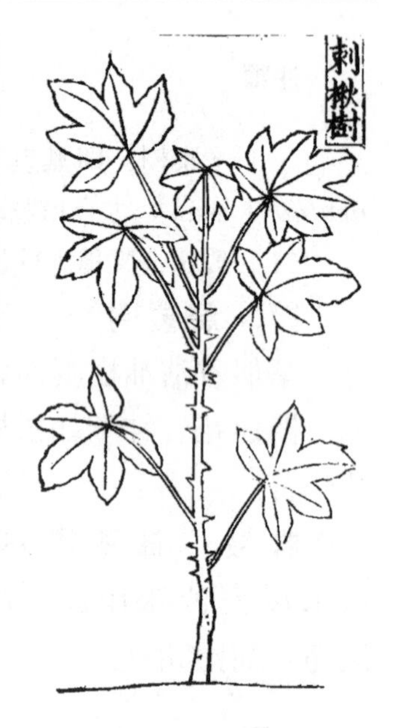


276. **刺楸樹**〔一〕 生密縣山谷中。其樹高大。皮色蒼白，上有黃白斑點。枝梗間，多有大刺。葉似楸葉而薄。味甘。

**救饑** 採嫩芽葉煠熟，水浸淘淨，油鹽調食。

**注釋**

〔一〕刺楸樹：刺楸屬植物刺楸 *Kalopanax septemlobus*（Thunb.）Koidz.。古今植物名稱相同，形態特徵相吻合。

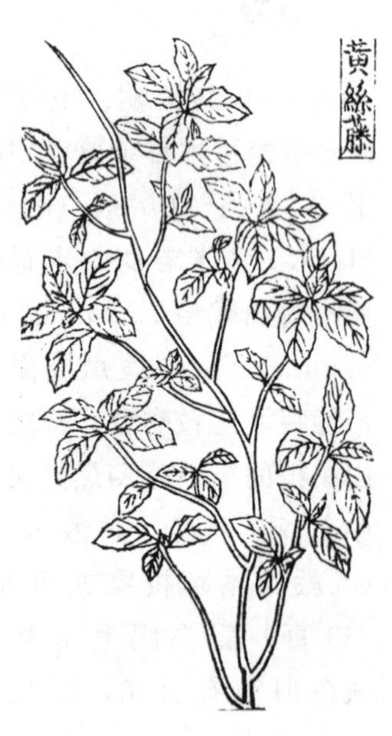


277. **黃絲藤**〔一〕 生輝縣太行山山谷中。條類葛條。葉似山格刺葉而小；又似婆婆枕頭葉，頗硬，背微白，邊有細鋸齒。味甜。

**救饑** 採葉煠熟，水浸淘淨，油鹽調食。

注釋

〔一〕黄絲藤：因《救荒本草》描述中提到的山格刺、婆婆枕頭等植物都未被明確鑒定出來，缺乏必要的參照，故伊博恩、王作賓等都未做鑑定。此植物放在木部，應該是木質藤本。

278. **山格刺樹**〔一〕　生密縣韶華山山野中。作科條生，葉似白槿樹葉，頗短而尖艄音哨(1)；又似茶樹葉而闊大；及似老婆布鞊葉亦大。味甘。

**救饑**　採葉煠熟，水浸做成黄色，淘洗淨，油鹽調食。

校記

(1) 哨：原本、三十四年本、四庫本均作“肖”，據萬曆十四年本和書中它處此字注音改。又《康熙字典》載“艄”只有“音稍”一個讀音。

注釋

〔一〕山格刺樹：王作賓認為是薔薇科懸鉤子屬植物 *Rubus* sp.，未鑑定出種。

279. **䒹**杭去聲**樹**〔一〕　生輝縣太行山山谷中。其樹高丈餘。葉似槐葉而大，却頗軟薄；又似檀樹葉而薄小。開淡紅色花。結子如綠豆大，熟則黃茶褐色。其葉味甘。

**救饑**　採芽葉煠熟，水浸淘淨，油鹽調食。

**注釋**

〔一〕䒹樹：王作賓和伊博恩都認為是衛矛科衛矛屬植物疣點衛茅 *Evonymus verrucosoides* Loes.。然而，疣點衛矛是灌木，高 2～3 米，花紫色，與《救荒本草》的描述不符。待考。

280. **報馬樹**〔一〕　生輝縣太行山山谷間。枝條似桑條色。葉似青檀葉而大，邊有花叉；又似白辛葉，頗大而長硬。葉味甜。

**救饑**　採嫩芽葉煠熟，水淘淨，油鹽調食。硬葉煠熟，水浸做成黃色，淘去涎沫，油

鹽調食。

**注釋**

〔一〕報馬樹：王作賓認為是榆科樸樹屬植物 *Celtis* sp.，未鑑定到種。《救荒本草》沒有花及果的描述，從植物名中也找不到線索。因而無法判斷是哪一科的植物。“報馬”，石聲漢先生疑作“駮馬”。見石撰《農政全書校注》下冊，1632 頁。

**281. 椵(1)樹〔一〕** 生輝縣太行山山谷間。樹甚高大。其木細膩，可為桌(2)器。枝叉對生，葉似木槿葉而長大，微薄，色頗淡綠，皆作五花椏音鴉叉，邊有鋸齒。開黄花。結子如豆粒大，色青白。葉味苦。

**救饑**　採嫩芽葉煠熟，水浸去苦味，淘洗淨，油鹽調食。

**校記**

(1) 椵：原本作“椴”，今據三十四年本、四庫本和參照原本圖名、目録名改。

(2) 桌：原本、三十四年本作“卓”，今據四庫本改。

**注釋**

〔一〕椴樹：王作賓認為是椴樹科椴樹屬植物 *Tilia* sp.，未鑑定到種；伊博恩認為是椴樹屬的多種植物，包括鄂椴 *Tilia oliveri* Szys，*Tilia argentea* and。張翠君、王家葵等根據圖中“葉有驟尖”，判斷是椴樹屬蒙椴（小葉椴）*Tilia mongolica* Maxim。值得重視。

**282. 臭蕻**〔一〕烘去聲　生密縣楊家衝山谷中。科條高四、五尺。葉似杵瓜葉而尖艄音哨；又似金銀花葉亦尖艄，五葉攢生如一葉。開花，白色。其葉味甜。

**救饑**　採葉煠熟，水浸淘淨，油鹽調食。

**注釋**

〔一〕臭蕻：王作賓認為是馬鞭草科牡荊屬植物 *Vitex* sp.，未鑑定到種。張翠君認為是牡荊屬植物黃荊 *Vitex negundo* Linn.，“科條高四、五尺”，且放於木部，應為灌木；花淡紫色也可看成是近白色。王家葵等（《救荒本草校釋與研究》243 頁）則認為似是黃荆原變種 *Vitex negundo* Linn. Var. negundo。

283. **堅莢樹**〔一〕　生輝縣太行山山谷中。其樹枝幹堅勁，可以作棒。皮色烏黑，對分枝叉，葉亦對生。葉似拐棗葉而大，微薄，其色淡綠；又似土欒樹葉，極大而光潤。開黃花。結小紅子。其葉味苦。

**救饑**　採嫩葉煠熟，水浸去苦味，淘洗淨，油鹽調食。

**注釋**

〔一〕堅莢樹：伊博恩認為是日本莢蒾 *Viburnum japonicum* spr. 或者堅莢蒾 *V. sempervirens* Koch.；王作賓認為是忍冬科莢蒾屬植物日本莢蒾 *Viburnum japonicum* spr.；張翠君認為是忍冬科莢蒾屬植物樺葉莢蒾 *Viburnum betolifolium* Batal，因其形態特徵較符合《救荒本草》的描述。王家葵等（《救荒本草校釋與研究》244 頁）認為日本莢蒾國內很少分布，應是同屬植物堅莢樹 *Viburnum sempervrens* K. Koch.。後者古今植物名稱一致。

284. **臭竹樹**〔一〕 生輝縣太行山山野中。樹甚高大。葉似楸葉而厚，頗艄音哨，却少花叉；又似拐棗葉，亦大。其葉面青背白，味甜。

**救饑** 採葉煠熟，水浸去邪臭氣味，油鹽調食。

**注釋**

〔一〕臭竹樹：僅從《救荒本草》的簡略描述推斷不出是何科植物；從植物名也找不到線索。原植物不明。

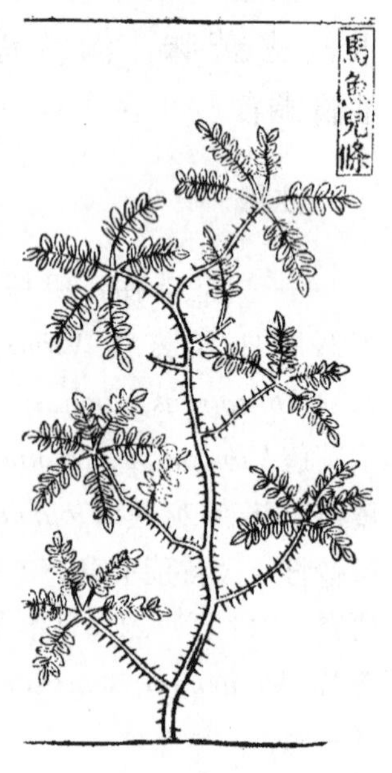


285. **馬魚兒條**〔一〕 俗名山皂角。生荒野中。葉似初生刺蘼花葉而小〔二〕。枝梗色紅，有刺似棘針微小。葉味甘，微酸。

**救饑** 採葉煠熟，水浸淘淨，油鹽調食。

**注釋**

〔一〕馬魚兒條：王作賓認為是同屬植物野皂莢 *Gleditschia heterophylla* Bge.，為是。馬魚兒條俗名山皂角，古今植物名稱相近，形態特徵相吻合。

〔二〕刺蘗花：道光《桐城續修縣志》卷二二《物產志》曰“俗名鮮魚花”，原植物不明。

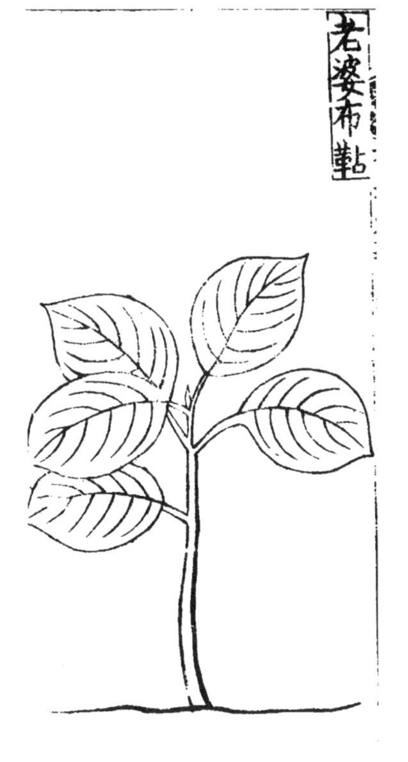


286. **老婆布鞊**〔一〕　生鈞州風谷頂山野間。科條淡蒼黃色。葉似匙頭樣，色嫩綠而光俊；又似山格刺葉，却小。味甘，性平(1)。

**救饑**　採葉煠熟，水浸作過，淘淨，油鹽調食。

**校記**

(1) 平：原本、三十四年本和四庫本無此字，今據徐光啟本補。

**注釋**

〔一〕老婆布鞊：僅從《救荒本草》的描述和植物名稱無法推斷是何科植物，此物待考。鞊，音ㄊㄧㄝˊ，指馬鞍上的裝飾。

## 實可食

### 《本草》原有

287. **葬核樹**〔一〕　俗名葬李子。生函谷川谷，及巴

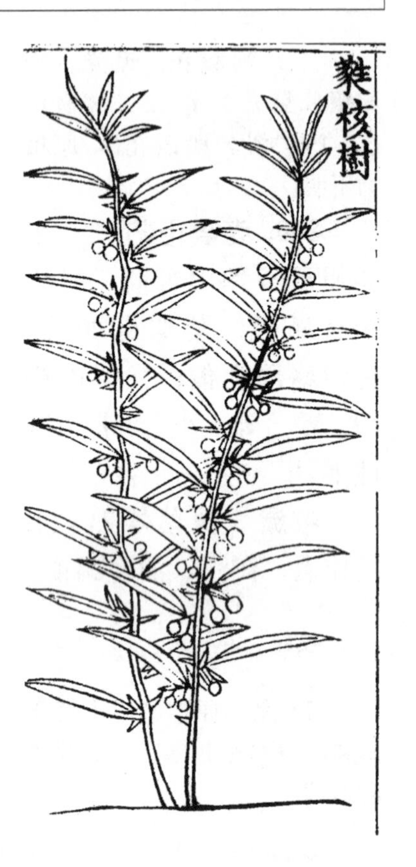


西、河東皆有〔二〕；今古崤關西茶店山谷間亦有之〔三〕。其木高四、五尺。枝條有刺。葉細似枸杞葉而尖長；又似桃葉而狹小，亦薄。花開白色。結子紅紫色，附枝莖而生，狀類五味子〔四〕。其核仁味甘，性温、微寒，無毒。其果味甘、酸。

**救饑**　摘取其果紅紫色熟者，食之。

**治病**　文具《本草》木部條下。

**注釋**

〔一〕蕤核樹：王作賓認為是薔薇科扁核木屬植物蕤

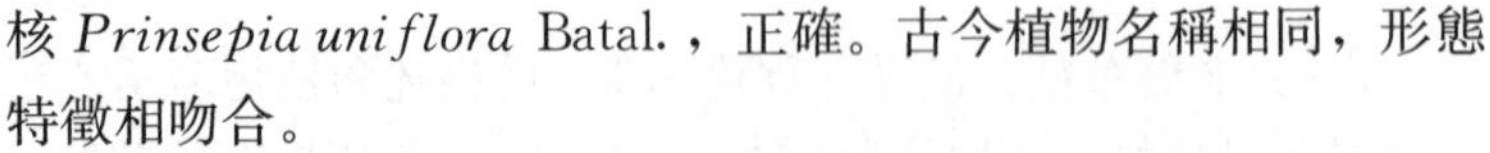
核 *Prinsepia uniflora* Batal.，正確。古今植物名稱相同，形態特徵相吻合。

〔二〕巴西：即巴西郡，存在於魏晉南北朝時期，公元 201 年，劉璋分巴郡置巴西郡和巴東郡，其中巴西郡轄閬中、安漢、墊江、宕渠、宣漢、漢昌、南充國、西充國 8 縣，期間雖有分合變化，但治所一直在閬中（今四川閬中市區）。

〔三〕古崤關：古關口之一，在今河南省滎陽市汜水鎮西。

〔四〕五味子：因其果實有甘、酸、辛、苦、鹹五種滋味而得名，有南北之分。李時珍《本草綱目》草部七《五味子》謂："五味今有南北之分，南産者色紅，北産者色黑，入滋補藥必用北産者乃良。"其中北産者習稱"北五味子"，即木蘭科落葉木質藤本植物五味子 *Schisandra chinensis*（Turcz.）Baill.；南産者，即華中五味子 *Schisandra sphenanthera* Rehd. et Wils.。

288. **酸棗樹**〔一〕　《爾雅》謂之樲棗。出河東川澤，今城壘坡野間多有之。其木似棗而皮細，莖多棘刺。葉似棗葉微小。花似棗花。結實紫紅色，似棗而圓小；核中仁(1)微匾，名酸棗仁(2)，入藥用。味酸，性平；一云性微熱。惡防已(3)。

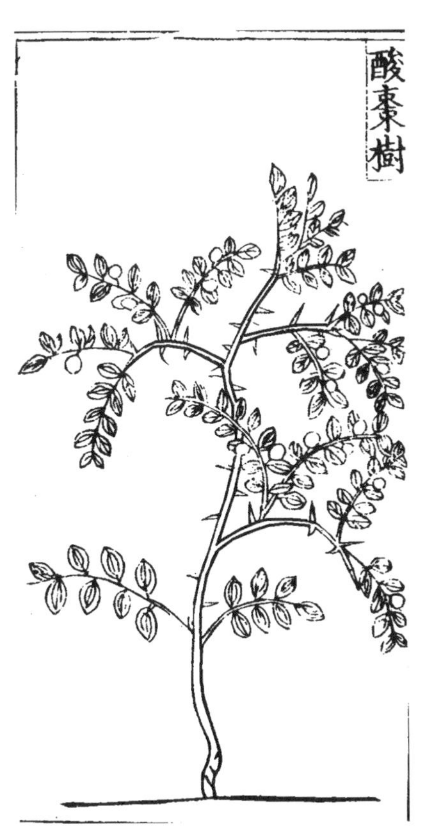


**救饑**　摘取其棗為果食之。亦可釀酒，熬作燒酒飲。未紅熟時，採取煮食，亦可。

**治病**　文具《本草》木部條下。

**校記**

（1）仁：原本、三十四年本作"人"，今據四庫本改。

（2）仁：原本、三十四年本作"人"，今據四庫本改。

（3）己：原本作“巳”，今據四庫本改，另《本草經集注》“惡防己”可為佐證。

**注釋**

〔一〕酸棗樹：鼠李科棗屬落葉灌木酸棗 *Zizyphus jujuba* Mill. var. *spinosus*（Bge.）Hu. ex H. F. Chow.，古今植物名稱相同，形態特徵相吻合。另《河南野菜野果》（112 頁）所載酸棗即此種。

289. **橡子樹**〔一〕 《本草》橡實，櫟音歷木子也。其殼，一名杼上與切斗。所在山谷有之。木高二、三丈。葉似栗葉而大。開黃花。其實橡也，有梂〔二〕彙音胃自裹，其殼，即橡斗也。橡實味苦澀，性微温，無毒。其殼斗，可染皂。

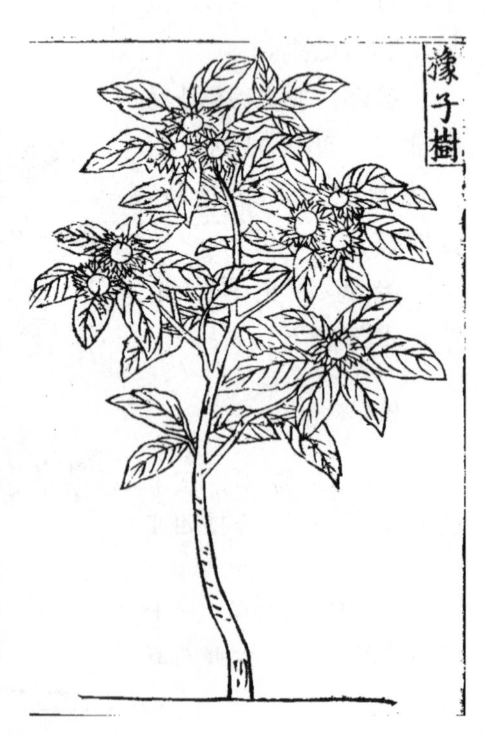


**救饑** 取子，換水浸煑十五次，淘去澀味，蒸極熟，食之。厚腸胃，肥健人，不饑。

**治病** 文具《本草》木部“橡實”條下。

**注釋**

〔一〕橡子樹：殼斗科櫟屬植物落葉喬木麻櫟 *Quercus acutissima* Carr.。

〔二〕梂：音ㄑㄧㄡˊ，櫟的果實。

**290. 荊子**〔一〕　《本草》有牡荊實，一名小荊實，俗名黄荊。生河間、南陽、冤句山谷，並眉州、蜀州、平壽、都鄉高岸及田野中。今處處有之，即作箠杖者〔二〕。作科條生。枝莖堅勁，對生枝叉。葉似麻葉而疎短；又有葉似棕葉而短小，却多花叉者。開花作穗，花色粉紅，微帶紫。結實大如黍粒，而黄黑色。味苦，性温，無毒。防風為之使。惡石膏、烏頭。陶隱居《登真隱訣》云：荊木之華葉，通神見鬼精〔三〕。

**救饑**　採子，換水浸陶去苦味，晒乾，搗磨為麵，食之。

**治病**　文具《本草》木部“牡荊實”條下。

### 注釋

〔一〕荆子：伊博恩認為是馬鞭草科牡荆屬植物黄荆 *Vitex negundo* Linn.；王作賓認為是同屬植物荆條 *Vitex chinensis* Mill.，根據《救荒本草》圖，特别是葉邊緣有麄鋸齒，可推測其應為同屬植物灌木牡荆 *Vitex negundo* Linn. var. *cannabifolia*（Sieb. Et Zuce.）Hand.-Mazz. 或荆條 *Vitex negundo* Linn. var. *heterophylla*（Franch.）Rehd.。

〔二〕箠：同棰，鞭子。

〔三〕《登真隱訣》：南北朝梁陶弘景編撰。撮錄早期上清派經典中有關修仙登真之方術秘訣而成。原書有二十四卷或二十五卷，現存《道藏》本三卷。上卷言佩符思神之法，有書寫佩帶"太極帝君真符"、"太極帝君寶章"、存思人首九宫真神等法術；中卷為養生方術，記朝拜、攝養、施用、起居之道三十七事，誅卻精魔、防遏鬼試之道六事，服禦、吐納、存注、煙霞之道九事，眾真授訣三則；下卷敘誦《黄庭經》法以及入静、章符、請官等修身養性、延年卻老、治病制鬼之法。這樣一部成仙的秘訣，屬道教中較早的關於修真法訣的綜合道書。收入《正統道藏》洞玄部玉訣類。文中所引"荆木之華葉，通神見鬼精"句，不見於現存書三卷中。《雲笈七簽》卷七十四《方藥部一·太極真人青精乾石䭀飯上仙靈方》有類似文句"荊木葉華通神見鬼精"，只缺"之"字。

**291. 實棗兒樹**〔一〕　《本草》名山茱萸，一名蜀棗，一名鷄足，一名鬾音妓實，一名鼠矢。生漢中川谷及琅琊、冤句、東海承縣、海州〔二〕，今鈞州密縣山谷中亦有之。木高丈餘。葉似榆葉而寬，稍團，紋脈微麄。開淡黄白花。結實似酸棗大，微長，兩頭尖艄，色

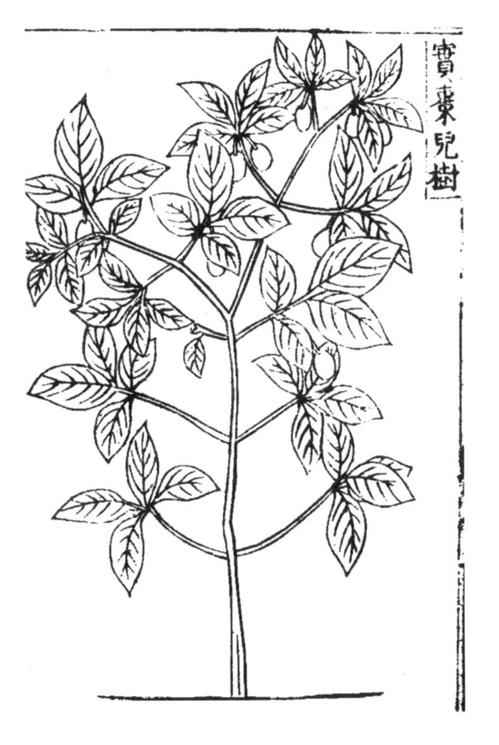


赤；既乾，則皮薄。味酸，性平、微温，無毒；一云味鹹、辛，大熱。蓼實為之使。惡桔梗、防風、防巳。

**救饑**　摘取實棗紅熟者，食之。

**治病**　文具《本草》木部"山茱萸"條下。

**注釋**

〔一〕實棗兒樹：王作賓、伊博恩認為是山茱萸科山茱萸屬（楝木屬）植物山茱萸 *Cornus officinalis* Sieb. et. Znce.，山茱萸別名有"實棗兒"，古今植物名稱相同。張翠君認為應是山茱萸科楝木屬植物四照花 *Dendrobenthamia Japonica*（DC.）F ang var. *chinese*（Osborn）Fang. *Cornus kovsa* Hance var. *chinensis* Osborn.，"四照"應是"石棗"的諧音，在河南嵩山一帶四照花地方名叫"石棗子"，"石"與"實"諧音且意近；二者形態特徵都相近。可備一說。

〔二〕東海承縣：東海，郡名；承縣，南北朝時為東海郡屬縣，地在今棗莊市嶧城區。

292. **孩兒拳頭**〔一〕　《本草》名莢蒾音迷，一名擊

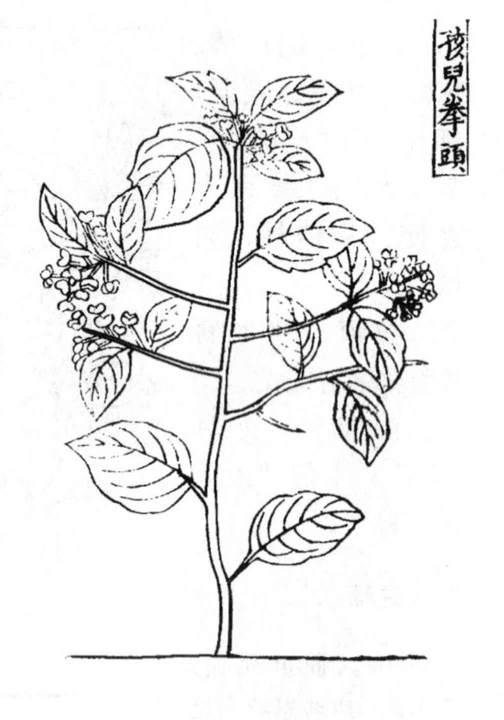


蒾，一名弄先。舊不載所出州土，但云所在山谷多有之。今輝縣太行山山野中亦有。其木作小樹，葉似木槿而薄；又似杏葉，頗大，亦薄澀。枝葉間，開黄花。結子似溲疏〔二〕，兩兩切並，四四相對，數對共為一攢；生則青，熟則赤色。味甘苦，性平，無毒。蓋檀、榆之類也，其皮堪為索〔三〕。

**救饑**　採子，紅熟則食之。又煑枝汁，少加米作粥，甚美。

**治病**　文具《本草》木部“莢蒾”條下。

**注釋**

〔一〕孩兒拳頭：伊博恩認為是忍冬科莢蒾屬植物莢蒾 *Viburnum dilatatum* Th.；王作賓認為是椴樹科扁擔桿屬植物扁擔木 *Grewia biloba* G. Don var. *parviflora*（Bge）Hand-Mazz.。按《本草》名莢蒾，當是忍冬科莢蒾屬植物莢蒾 *Vi-*

*burnum dilatatum* Th.，但按“孩兒拳頭”名和《救荒本草》文字描述，應是椴樹科扁擔桿屬落葉灌木扁擔木 *Grewia biloba* G. Don var. *parviflora*（Bge）Hand-Mazz.。扁擔木的別名叫孩兒拳頭，且“兩兩切並，四四相對，數對共為一攢”形態特徵尤為吻合。

〔二〕溲疏：即溲疏，虎耳草科溲疏屬落葉灌木溲疏 *Deutzia scabra* Thunb.，䟽，同“疏”。

〔三〕索：大繩子。

## 新增

293. **山藜兒**〔一〕　一名金剛樹，又名鐵刷子。生鈞州山野中。科條高三、四尺，枝條上有小刺。葉似杏葉，頗團小。開白花。結實如葡萄顆大，熟則紅黃色，味甘酸。

**救饑**　採果食之。

### 注釋

〔一〕山藜兒：伊博恩認為是百合科菝葜屬植物三脈菝葜 *Smilax trinervula* Miq.；王作賓認為是同屬植物托柄菝葜 *Smilax discotis* Warb.，張翠君認為是同屬植物菝葜 *Smilax china* L.。托柄菝葜的果實成熟後是黑色，與《救荒本草》“熟則紅黃色”描述不合。菝葜、三脈菝葜則果實成熟後為紅色，考慮到地域及菝葜的別名稱金剛藤頭，菝葜似更為吻合。

**294. 山裏果兒**〔一〕 一名山裏紅，又名映山紅果。生新鄭縣山野中。枝莖似初生桑條，上多小刺。葉似菊花葉，稍團；又似花桑葉，亦團。開白花。結紅果，大如櫻桃，味甜。

**救饑** 採樹熟果，食之。

**注釋**

〔一〕山裏果兒：伊博恩認為是薔薇科山楂屬植物野山楂 *Crataegus cuneata* S & Z. 或者山楂 *C. pinnatifida* Bge.；王作賓認為是同屬植物山楂的變種山裏紅 *Crataegus pinnatifida* Bge. var. *major* Brown；張翠君認為是野山楂 *C. cuneata* Sieb. et Zuce. 或者華中山楂 *C. wilsonii* Sarg。僅名稱考察，山裏紅 *Crataegus pinnatifida* Bge. var. *major* Brown 最有可能，因為山裏果兒一名“山裏紅”，且形態特徵相近。

**295. 無花果**〔一〕 生山野中，今人家園圃中亦栽。葉形

如葡萄葉，頗長硬而厚。稍作三叉。枝葉間生果〔二〕，初則青小；熟大，狀如李子，色似紫茄色，味甘。

**救饑**　採果食之。

**治病**　今人傳說，治心痛，用葉煎湯服，甚效。

**注釋**

〔一〕無花果：即桑科榕屬落葉小喬木無花果 *Ficus carica* Linn.，植物名稱古今相同，形態特徵吻合。無花果是雌雄異花，花隱於囊狀花托內，平常只見其果，不見其花，誤以為無花結果，因而得名。

〔二〕果：實際上是花序托。

## 296. 青舍子條〔一〕

生密縣山谷間。科條微帶柿黃色。葉似胡枝子葉，而光俊，微尖。枝條稍間，開淡粉紫花。結子似枸杞子，微小，生則青而後變紅，熟則紫黑色。味甘。

**救饑**　採摘其子紫熟者，食之。

**注釋**

〔一〕青舍子條：王作

賓認為是茄科茄屬植物 *Solanum sp.*，未鑑定到種；張翠君認為從株形上看像茄屬蔓生灌木海桐葉白英 *Solanum pittosporifolium* Hemsley，尤其果實的形態變化。

297. **白棠子樹**〔一〕　一名沙棠梨兒，一名羊妳子樹，又名剪子果。生荒野中。枝梗似棠梨樹枝而細，其色微白。葉似棠葉而窄小，色亦頗白；又似女兒茶葉，却大而背白。結子如豌豆大，味酸甜。

**救饑**　其子甜，熟時摘取，食之。

**注釋**

〔一〕白棠子樹：王作賓認為是胡頹子科胡頹子屬植物牛奶子 *Elaeagnus umbellatus* Thunb.，鑑定應不誤。牛奶子的別名為剪子果、剪子股、甜棗，與《救荒本草》所記他名相近，二者形態結構也吻合。

298. **拐**古買切**棗**〔一〕　生密縣梁家衝山谷中。葉似楮葉，而無花叉，卻更尖艄，面多紋脈，邊有細鋸齒。開淡黃花。結實狀[1]

似生薑，拐叉而細短，深茶褐色，故名拐棗。味甜。

**救饑**　摘取拐棗成熟者，食之。

**校記**

（1）狀：原本作“伏”，今據三十四年本、四庫本改。

**注釋**

〔一〕拐棗：即鼠李科枳椇屬植物拐棗 *Hovenia dulcis* Thunb.，古今植物名稱相同，形態特徵吻合。

**299. 木桃兒樹**〔一〕

生中牟土山間。樹高五尺餘。枝條上氣脈積聚為疙瘩〔二〕音達，狀類小桃兒，極堅實，故名木桃。其葉似楮葉而狹小，無花叉，却有細鋸齒；又似青檀葉。稍間另又開淡紫花。結子似梧桐子而大，熟則淡銀褐色，味甜，可食。

**救饑**　採取其子熟者，食之。

**注釋**

〔一〕木桃兒樹：伊博

恩認為是榆科樸樹屬植物樸樹 *Celtis sinensis* Pers.；王作賓認為是同屬植物落葉喬木小葉樸 *Celtis bungeana* Blume.。後者鑑定為學界多數人接受。

〔二〕疙瘩：即瘻，樹瘤也。此處指榆科植物常見的木瘻，這類榆木瘻花紋又大又多。

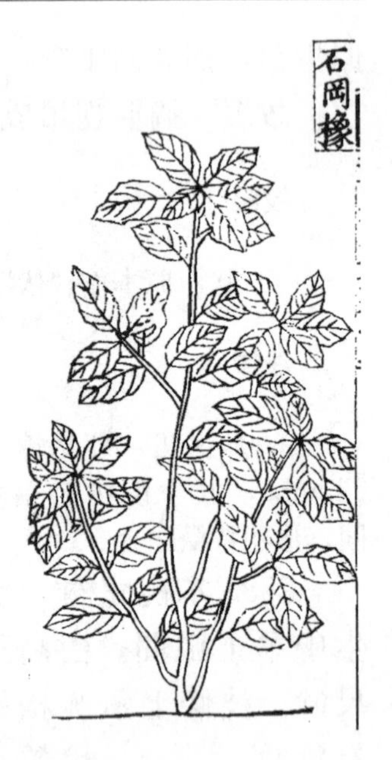


300. **石岡橡**〔一〕　生汜水西茶店山谷中。其木高丈許。葉似橡櫟葉，極小而薄，邊有鋸齒而少花叉。開黄花。結實如橡斗而極小。味澀、微苦。

**救饑**　採實，換水煑五、七水〔二〕，令極熟，食之。

**注釋**

〔一〕石岡橡：王作賓和伊博恩均認為是殼斗科櫟屬植物 *Quercus* sp.，沒有鑑定到種。王家葵等判斷同屬植物半常綠灌木或喬木橿子櫟 *Quercus baronii* Skan 可能是其一類。

〔二〕水：這裏指煮的次數。

301. **水茶臼**〔一〕　生密縣山谷中。科條高四、五尺。莖上有小刺。葉似大葉胡枝子葉

而有尖；又似黑豆葉而光厚，亦尖。開黃白花。結果如杏大，狀似甜瓜瓣而色紅。味甜酸。

**救饑**　果熟紅時，摘取食之。

**注釋**

〔一〕水茶臼：僅從《救荒本草》圖文的描述無法判斷出是何科植物。

302. **野木瓜**〔一〕　名八月楂音相，又名杵瓜。出新鄭縣山野中。蔓延而生，妥他果切附草木上。葉似黑豆葉，微小，光澤，四、五葉攢生一處。結瓜如肥皂大〔二〕，味甜。

**救饑**　採嫩瓜，換水煑食。樹熟者，亦可摘食。

**注釋**

〔一〕野木瓜：王作賓認為是同屬植物木通 *Akebia quinata* Decne.，正確。木通別名為野木瓜、八月瓜等，而且形態特徵相吻合。

〔二〕肥皂：指肥大的

皂莢。皂，皂莢之省稱。

303. **土欒樹**〔一〕 生汜水西茶店山谷中。其木高大堅勁。人常採斫以為秤簳〔二〕音稈。葉似木葛葉，微狹而厚，背頗白、微毛；又似青楊葉，亦窄。開淡黃花。結子如豌豆而匾，生則青色，熟則紫黑色，味甘。

**救饑** 摘取其實紫熟者，食之。

**注釋**

〔一〕土欒樹：王作賓認為是忍冬科莢蒾屬灌木蒙古莢蒾 *Vibornum mongolicum*（Pall.）Rehcl.。僅從葉形及果實上看，土欒樹像莢蒾屬的植物 *Viburnum* sp.，但蒙古莢蒾為灌木，樹高 2 米，與《救荒本草》文中"高大堅勁"強調相左。反過來，就樹形而言，與高大通直的欒樹 *Koelreuteria paniculata* Laxm. 卻相近。該植物有待於進一步考訂。

〔二〕秤簳：秤桿。

304. **驢駝布袋**〔一〕 生鄭州沙崗間。科條高四、五尺。枝梗微帶赤黃色。葉似郁李子葉，

頗大而光；又似省沽油葉而尖，頗青，其葉對生。開花色白。結子如綠豆大，兩兩並生，熟則色紅，味甜。

**救饑** 採紅熟子，食之。

**注釋**

〔一〕驢駝布袋：伊博恩認為是忍冬科忍冬屬植物 *Lonicera gracilipes* Miq.；王作賓認為是同屬植物金銀忍冬 *Lonicera maackii* Maxim.。據《河南野菜野果》（120 頁）記載，應是藍錠果忍冬 *Lonicera caerulea* L. var. *edulis* Turcz. ex Herd.，因為在河南欒川其地方名就叫“驢拖布袋”，“拖”與“駝”諧音。

## 305. 婆婆枕頭〔一〕

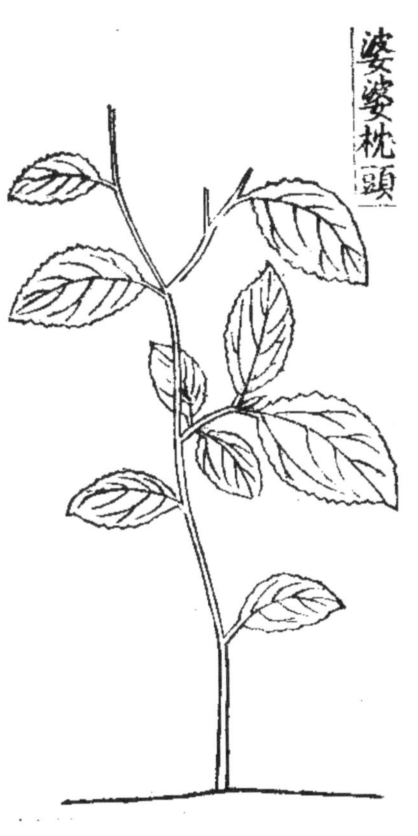


生鈞州密縣山坡中。科條高三、四尺。葉似櫻桃葉，而長。開黄花。結子如綠豆大，生則青，熟紅色，味甜。

**救饑** 採熟紅子，食之。

**注釋**

〔一〕婆婆枕頭：王作

賓認為是忍冬科忍冬屬植物金花忍冬 *Lonicera chrysanthe* Turcz.。金花忍冬别名“婆婆枕頭”，二者形態特徵亦吻合。

**306. 吉利子樹**〔一〕 一名急蘗子科。荒野處處有之。科條高五、六尺。葉似野桑葉而小；又似櫻桃葉，亦小。枝葉間開五瓣小尖花，碧玉色，其心黄色。結子如椒粒大，兩兩並生，熟則紅色，味甜。

**救饑** 其子熟時，採摘食之。

**注釋**

〔一〕吉利子樹：伊博恩認為是忍冬科忍冬屬植物 *Lonicera morrowi* A. Gr.；王作賓認為是鼠李科假鼠李屬植物貓乳 *Rhamnella franguloides* Web.；《新華本草綱要》認為是椴樹科扁擔桿屬落葉灌木扁擔木*Grewia biloba* G. Don var. *parviflora* (Bge) Hand-Mazz.；另下江忍冬 *Lonicera modesta* Rehd. 别名也叫“吉利子樹”。考慮到扁擔木花淡黄色，而貓乳花淡綠色，更接近《救荒本草》“開五瓣小尖花，碧玉色”的描寫，似王說更為吻合。

## 葉及實皆可食

### 《本草》原有

307. **枸杞**[1][一] 一名杞根，一名枸忌，一名地輔，一名羊乳，一名却暑，一名仙人杖，一名西王母杖，一名地仙苗，一名托盧，或名天精，或名卻老，一名枸檵音繼，一名苦杞，俗呼為甜菜子，根名地骨。生常山平澤，今處處有之。其莖幹高三、五尺，上有小刺。春生苗，葉如石榴葉而軟薄。莖葉間開小紅紫花。隨便結實，形如棗核，熟則紅色。味微苦，性寒。根大寒。子微寒，無毒。

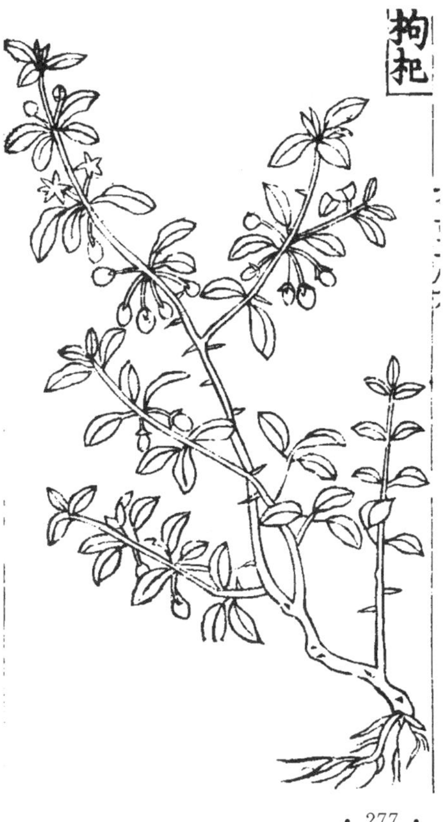

一云味甘，平。白色無刺者良。陝西枸杞長一、二丈，圍數寸，無刺，根皮如厚朴〔二〕，甘美異於諸處。生子如櫻桃，全少核，暴乾如餅，極爛有味(2)。

**救饑** 採葉煠熟，水淘淨，油鹽調食。作羹食，皆可。子紅熟時，亦可食。若渴，煮葉作飲，以代茶飲之。

**治病** 文具《本草》木部條下。

### 校記

(1) 杞：原本作“杞”，據理改。凡本條中“杞”字皆改。

(2) 味：原本、三十四年本在“極爛有”三字後均無此字，四庫本注明“闕”，今據唐慎微撰《重修政和經史證類備用本草》卷十二《木部上品》引《沈存中方》文補，沈文曰：“陝西枸杞，長一、二丈，其圍數寸，無刺，根皮如厚樸，甘美異於諸處，生子如櫻桃，全少核，暴乾如餅，極爛有味。”與《救荒本草》相關文字基本一致。

### 注釋

〔一〕枸杞：即茄科枸杞屬植物枸杞 *Lycium chinense* Mill.，古今植物名稱相同。

〔二〕厚朴：即木蘭科木蘭屬喬木厚朴 *Magnolia officinalis* Rehd. et Wils.。

**308. 栢樹**〔一〕 《本草》有栢實，生太山山谷，及陝州、宜州〔二〕，其乾州者最佳；密州側栢葉尤佳〔三〕，今處處有之。味甘；一云味甘、辛，性平，無毒。葉味

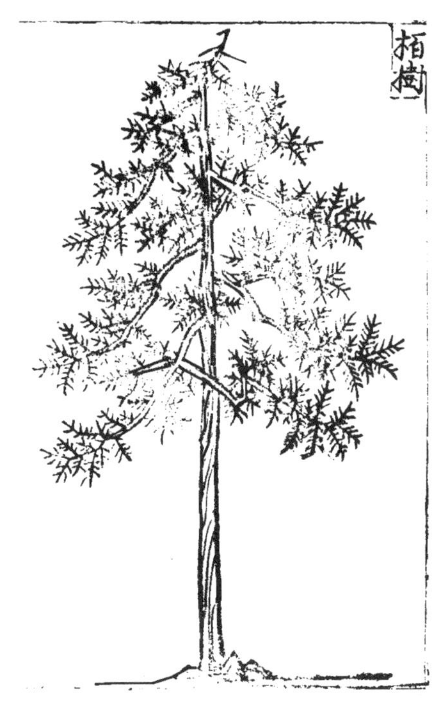


苦。一云味苦、辛，微温，無毒。牡礪及桂、瓜子為之使。畏菊花、羊蹄草，諸石及麵麴。

**救饑**　《列仙傳》云：赤松子食栢子，齒落更生〔四〕。採栢葉新生並嫩者，換水浸其苦味，初食苦澀，入蜜或棗肉和食，尤好；後稍易喫，遂不復饑，冬不寒、夏不熱。

**治病**　文具《本草》木部"栢實"條下。

**注釋**

〔一〕栢樹：即柏科側柏屬常綠喬木側柏 *Platycladus orientalis*（Linn.）Franco，也稱扁柏，為我國特産。

〔二〕宜州：南北朝州名，在今陝西耀縣。

〔三〕密州：唐宋元時州名，位於山東半島東南部，治所一直在今山東諸城，宋代州境包括高密、膠西、安丘和莒縣。

〔四〕《列仙傳》：我國古代最早的神仙人物傳記著作。二卷。舊題漢光祿大夫劉向撰，今人多疑其為魏晉間文士所作，託名於向。全書七十則，記述上古三代秦漢神仙七十一人。上卷四十一人（內“江妃二女”應作二人）；下卷三十人。此與葛洪《神仙傳》序所言相符。首為赤松，終於玄俗，人係以贊，全如《列女傳》之體。傳末附有總贊一篇。《列仙傳》做為我國最早且較有系統的敍述神仙事蹟的著作，為歷代文人言神仙事時所引用。此書收錄於《正統道藏》洞真部記傳類。文中所引“赤松子食栢子，齒落更生”見於《列仙傳》，但人物張冠李戴，非赤松子，是赤鬚子。《列仙傳》“赤鬚子”條全文如下，“赤鬚子，豐人也，豐中傳世見之雲。秦穆公時主魚吏也，數道豐界災害水旱，十不失一。臣下歸向，迎而師之，從受業，問所長。好食松實、天門冬、石脂，齒落更生，髮墮再出，服霞絕後。遂去吳山下，十餘年，莫知所之。赤鬚去豐，爰憩吳山。三藥並禦，朽貌再鮮。空往師之，而無使延。顧問小智，豈識巨年?”而“赤松子”條無“食松實”句。

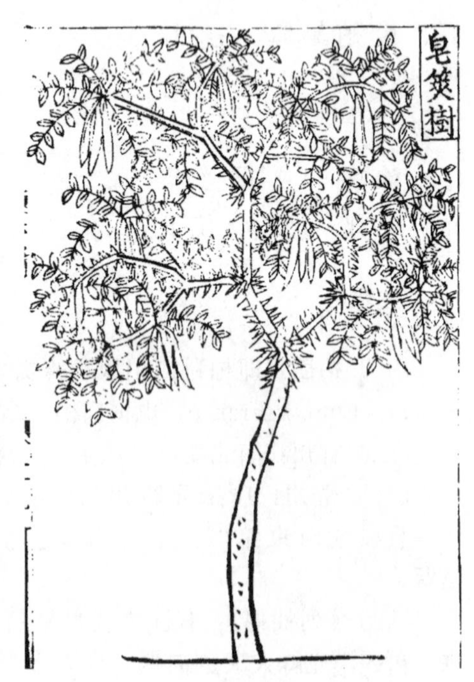


### 309. 皂莢樹〔一〕

生雍州川谷、及魯之鄒縣〔二〕，懷、孟產者為勝〔三〕，今處處有之。其木極有高大者。葉似槐葉，瘦長而尖。枝間多刺。結實有三種：形小者為猪牙皂莢，良；又有長六寸及尺二者。

用之當以肥厚者為佳。味辛、鹹，性温，有小毒。栢實為之使；惡麥門冬；畏空青、人參、苦參。可作沐藥，不入湯。

**救饑**　採嫩葉煠熟，換水浸洗淘淨，油鹽調食。又以子不拘(1)多少炒，舂去赤皮，浸軟煑熟，以糖漬之，可食。

**治病**　文具《本草》木部條下。

**校記**

（1）拘：原本、四庫本作“以”，今據萬曆二十一年本改。

**注釋**

〔一〕皂筴樹：即豆科皂莢屬植物皂莢 *Gleditsia sinensis* Lam，古今植物名稱相同，形態特徵相吻合。

〔二〕鄒縣：古縣，秦始置，名騶，唐代改“騶”為“鄒”。位於山東省中部偏西南，即今鄒城市，是戰國時著名思想家孟子的故鄉。

〔三〕懷：即懷州；孟，即孟州，宋時州名，地在今孟縣。

**310. 楮(1)桃樹**　《本草》名楮實，一名穀音構實〔一〕，生少室山〔二〕，今所在有之。樹有二種：一種皮有斑花紋，謂之斑(2)穀，人多用皮為冠；一種皮無花紋，枝葉大相類。其葉似葡萄葉，作瓣叉，上多毛澀，而有子者為佳。其桃如彈大，青綠色，後漸變深紅色，乃成熟。浸洗去穰，取中子入藥。一云皮斑(3)者是楮(4)，皮白者是穀。皮可作紙。實味甘，性寒。葉味甘，性涼。俱無毒。

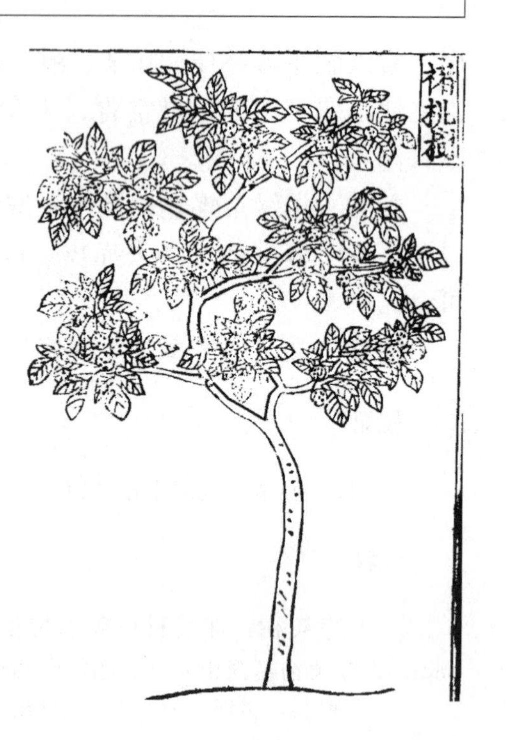


**救饑**　採葉並楮桃，帶花煠爛，水浸過，握乾作餅，焙熟食之。或取樹熟楮桃紅蕊食之，甘美。不可久食，令人骨軟。

**治病**　文具《本草》木部“楮實”條下。

**校記**

(1) 楮：原本、三十四年本作“褚”，今據四庫本改。另圖名亦訛“褚”，據改。

(2) 斑：原本、三十四年本作“班”，今據四庫本改。

(3) 斑：原本、三十四年本作“班”，今據四庫本改。

(4) 楮：原本作“�”，三十四年本作“褚”，今據四庫本改。

**注釋**

〔一〕穀：今音ㄍㄨˇ。

〔二〕少室山：又名季室山，是中嶽嵩山的兩部分之一。東距太室山約10公里。據說，夏禹王的第二個妻子，塗山氏之妹棲於此，人於山下建少姨廟敬之，故山名謂少室。少室山山勢陡峭峻拔，含有三十六峰。主峰禦寨山，海拔1 512米，為嵩山最高峰。山北五乳峰下有少林寺。少室山南面山勢很像古人戴的忠靖冠，故宋代又有冠山之名。

311. **柘樹**〔一〕　《本草》有柘木，舊不載所出州土。今北土處處有之。其木堅勁，皮紋細密，上多白點，枝條多有刺。葉比桑葉甚小而薄，色頗黃淡，葉稍皆三叉，亦堪飼蠶。綿柘刺少〔二〕，葉似柿葉，微小。枝葉間結實，狀如楮桃而小，熟則亦有紅蕊，味甘、酸。葉味微苦。柘木味甘，性温，無毒。

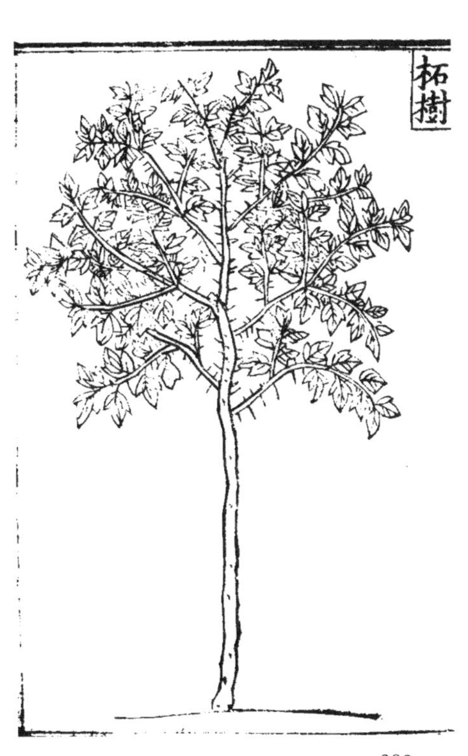


**救饑**　採嫩葉煠熟，以水浸洳〔三〕，做成黃色，換水浸去邪味，再以水淘淨，油鹽調食。其實紅熟，甘酸可食。

**治病**　文具《本草》木部條下。

**注釋**

〔一〕柘樹：即桑科柘樹屬植物柘樹 *Cudrania tricuspidata* (Carr.) Bur.，古今植物名稱相同，植物形態特徵吻合。

〔二〕綿柘：似是桑科柘樹屬植物構棘 *Cudrania cochinchinensis* (Lour.) Kudo et Masam.。

〔三〕浸洳：此指浸泡。

## 新增

312. **木羊角科**〔一〕　又名羊桃科，一名小桃花。生荒野中。紫莖。葉似初生桃葉，光俊、色微帶黄。枝間開紅白花。結角似豇豆角，甚細而尖艄，每兩角並生一處。味微苦、酸。

**救饑**　採嫩稍葉煠熟，水浸淘淨，油鹽調食。嫩角亦可煠食。

**注釋**

〔一〕木羊角科：王作賓認為是蘿藦科杠柳屬植物杠柳 *Periploca Sepium* Bge.，正確。杠柳别名木羊角科、羊角桃、羊角條，河南新密當地至今仍叫羊角科，“科”為當地方言，像一個尾碼附加在植物名稱後面，表示植株的意思。

313. **青檀樹**〔一〕　生中牟南沙崗間。其樹枝條有(1)紋，細

薄。葉形頗類棗葉，微尖艄，背白而澀；又似白辛樹葉，微小。開白花。結青子如梧桐子大。葉味酸澀。實味甘酸。

**救饑**　採葉煠熟，水浸淘去酸味，油鹽調食。其實成熟，亦可摘食。

**校記**

（1）有：原本作“友”，據三十四年本、四庫本改。

**注釋**

〔一〕青檀樹：伊博恩認為是榆科朴樹屬落葉喬木朴樹 *Celtis sinensis* Pers.；王作賓認為是同屬植物小葉朴 *Celtis bungeana* Bl.；現學界大多數人認為是榆科翼朴屬青檀 *Pteroceltis tatarinowii* Maxim.，此樹為我國特有，嫩葉可作野菜，名稱古今相同，但其果實為翅果，與《救荒本草》“結青子如梧桐子大”的描述又不甚合。待考。

314．山檾樹〔一〕

生密縣梁家衝山谷

中。樹高丈餘。葉似初生檾葉；又似芙蓉葉而小；又似牽牛花葉，葉肩兩傍，卻又有角叉。開白花。結子如枸杞子大，熟則紫黑色，味甘、酸。葉味苦。

**救饑** 採葉煠熟，水浸淘去苦味，淘洗淨，油鹽調食。其子熟時，摘取食之。

**注釋**

〔一〕山檾樹：《救荒本草》簡單描述難以鑑定，待考。

## 花可食

### 新增

### 315. 藤花菜〔一〕

生荒野中沙崗間。科條叢生。葉似皂角葉而大；又似嫩椿葉而小，淺黃綠色。枝間開淡紫花。味甘(1)。

**救饑** 採花煠熟，水浸淘淨，油鹽調食；微焯過〔二〕，晒乾煠食，尤佳。

**校記**

(1) 味甘：二字後，

原本、三十四年本均有“性”字，恐為衍字，亦可能後脫字。今據四庫本改。

**注釋**

〔一〕藤花菜：即豆科紫藤屬植物紫藤 *Wistaria sinensis* Sweet.。紫藤别名藤花菜，植物名稱古今相同，形態結構吻合。

〔二〕焯：音 ㄔㄠ，意即在沸水中略微一煮就撈出来。

**316. 欛**音罷**齒花**〔一〕　本名錦鷄兒，花又名醬瓣子。生山野間，人家園宅間亦多栽。葉似枸杞子葉而小，每四葉攢生一處。枝梗亦似枸杞，有小刺。開黄花，狀類鷄形。結小角兒。味甜。

**救饑**　採花煠熟，油鹽調食。炒熟，喫茶亦可。

**注釋**

〔一〕欛齒花：伊博恩認為是豆科錦鷄兒屬植物錦鷄兒 *Caragana chamlaga* Lain. [ = *Caragana sinica* (Buchoz.) Rehd. ]，别名金雀花；王作賓認為是同屬植物紅花錦鷄兒 *Caragna rosea* Turcz。後者花色不合；而前者與《救荒本草》

的描述相吻合，古今植物名稱亦相同。

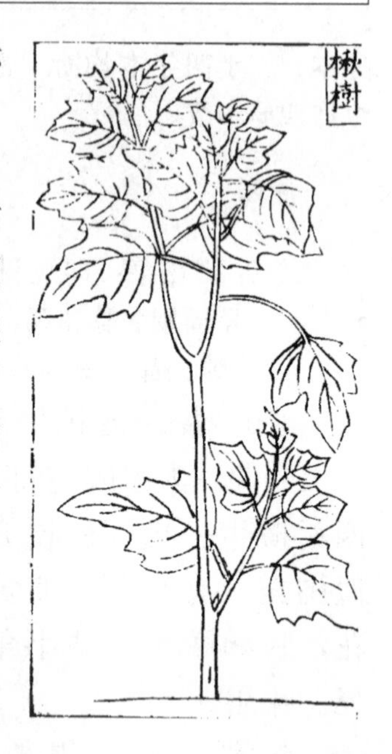


317. **楸樹**〔一〕　所在有之，今密縣梁家衝山谷中多有。樹甚高大。其木可作琴瑟。葉類梧桐葉而薄小。葉稍作三角尖叉。開白花。味甘。

**救饑**　採花煠熟，油鹽調食。及將花晒乾，或煠或炒，皆可食。

**注釋**

〔一〕楸樹：即紫葳科梓屬植物楸樹 *Catalpa bungei* C. A. Meyer.，古今植物名稱相同，形態特徵相吻合。

318. **臘梅花**〔一〕　多生南方，今北土亦有之。其樹枝條頗類李。其葉似桃葉而寬大，紋脈微麄。開淡黃花。味甘、微苦。

**救饑**　採花煠熟，水浸淘淨，油鹽調食。

**注釋**

〔一〕臘梅花：即蠟梅科蠟梅屬

落葉灌木蠟梅 *Chimonanthus praecox*（L.）Link.。

319. **馬棘**〔一〕　生滎陽崗野間。科條高四、五尺。葉似夜合樹而小；又似蒺蔾葉而硬玉諍切；又似新生皂莢，科葉亦小。稍間開粉紫花，形狀似錦鷄兒花，微小。味甜。

**救饑**　採花煠熟，水浸淘淨，油鹽調食。

**注釋**

〔一〕馬棘：伊博恩認為是豆科木藍屬植物馬棘 *Indigofera pseudotin ctoria* Mats.，正確。古今植物名稱相同，形態特徵相吻合。

## 花葉皆可食

### 《本草》原有

320. **槐樹芽**〔一〕　《本草》有槐實，生河南平澤，今處處有之。其木有極高大者。《爾雅》云，槐有數種：葉大而黑者，名櫰公回切槐；晝合夜開者，名守宮槐；

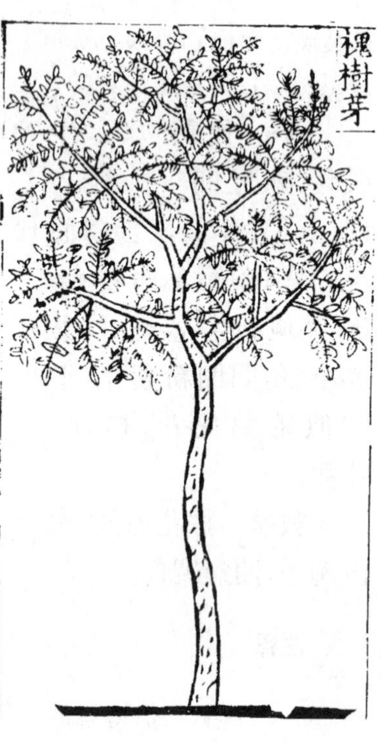


葉細而青綠者，但謂之槐。其功用不言有別。開黄花。結實似豆角狀。味苦、酸、鹹，性寒，無毒。景天為之使。

**救饑**　採嫩芽煠熟，換水浸淘，洗去苦味，油鹽調食。或採槐花，炒熟食之。

**治病**　文具《本草》木部“槐實”條下。

**注釋**

〔一〕槐樹：即豆科槐屬落葉喬木槐樹 *Sophora Japonica* Linn.，古今植物名稱相同。

## 花葉實皆可食

新增

321. **棠梨樹**〔一〕　今處處有之，生荒野中。葉似蒼朮葉，亦有團葉者，有三叉葉者，葉邊皆有鋸齒；又似女兒茶葉，其葉色頗黲白。開白花。結棠梨如小楝子大，味甘、酸。花葉味微苦。

**救饑**　採花葉煠熟食。或晒乾，磨麵作燒餅食，亦可。及採嫩葉煠熟，水浸淘淨，油鹽調食。或蒸晒作茶，亦可。其棠梨經霜熟時摘食，甚美。

**注釋**

〔一〕棠梨樹：即薔薇科梨屬植物杜梨 *Pyrus betulaefolia* Bge.，杜梨别名棠梨，植物名稱古今相同。

322. **文冠花**〔一〕　生鄭州南荒野間。陝西人呼為崖木瓜。樹高丈許。葉似榆樹葉而狹小；又似山茱萸葉，亦細短。開花彷彿似藤花而色白。穗長四、五尺。結實狀似枳殼而三瓣，中有子二十餘顆，如肥皂角子，子中瓤如栗子，味微淡；又似米麵，味甘可食。其花味甜，其葉味苦。

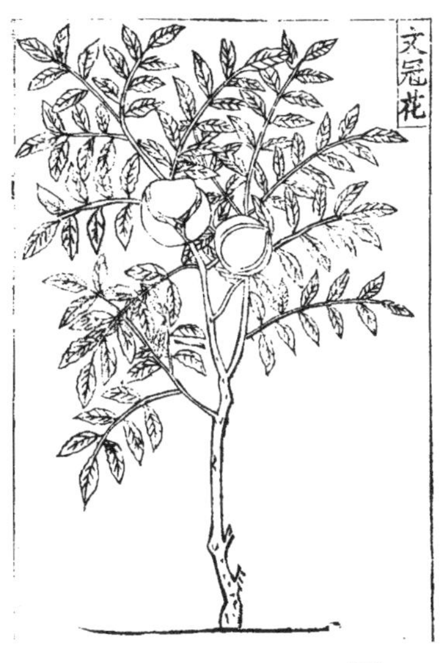


**救饑**　採花煠熟，油鹽調食。或採葉煠熟，水浸淘去苦味，亦用油鹽調食。及摘實取子煑熟，

食瓤。

**注釋**

〔一〕文冠：即無患子科文冠果屬植物文冠果 *Xanthoceras sorbifolia* Bge.，古今植物名稱相同，形態特徵吻合。

## 葉皮及實皆可食

### 《本草》原有

323. **桑椹樹**〔一〕《本草》有桑根白皮。舊不載所出州土，今處處有之。其葉飼蠶。結實為桑椹，有黑、白二種。桑之精英，盡在於椹。桑根白皮，東行根益佳；肥白者良，出土者不可用，殺人。味甘，性寒，無毒。製造忌鐵器及鉛。葉椏者名鷄桑，最堪入藥。續斷、麻子、桂心為之使。桑椹味甘，性暖。或云木白皮亦可用。

**救饑**　採桑椹熟者

食之。或熬成膏，攤於桑葉上，晒乾，搗作餅收藏。或直取椹子晒乾，可藏經年。及取椹子清汁置瓶中，封三、二日即成酒，其色味似葡萄酒，甚佳；亦可熬燒酒，可藏經年，味力愈佳。其葉嫩老，皆可煠食；皮炒乾磨麵，可食。

**治病**　文具《本草》木部“桑根白皮”條下。

**注釋**

〔一〕桑椹樹：即桑科桑屬植物桑 *Morus alba* Linn.。

324. **榆錢樹**〔一〕　《本草》有榆皮，一名零榆。生潁川山谷、秦州，今處處有之。其木高大。春時未生葉，其枝條間先生榆莢，形狀似錢而薄小，色白，俗呼為榆錢。後方生葉，似山茱萸葉而長，尖艄，潤澤。榆皮味甘，性平，無毒。

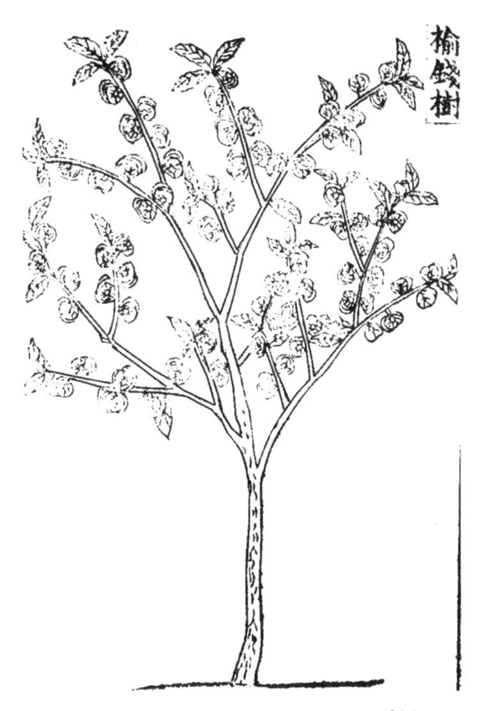


**救饑**　採肥嫩榆葉煠熟，水浸淘淨，油鹽調食。其榆錢，煮糜羹食佳，但令人多睡。或焯

過晒乾備用；或為醬，皆可食。榆皮刮去其上乾燥皴澀者，取中間軟嫩皮，銼碎晒乾，炒焙極乾，搗磨為麵，拌糠麧、草末蒸食〔二〕，取其滑澤易食。又云：榆皮與檀皮為末，服之令人不饑。根皮亦可搗磨為麵食。

**治病** 文具《本草》木部“榆皮”條下。

**注釋**

〔一〕榆錢樹：王作賓認為是榆科榆屬植物榆樹 *Ulmus pumila* Linn.，為是。榆是榆科榆屬（Ulmus）多種植物的通稱，榆屬植物僅在我國就有 24 種，現學術界一般將 *Ulmus pumila* Linn. 訂名為榆樹。《河南野菜野果》（18 頁）記載的當地榆樹亦就是此種，並指出此種榆樹的嫩果，就叫“榆樹錢”。

〔二〕糠麧：麧，音ㄏㄜˊ，本指麥糠中的麄屑，此處泛指麄糠。

## 笋可食

### 《本草》原有

325. **竹笋**〔一〕 《本草》竹葉有篁音謹，又音斤竹葉，苦竹葉，淡竹葉。《本經》〔二〕並不載所出州土，今處處有之。竹之類甚多，而入藥者唯此三種，人多不能盡别。篁竹堅而促節，體圓而質勁，皮(1)白如霜。作笛者，有一種，亦不名篁竹。苦竹亦有二種：一種出江西及閩中，本極麄大，笋味甚苦，不可噉；一種出江浙，近地亦時有之，肉厚而葉長闊。笋微苦味，俗呼甜苦

笋，食所最貴者，亦不聞入藥用。淡竹肉薄，節間有粉，南人以燒竹瀝者〔三〕，醫家只用此一品。又有一種薄殼者，名甘竹，葉最勝。又有實中竹、篁竹，並以笋為佳，於藥無用。凡取竹瀝，唯用淡竹、苦竹、篁竹爾。而陶隱居云：竹實出藍田，江東乃有花而無實，而頃來斑斑有實，狀如小麥，堪可為飯〔四〕。《圖經》云：竹笋味甘，無毒；又云寒。

**救饑**　採竹嫩笋煠熟，油鹽調食。焯過晒乾，煠食尤好。

**治病**　文具《本草》木部"竹葉"條下。

**校記**

〔1〕皮：原本、三十四年本、四庫本均作"成"字，該句源於《竹譜》、《證類本草》，今據其原文改。晉戴凱之撰

《竹譜》文為"篁竹，堅而促節，體圓而質堅。皮白如霜粉，大者宜行船，細者為笛篁"；宋唐慎微撰《重修政和經史證類備用本草》卷十三文為"圖經曰嘷密稡淡竹、苦竹，《本經》并不載所出州土，今處處有之。竹之類甚多，而入藥者唯此三種，人多不能盡別。謹按《竹譜》嘷笝音斤，其竹堅而促節，體圓而質勁，皮白如霜，大者宜刺船，細者可為笛"。

**注釋**

〔一〕竹：即在河南也能生長的禾本科剛竹屬植物剛竹 *Phyllostachys bambusoides* S & Z.。

〔二〕《本經》：即《神農本草經》，是漢以前勞動人民在實踐中所積累的用藥經驗的總結，是我國現存最早的一部藥學專著。《本經》原本早已散佚。現所見者，大多是從《證類本草》、《本草綱目》等書所引用的《本經》内容而輯成的。

〔三〕竹瀝，又名竹汁、竹油，即鮮竹經火烤所瀝出的汁液，為青黄色或棕黄色透明液體。始載於《神農本草經》，據醫書記載：竹瀝甘寒性涼無毒，有清熱化痰止渴、解熱除煩、鎮驚利竅作用。具有很高的藥用價值和食用價值。《本草衍義》曰："竹瀝行痰，通達上下百骸毛竅諸處，如痰在巔頂可降，痰在胸膈可開，痰在四肢可散，痰在臟腑經絡可利，痰在膜外可行。又如癲癇狂亂，風熱發痙者可定；痰厥失音，人事昏迷者可醒。為痰家之聖劑也"。

〔四〕語出《本草經集注・草木中品》"竹實出藍田，江東乃有花而無實，故鳳鳥不至。而頃來斑斑有實，實狀如小麥，堪可為飯"。文略有刪節。

# 米　穀　部

## 實可食

### 新增

326. **野豌豆**〔一〕　生田野中。苗初就地拖秧而生，後分生莖叉。苗長二尺餘。葉似胡豆葉稍大〔二〕；又似苜蓿葉，亦大。開淡粉紫花。結角似家豌豆角，但秕音比小〔三〕。味苦。

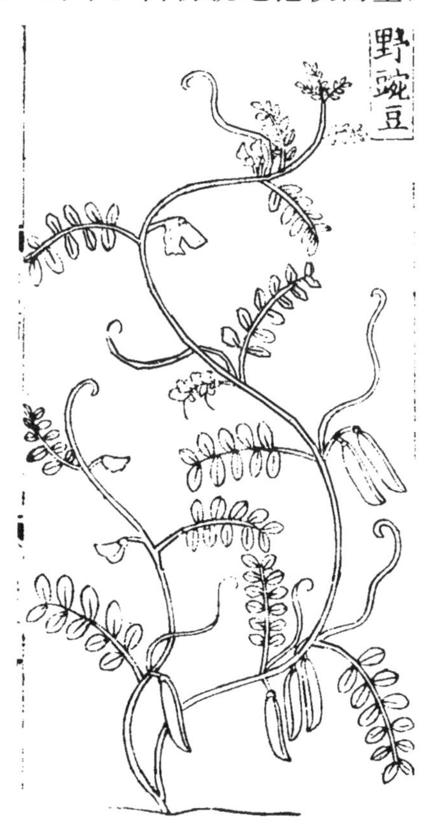


**救饑**　採角煮食；或收取豆煮食；或磨麵製造食用，與家豆同。

**注釋**

〔一〕野豌豆：伊博恩認為是豆科香豌豆屬植物海邊香豌豆 *Lathyrus maritimns* Bigal.；王作賓認為是豆科蠶豆屬的山野豌豆 *Vicia amoena* Fisch.；

王家葵等《救荒本草校釋與研究》(284 頁)認為是豆科野豌豆屬救荒野豌豆 *vicia sativa* L.。張翠君認為《救荒本草》記載的野豌豆為豆科野豌豆屬的植物，其中山野豌豆 *Vicia amoena* Fisch ex DC.、救荒野豌豆 *vicia sativa* L. 和廣東野豌豆 *vicia cracca* L. 等都有可能。它們均符合《救荒本草》的描述，且都有可食用的記載。海邊香豌豆是多年生海濱砂地植物，分布於沿海地區，在地域上與河南有一定差異。對照幾種植物葉形，救荒野豌豆、廣布野豌豆均比《救荒本草》圖中植物葉形狹長，而山野豌豆葉形相近。故山野豌豆最為符合，且山野豌豆在河南的地方名中就有“野豌豆”。

〔二〕胡豆：又稱蠶豆、佛豆、南豆，即豆科野豌豆屬植物蠶豆 Vicia faba Linn.。中國蠶豆相傳為西漢張騫自西域引入。

〔三〕秕：音ㄅㄧˇ，本指穀粒不飽滿或空，此處可能是指豆莢。

**327. 䝁豆**〔一〕 生平野中，北土處處有之。莖蔓延，附草木上。葉似黑豆葉而窄小，微尖。開淡粉紫花。結小角，其豆似黑豆，形極小。味甘。

**救饑** 打取豆，淘洗

淨，煮食。或磨為麵，打餅，蒸食，皆可。

**注釋**

〔一〕 蟧豆：即豆科大豆屬一年生纏繞草本植物野大豆 *Glycine soja* Sieb. et Zncc.，蟧豆別名勞豆、野黃豆，古今植物名稱相同，形態特徵相吻合。

**328. 山扁豆**〔一〕　生田野中。小科苗高一尺許。稍葉似蒺藜葉，微大；根葉比苜蓿葉頗長；又似初生豌豆葉。開黃花。結小匾角兒。味甜。

**救饑**　採嫩角煠食。其豆熟時，收取豆煮食。

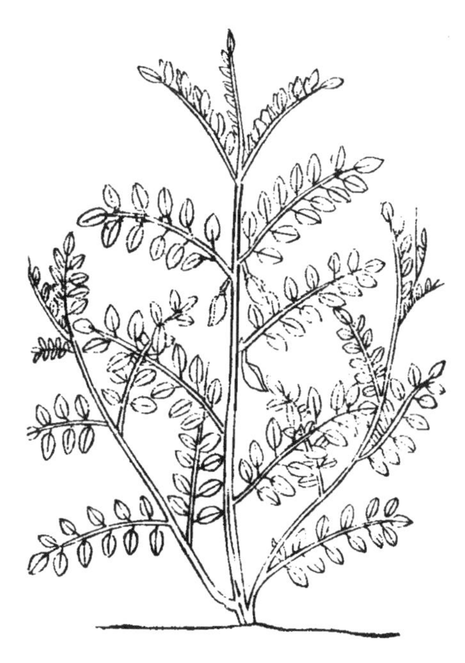


**注釋**

〔一〕 山扁豆：伊博恩認為是豆科決明屬半灌木狀草本植物含羞草決明 *Cassia mimosoides* Linn.。王作賓認為是豆科紫雲英屬植物 *Astragelus* sp.，未鑑定到種。現 *Astragalus* 為黃芪屬。張翠君認為是豆科黃芪屬植物糙葉黃芪 *Astragalus scaberrimus*

Bunge.，糙葉黄芪别名為山扁豆。王家葵等（《救荒本草校釋與研究》285頁）認為從形態上看，“山扁豆”與黄芪屬植物全不相似，結合地域分布考察，似含羞草決明更符合。且含羞草決明亦名山扁豆。

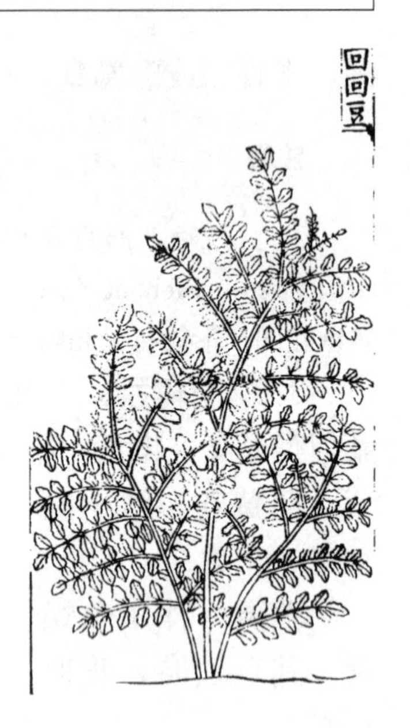


329. **回回豆**〔一〕　又名那合豆。生田野中。莖青。葉似蒺蔾葉；又似初生嫩皂莢葉，而有細鋸齒。開五瓣淡紫花，如蒺蔾花樣。結角如杏仁[(1)]樣而肥。有豆如牽牛子，微大。味甜。

**救饑**　採豆煑食。

**校記**

（1）仁：原本、三十四年本作“人”，今據四庫本改。

**注釋**

〔一〕回回豆：王作賓認為是豆科鷹嘴豆屬植物鷹嘴豆 *Cicer arietiuum* Linn.。為是，從《救荒本草》圖可看出該植物的莢果很像鷹嘴。

330. **胡豆**〔一〕　生田野間。

其苗初搨地生，後分莖叉。葉似苜蓿葉而細。莖葉稍間，開淡葱白褐花。結小角，有豆如豍豆狀。味[(1)]甜。

**救饑**　採取豆煑食；或磨麵食，皆可。

**校記**

（1）味：原本、三十四年本作“咪”，今據四庫本改。

**注釋**

〔一〕胡豆：伊博恩認為是豆科植物庭藤 *Indigofera decora* Lindl.；王作賓認為是豆科紫雲英屬（現為黃芪屬）植物扁莖黃芪 *Astragalus complanatus* R. Br.。庭藤别名胡豆，二者形態特徵亦相近，疑為此種。

## 331. 蚕豆〔一〕

今處處有之，生田園中。科苗高二尺許。莖方。其葉狀類黑豆葉，而團長光澤，紋脈[(1)]豎直，色似豌豆，頗白。莖葉稍間開白花，結短角，其豆如豇豆而小，色赤[2]。味甜。

**救饑** 採豆煮食，炒食亦可。

**校記**

(1) 紋脈二字，各書均如此。唯明人徐春甫（1520—1596）輯《古今醫統大全》卷之九十六《救荒本草》“蠶豆”條為“枝幹”。此書成於嘉靖三十五年（1556），次年刊行。考慮到“枝幹”一詞較“紋脈”二字更為明確，特出校記，備考。

(2) 色赤二字後，原本、三十四年本及《古今醫統大全》卷之九十六所收《救荒本草》本均有“茌”字，然“茌”在文中解不通，恐衍文，據四庫本和《救荒本草》行文習慣刪。

**注釋**

〔一〕蚕豆：即豆科蠶豆屬植物蠶豆 *Vicia faba* Linn.。

### 332. 山菉豆〔一〕

生輝縣太行山車箱衝山野中。苗莖似家綠豆，莖微細。葉比家綠豆葉，狹窄尖艄。開白花。結角亦瘦小。其豆黲緑色。味甘。

**救饑**　採取其豆煑食；或磨麵攤煎餅食，亦可。

**注釋**

〔一〕山綠豆：伊博恩認為是 *Desmodium japonicum* Miq 或者 *D. podocarpum* DC. var.；王作賓認為是豆科山綠豆屬（今為山螞蝗屬）植物長柄山螞蝗 *Desmodium podocarpum* DC.。後者植物雖然十分吻合《救荒本草》的文字描述，但其為複葉三小葉，與《救荒本草》圖中所繪羽狀複葉、小葉 5～7 小葉相左，讓人存疑。王家葵等（《救荒本草校釋與研究》288 頁）認為是豆科木藍屬植物木藍 *Indigofera kirilowii* Maxim. ex Palibin，可備一說。

【卷　四】

## 米　穀　部

### 葉及實皆可食

《本草》原有

333. **蕎麥苗**〔一〕　處處種之。苗高二、三尺許。就地科叉生。其莖色紅。葉似杏葉而軟，微艄。開小白花。結實作三稜蒴兒。味甘，性平(1)、寒，無毒。

**救饑**　採苗葉煠熟，油鹽調食。多食微瀉。其麥，或蒸使氣餾音溜。於烈日中晒，令口開，舂取人煮作飯食〔二〕，或磨為麵，作餅蒸食，皆可。

**治病**　文具《本草》米穀部條下。

**校記**

(1) 平：原本等均在"性"字前，今據理改。歷代本草著作提及蕎麥性味，其"平"均跟"寒"相連，如北宋唐慎微《政和證類本草》"味甘，平、寒，無毒"；明陳嘉謨《本草蒙筌》蕎麥米"味甘，氣平、寒，無毒"；清閔鉞《本草詳節》蕎麥“味甘，氣平、寒”。沒有“平”用表示“味”的。另《救荒本草》有關性味的慣用寫法也是這樣的，“味甘(苦)，性平（温、寒），無毒”。故“平”字疑是誤寫“性”字前或“性”字為衍文。

**注釋**

〔一〕蕎麥苗：王作賓和伊博恩均認為是蓼科蕎麥屬植物苦蕎麥 *Fagopyrum esculentum* Gaertn.；張翠君、王家葵認為是同屬甜蕎麥 *Fagopyrum esculentum* Moench.。考慮到《救荒本草》文中提及其“味甘”，似後者更吻合。

〔二〕人：即“仁”，指蕎麥的子實，其色灰綠，磨成麵粉可供食用。

334. **御米花**〔一〕　《本草》名罌子粟，一名象穀，一名米囊，一名囊子。處處有之。苗高一、二尺。葉似靛葉色而大，邊皺，多有花叉。開四瓣紅白花；亦有千葉花者。結殼似骲音雹箭頭〔二〕。殼中有米數千粒，似葶藶子，色白。隔年種則佳。米味甘，性平，無毒。

**救饑**　採嫩葉煠熟，油鹽調食。取米作粥，或與麵作餅，皆可食。其米和竹瀝煮粥食之，極美。

**治病**　文具《本草》米穀部“罌子粟”條下。

**注釋**

〔一〕御米花：即罌粟科罌粟屬植物罌粟 *Papaver somniferum* Linn.，罌粟又名米囊花、御米花，古今植物名稱相同，形態特徵吻合。

〔二〕颮：音ㄅㄠˋ，骨製的箭頭。箭頭有孔，發射時能發出響聲，故又稱響箭。

**335. 赤小豆**〔一〕　《本草》舊云：江淮間多種蒔。

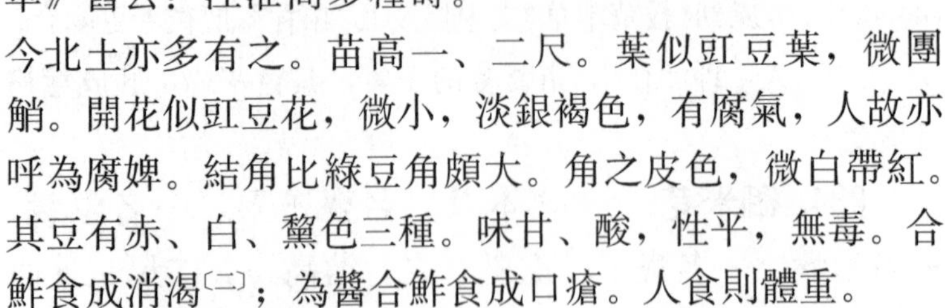
今北土亦多有之。苗高一、二尺。葉似豇豆葉，微團艄。開花似豇豆花，微小，淡銀褐色，有腐氣，人故亦呼為腐婢。結角比綠豆角頗大。角之皮色，微白帶紅。其豆有赤、白、黧色三種。味甘、酸，性平，無毒。合鮓食成消渴〔二〕；為醬合鮓食成口瘡。人食則體重。

**救饑**　採嫩葉煠熟，水淘洗淨，油鹽調食，明目。豆角亦可煮食。又法：赤小豆一升半，炒大豆黄一升半，焙。二味搗末，每服一合，新水下。日三服，盡三升，可度十一日不饑。又說：小豆食之，逐津液，行小便。久服則虛人，令人黑瘦枯燥。

**治病**　文具《本草》米穀部條下。

**注釋**

〔一〕赤小豆：伊博恩認為是 *Phaseolus mungo* Linn var. subtribobata F & S.；王作賓認為是豆科菜豆屬植物赤小豆 *Phaseolus calcaratus* Roxb.；張翠君認為是同屬植物菜豆 *Phaseolus vulgaris* L.，主要依據是"其豆有赤白黧色三種"。王家葵等認為是豆科一年生直立草本植物赤豆 *Phaseolus angularis* Wight。菜豆說十分吻合"其豆有赤白黧色三種"的描述，但菜豆原產美洲，16 世紀末後傳入中國，在時間上不合。後者為是。

〔二〕鮓：音ㄓㄚˇ，指用鹽和紅麴醃食物。原本是用魚，但亦可用扁豆等蔬菜為原料。

**336. 山絲苗**〔一〕　《本草》有麻蕡音焚，一名麻勃，一名荸音字，一名麻母。生太山川谷，今皆處處有之。

人家園圃中多種蒔，績其皮以為布。苗高四、五尺。莖有細線楞。葉形狀似柳葉，而邊皆有叉牙鋸齒，每八、九葉攢生一處〔二〕；又似荊葉而狹，色深青。開淡黃白花。結實小，如綠豆顆而匾。《圖經》云：麻蕡，此麻上花勃勃者。味辛，性平，有毒。麻子味甘，性平、微寒，滑利，無毒。入土者損人。畏牡蠣、白薇。惡茯苓。

**救饑**　採嫩葉煠熟，換水浸去邪惡氣味，再以水淘洗淨，油鹽調食。不可多食，亦不可久食，動風(1)。子可炒食，亦可打油用。

**治病**　文具《本草》米穀部“麻蕡”條下。

**校記**

(1) 動風二字前，徐光啓本加有“恐”字，他本無。有“恐”字，似句更順。

**注釋**

〔一〕山絲苗：即桑科大蔴屬植物大蔴 *Cannabis sativa* Linn.。

〔二〕八、九葉攢生：實際上是一片掌狀全裂的葉子，文中所謂的"葉"，其實是掌狀葉中的一個裂片。

337. **油子苗**〔一〕　《本草》有白油麻，俗名脂麻。舊不著所出州土，今處處有之，人家園圃中多種。苗高三、四尺。莖方。窊面四楞，對節分生枝杈。葉類蘇子葉而長，尖艄，邊多花叉。葉間開白花。結四稜蒴兒，每蒴中有子四五十餘粒。其子味甘，微苦。生則性大寒，無毒；炒熟則性熱；壓笮為油〔二〕，大寒。

**救饑**　採嫩葉煠熟，水浸淘洗淨，油鹽調食。其子亦可炒熟食，或煑食，

及笮為油食，皆可。

**治病**　文具《本草》米穀部“白油麻”條下。

〔一〕油子苗：即胡麻科胡麻屬植物胡麻 *Sesamum indicum* Linn.。亦即《中國植物誌》的分類為胡麻科芝麻屬的芝麻（胡麻）。

〔二〕壓笮：即壓榨。

## 新增

### 338. 黄豆苗〔一〕

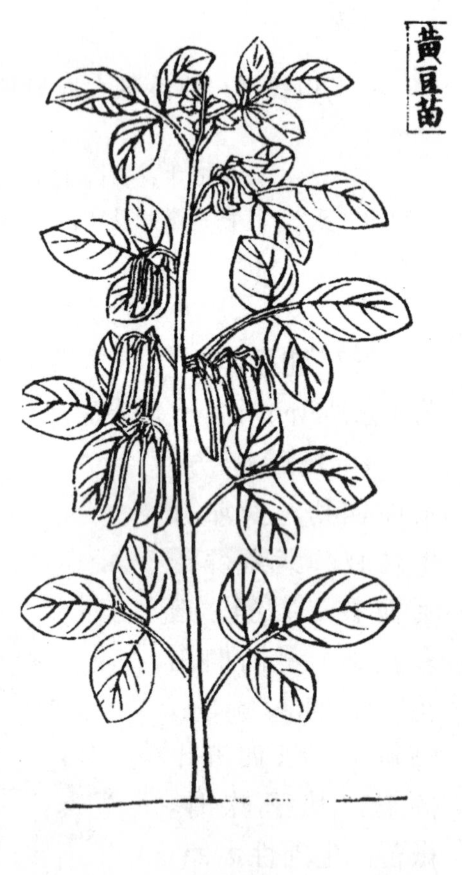


今處處有之，人家田圃中多種。苗高一、二尺。葉似黑豆葉而大。結角比黑豆角稍肥大。其葉味甘。

**救饑**　採嫩苗煠熟，水浸淘淨，油鹽調食。或採角煑食，或收豆煑食，及磨為麵食，皆可。

**注釋**

〔一〕黄豆苗：王作賓認為是豆科大豆屬植物大豆 *Glycine max*（Linn.）Merr.。為是。

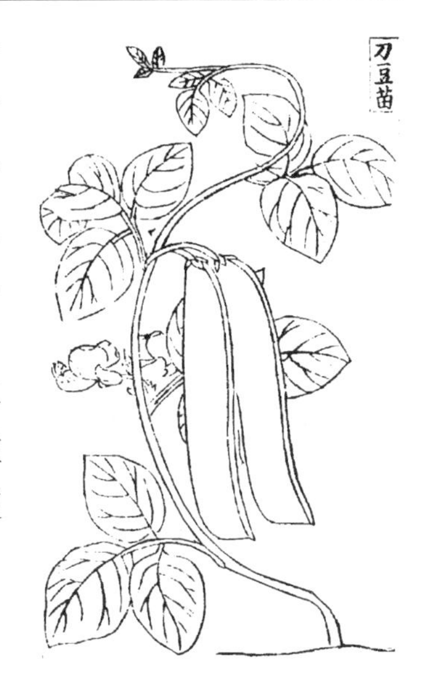


339. **刀豆苗**〔一〕　處處有之，人家園籬邊多種之。苗葉似豇豆葉，肥大。開淡粉紅花。結角如皂角狀而長。其形似屠刀樣，故以名之。味甜、微淡。

**救饑**　採嫩苗煠熟，水浸淘淨，油鹽調食。豆角嫩時煮食。豆熟之時，收豆煮食或磨麵食，亦可。

**注釋**

〔一〕刀豆苗：即豆科刀豆屬一年生纏繞狀草質藤本植物刀豆 *Canavallia gladiata* (Jacq) DC.，古今植物名稱相同。

340. **眉兒豆苗**〔一〕　人家園圃中種之。妥他果切蔓而生，葉似綠豆葉，而肥大闊厚，潤澤光俊，每三葉攢生一處。開淡粉紫花。結匾角，每角有豆止三、四顆。其豆色黑、匾，而皆白眉，故名。味微甜。

**救饑**　採嫩苗葉煠食。豆角嫩時，採角煮食。豆成熟時，打取豆食。

**注釋**

〔一〕眉兒豆苗：即豆科扁豆屬植物扁豆 *Dolichos lablab* Linn.。

**341. 紫豇豆苗**〔一〕 人家園圃中種之。莖葉與豇豆同；但結角，色紫，長尺許。味微甜。

**救饑** 採嫩苗葉煠熟，油鹽調食。角嫩時，採角煮食；亦可做菜食。豆成熟時，打取豆食之。

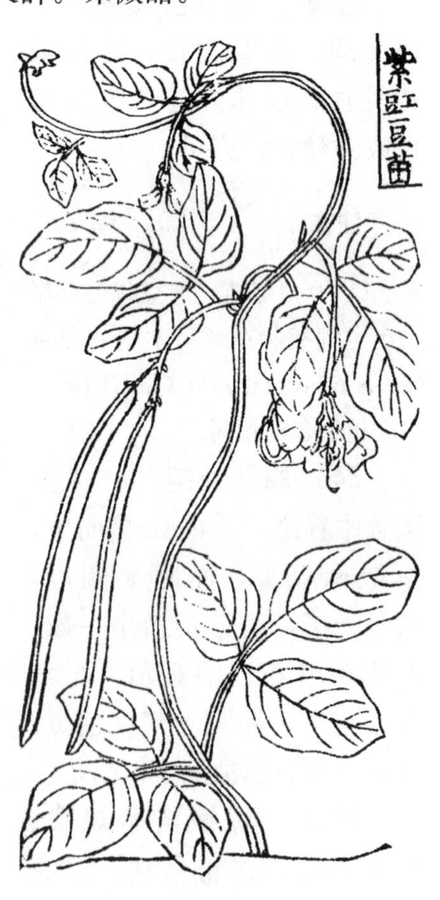


**注釋**

〔一〕紫豇豆苗：王作賓、伊博恩和王家葵認為是豆科豇豆屬植物豇豆 *Vigna sinensis*（L.）Savi；張翠君認為是同屬植物長豇豆 *Vigna sesquipedalis*（L.）Fruw. unban Huelsenfrucht.。後者依據是長豇豆莢果成熟時為黃白色、黃橙色、淺紅色、褐色和紫色，且長度為 30～90 釐米，符合《救荒本草》

的描述。

**342. 蘇子苗**〔一〕　人家園圃中多種之。苗高二、三尺。莖方。窊玉化切面四楞，上有澀毛。葉皆對生，似紫蘇葉而大。開淡紫花。結子比紫蘇子亦大。味微辛，性温。

**救饑**　採嫩葉煠熟，換水淘洗淨，油鹽調食。子可炒食，亦可炸油用。

**注釋**

〔一〕蘇子苗：應是《河南野菜野果》（55 頁）所記載的唇形科紫蘇屬一年生草本植物野紫蘇 *Perilla frutescens* Britt. var. *acula* (Thunb.) Kudo，二者形態特徵吻合，特别是其葉"卵圓形，長10～15cm"，比"長 3～9.5cm"的紫蘇葉要大；且當地民間多栽培。

**343. 豇豆苗**〔一〕　今處處有之。人家田園中多種。就地拖秧而生，亦延籬落。葉似赤小豆葉，而極長艄。開淡粉紫花。結角長五、七寸。其豆味甘。

**救饑**　採嫩葉煠熟，水浸淘淨，油鹽調食。及採嫩角煠食，亦可。其豆成熟時，打取豆食。

**注釋**

〔一〕豇豆苗：即豆科豇豆屬植物豇豆 *Vigna sinensis* (Linn.) Savi.，古今植物名稱相同。

**344. 山黑豆**〔一〕　生密縣山野中。苗似家黑豆。每三葉攢生一處，居中大葉如菉豆葉；傍兩葉似黑豆葉，微圓。開小粉紅花。結角比家黑豆角極瘦小。其豆亦極細小。味微苦。

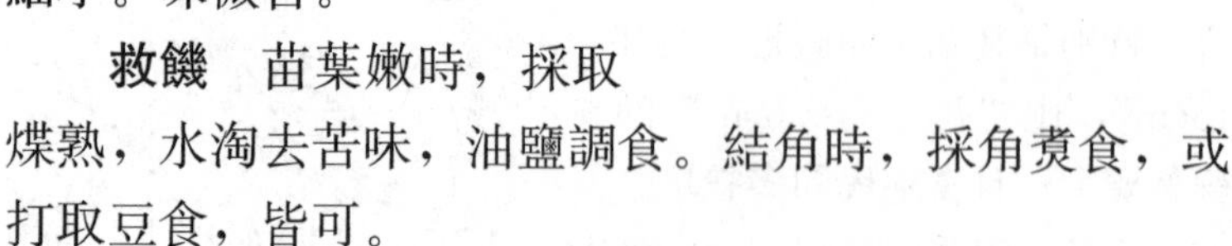

**救饑**　苗葉嫩時，採取煠熟，水淘去苦味，油鹽調食。結角時，採角煑食，或打取豆食，皆可。

**注釋**

〔一〕山黑豆：即豆科山黑豆屬植物山黑豆 *Dumasia truncata* S & Z.，古今植物名稱相同，除花色略有差異外，其他形態特徵吻合。

345. **舜芒穀**〔一〕　俗名紅落藜。生田野，及人家舊莊窠音科上多有之〔二〕。科苗高五尺餘。葉似灰菜葉而大，微帶紅色。莖亦高麄，可為拄杖。其中心葉甚紅，葉間出穗。結子如粟米顆，灰青色。味甜。

**救饑**　採嫩苗葉，晒乾，揉音柔去灰，煠熟，油鹽調食。子可磨為麵，做燒餅蒸食。

**注釋**

〔一〕舜芒穀：張翠君及《本草綱要》第 2 冊認為是藜科藜屬一年生草本植物藜 *Chenopodium album* linn.，為是。二者形態特徵十分吻合，特別是《河南野菜野果》（21 頁）記載當地的藜“通常其莖端有紅色粉粒的紅葉”，與《救荒本草》“中心葉甚紅”文一致；另藜別名有紅落藜、舜芒穀，古今植物名稱相同。

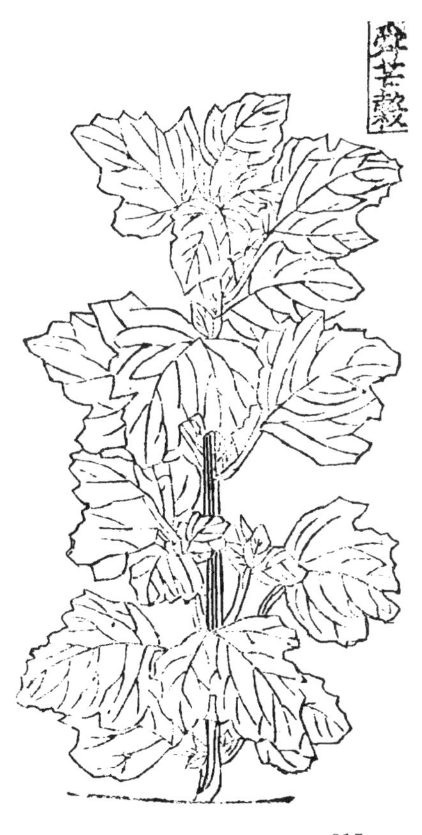


〔二〕莊窠：音 ㄓㄨㄤ ㄎㄜ，亦作“莊科”，為較簡單的方形封閉式平面住居，從上面看像一顆印，覆蓋在大地之上，故稱之為

“莊窠”。今青海農村類似民居仍稱為“莊窠”。

# 果　部

## 實可食

### 《本草》原有

346. **櫻桃樹**〔一〕　處處有之。古謂之含桃。葉似桑葉而狹窄，微軟。開粉紅花。結桃似郁李子而小，紅色鮮明。味甘，性熱。

**救饑**　採果紅熟者，食之。

**治病**　文具《本草》果部條下。

**注釋**

〔一〕櫻桃樹：即薔薇科李屬植物櫻桃 *Prunus pseudocerasus* Lindl.，古今植物名稱相同。

347. **胡桃樹**〔一〕

一名核桃。生北土，舊云張騫從西域將來〔二〕。陝、洛間多有之，今鈞、鄭間亦有。其樹大株。葉厚而多陰。開花成穗，花色蒼黃。結實處有青皮包之，狀似梨。大熟時漚去青皮，取其核是〔三〕。胡桃味甘，性平，一云性熱，無毒。

**救饑**　採核桃，漚去青皮，取瓤食之，令人肥健。

**治病**　文具《本草》果部條下。

**注釋**

〔一〕胡桃樹：即胡桃科胡桃屬植物胡桃 *Juglans regia* Linn.，古今植物名稱相同，形態特徵相吻合。

〔二〕將來：即拿來。

〔三〕核是：即核實。是，通"實"。

348. **柿樹**〔一〕　舊不載所出州土，今南北皆有之。然華山者，皮薄而味甘珍；宣、歙、荊、襄、閩、廣諸州，但生嗽，不堪為乾〔二〕，椑柿壓丹石毒。烏柿，宣、越者性温，諸柿食之，皆善而益人。其樹高一、二丈。葉似軟棗葉，頗小而頭微團。結實種數甚多，有牛心柿、蒸餅柿、蓋柿、塔柿、蒲楪紅柿、黃柿、朱柿、椑柿。其乾柿，火乾者謂之烏柿。諸柿味甘，性寒，無毒。

**救饑**　摘取軟熟柿，食之。其柿未軟者，摘取，以温水醂音欖熟〔三〕，食之。麄心柿不可多食，令人腹痛。生柿彌冷，尤不可多食。

**治病**　文具《本草》果部條下。

**注釋**

〔一〕柿樹：即柿樹科柿屬植物柿樹 *Diospyros kaki* Linn.，古今植物名稱相同。

〔二〕不堪為乾：即不宜做柿餅。

〔三〕醂：音ㄌㄢˇ。一種浸漬儲藏柿子，使之速熟的方法，名稱“醂柿”，亦作“濫（灠）柿”。

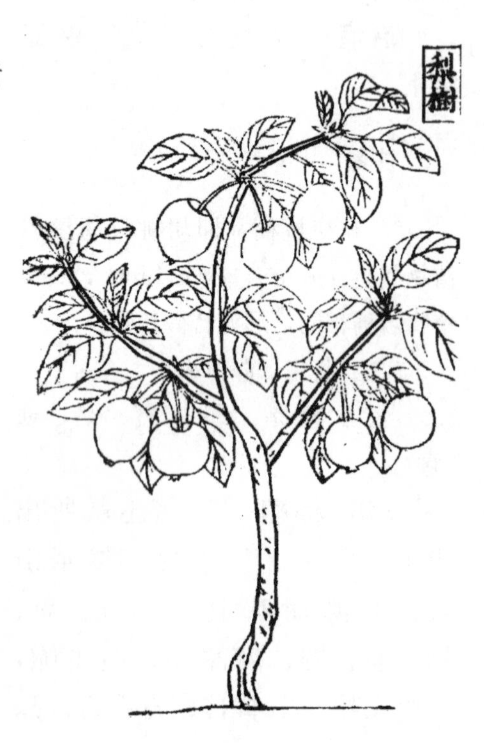


## 349. 梨樹〔一〕

出鄭州及宣城，今處處有。其樹葉似棠葉而大，色青。

開花白色。結實形樣甚多：鵝梨出鄭州，極大，味香美而漿多；乳梨出宣城，皮厚而肉實，味極長；水梨出北都，皮薄而漿多，味差短；又有消梨、紫煤梨、赤梨、甘棠梨、禦兒梨、紫花梨、青梨、茅梨、桑梨之類，不能盡具其名。梨實味甘、微酸，性寒，無毒。

**救饑**　其梨結硬未熟時，摘取煑食。已經霜熟，摘取生食或蒸食，亦佳。或削其皮，晒作梨糝〔二〕，收而備用，亦可。

**治病**　文具《本草》果部條下。

**注釋**

〔一〕梨樹：伊博恩認為是 *Pyrus sinensis* Linn.；王作賓認為是薔薇科梨屬植物沙梨 *Pyrus pyrifolia* (Burm.) Nakai.，可備一說。《救荒本草》寫了數種梨，都是梨屬的不同種類。

〔二〕梨糝：糝，作為名詞，本意是指米粒或穀類磨成的碎粒。此處梨糝當指梨乾。

**350．葡萄**〔一〕

生隴西五原、敦煌山谷及河東。舊云：

漢張騫使西域得其種，還而種之，中國始有。蓋北果之最珍者。今處處有之。苗作藤蔓而極長。大盛者，一、二本綿被山谷。葉類絲瓜葉，頗壯，而邊有花叉。開花極細而黃白色。其實有紫、白二色；形之圓鋭，亦二種；又有無核者。味甘，性平，無毒；又有一種蘡薁音嬰鬱真相似，然蘡薁乃是千歲虆〔二〕，但山人一槩收而釀酒。

**救饑**　採葡萄為果，食之。又熟時取汁，以釀酒飲。

**治病**　文具《本草》果部條下。

**注釋**

〔一〕葡萄：即葡萄科葡萄屬植物葡萄 *Vitis vinifera* Linn.，古今植物名稱相同，形態特徵吻合。

〔二〕千歲虆：一名虆蕪，即葛虆。漿果可食，亦入藥。《政和證類本草》卷七引南朝梁陶弘景《名醫别録》云："作藤生，樹如葡萄，葉如鬼桃，蔓延木上。汁白。"

351. **李子樹**〔一〕　《本草》有李核人，舊不載所出州土，今處處有之。其樹大，高丈餘。葉似郁李子葉，微尖艄而潤澤光俊。開白花，結實種類甚多，見《爾雅》者，有"休，無實李"。李之無實者，一名趙李(1)。"痤，接慮李"，即今之麥李，細實有溝道，與麥同熟，故名之。"駁，赤李"，其子赤者是也。又有青李、綠李、赤李、房陵李、朱仲李、馬肝李、黄李、紫李、水李，散見書傳，美其味之可食，皆不入藥。今有穿條

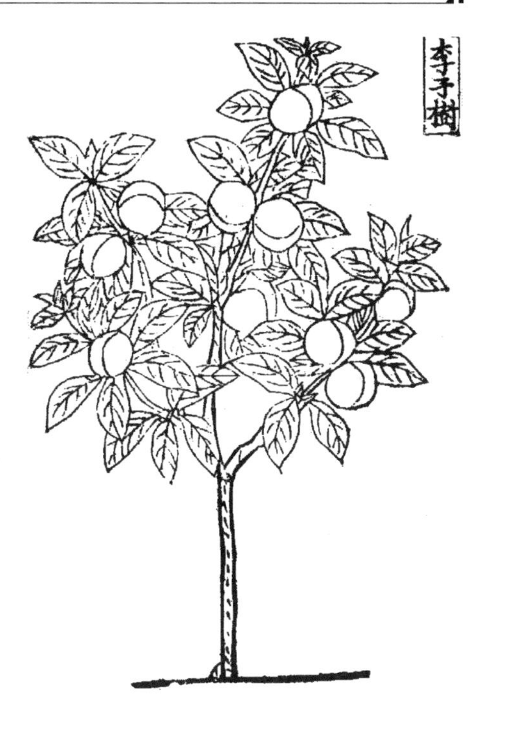


紅、御黃子。其李實味甘、微苦；一云味酸，核人味苦，性平。俱無毒。

**救饑**　摘取李實色熟者食之。不可臨水上食；亦不可和蜜食，損五臟。及與麻雀肉同食；和漿水食，令人霍亂，澀氣。多食，令人虛熱。

**治病**　文具《本草》果部“李核人”條下。

**校記**

(1) 趙李：原本、四庫本均作“趙李李”，今據郭璞注改。《爾雅·釋木十四》“休，無實李”晉郭璞注“一名趙李”。

**注釋**

〔一〕李子樹：王作賓認為是薔薇科李屬植物李 *Prunus salicina* Linll.，為是。

352. **木瓜**〔一〕　生蜀中并山陰蘭亭〔二〕，而宣州者佳〔三〕，今處處有之。其樹枝狀似柰。花深紅色。葉又

似柿葉，微小而厚。《爾雅》謂之楙音茂。其實形如小瓜；又似栝樓而小。兩頭尖長。淡黃色。味酸，性温，無毒。

**救饑** 採成熟木瓜食之，多食亦不益人。

**治病** 文具《本草》果部條下。

**注釋**

〔一〕木瓜：王家葵等（《救荒本草校釋與研究》308 頁）認為是同屬植物落葉灌木皺皮木瓜 *Chaenomeles speciosa*（Sweet）Nakai，為是。因為皺皮木瓜花猩紅色、果黃色或帶黃綠色，比光皮木瓜花淡紅色，果深黃色，更加吻合《救荒本草》"花深紅色"、果"淡黃色"的描述。

〔二〕山陰蘭亭：在今浙江紹興市西南。亦即晉穆帝永和九年（353），王羲之邀請浙東一帶的名士 40 餘人在山陰蘭亭聚會寫下書法名篇《蘭亭序》的地方。

〔三〕宣州：今安徽宣城，古為宣州治所。所產木瓜最佳，稱宣木瓜。

353. **樝子樹**〔一〕　舊不著所出州土，今鞏縣趙峰山野中多有之。樹高丈許。葉似冬青樹葉，稍闊厚，背色微黃；葉形又類棠梨葉，但厚。結果似木瓜，稍團。味酸甜、微澀，性平。

**救饑**　果熟時採摘食之，多食損齒及筋。

**治病**　文具《本草》果部條下。

**注釋**

〔一〕樝子樹：王作賓認為是薔薇科木瓜屬植物 *Chaenomeles lanceolata*（Lois.）Koidz.；張翠君認為是木瓜屬植物毛葉木瓜 *Chaenomeles cathayensis*（Hemsl.）Schneid. 或者貼梗木瓜 *C. Lagenaria*（Loisel.）Koidz.；王家葵等（《救荒本草校釋與研究》309 頁）認為可能是薔薇科榲桲屬植物榲桲 *Cydonia oblonga* Mill.。究為何種，待考。樝，音ㄓㄚ，同“楂”。

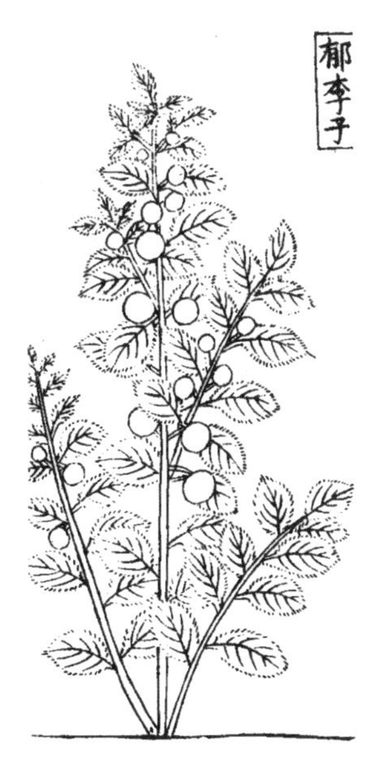


354. **郁李子**〔一〕　《本草》郁李子，一名爵李，一名車下

李，一名雀梅，即奧音郁李也，俗名藴音歐梨兒。生隰州高山川谷丘陵上，今處處有之。木高四、五尺。枝條花葉皆似李，唯子小。其花或白或赤，結實似櫻桃，赤色。其人味酸〔二〕，性平；一云味苦辛。其實味甘、酸，根性涼，俱無毒。

**救饑** 其實紅熟時，摘取食之，酸甜味美。

**治病** 文具《本草》果部“郁李人”條下。

**注釋**

〔一〕郁李子：即薔薇科李屬植物郁李 *Prunus japonica* Thunb.，植物名稱古今相同。

〔二〕人：即果仁。

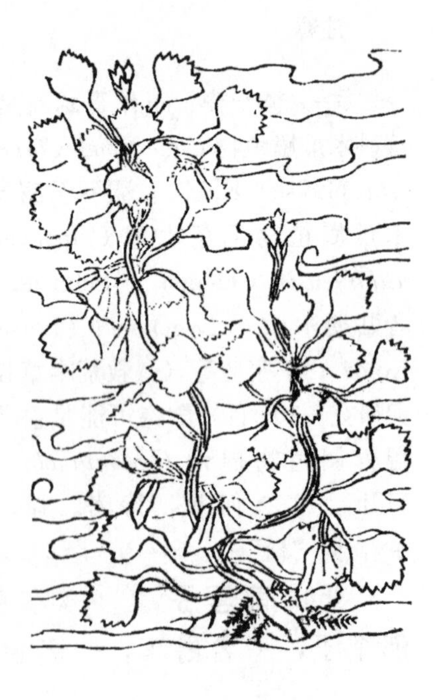


**355. 菱角**〔一〕 《本草》名芰音伎實，一名蔆音陵。處處有之。水中拖蔓生，葉浮水上，三尖鋸齒葉。開黄白花，花落而實生。實有二種：一種四角；一種兩角。兩角中又有嫩皮而紫色者，謂之浮菱，食之尤美。味甘，性平，無毒；一云性冷。

**救饑**　採菱角鮮大者，去殼生食。殼老及雜小者，煑熟食；或晒其實，火燔以為米，充糧作粉，極白潤，宜人。服食家蒸曝[(1)]，蜜和餌之，斷穀長生。又云雜白蜜食，令人生蟲；一云多食臟冷，損陽氣，痿莖，腹脹滿。暖薑酒飲，或含吳茱萸，嚥津液，即消。

**治病**　文具《本草》果部“芰實”條下。

**校記**

（1）曝：原本為“暴”字，今據四庫本改。

**注釋**

〔一〕菱角：王作賓認為是菱科菱屬植物菱 *Trapa bicornis* Osb.，多數人認為《救荒本草》中提到數種菱，而這幾種都有可能。張翠君以為四角菱為菱科菱屬一年生水生草本植物四角菱 T. *quadrispinosa* Roxb.；二角菱可能是烏菱 *Trapa bicornis* Osb. 或細果野菱 *Trapa maximowiczii* Korsh.。後者別名菱角、水菱角。

## 新增

356. **軟棗**〔一〕　一名丁香柿，又名牛乳柿，又呼羊矢棗，《爾雅》謂之梬音影。舊不載所出州土，今北土多有之。其樹，枝、葉、條、幹皆類柿，而結實甚小。乾熟則紫黑色。味甘，性温；一云微寒，無毒。多食動風，發冷風咳嗽。

**救饑**　採取軟棗成熟者食之。其未熟，結硬時摘取，以温水漬養，醂盧感切去澀味，另以水煑熟，食之。

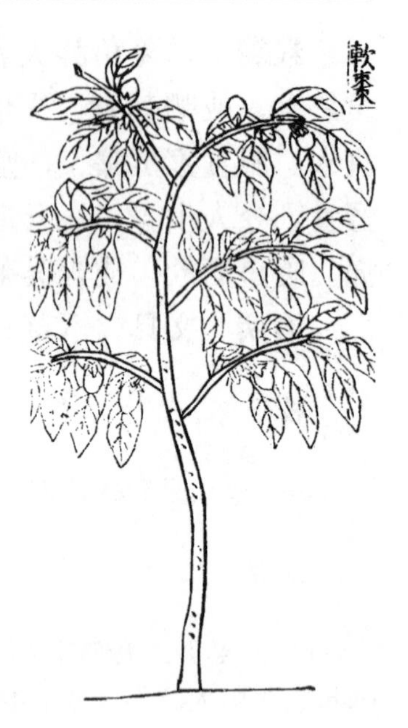


### 注釋

〔一〕軟棗：即柿樹科柿樹屬植物黑棗 *Diospyros lotus* Linn.。

## 357. 野葡萄[3] 俗名煙黑。生荒野中，今處處有之。莖葉及實俱似家葡萄，但皆細小。實亦稀踈。味酸。

**救饑** 採葡萄顆紫熟者，食之；亦中釀酒飲。

### 注釋

〔一〕野葡萄：王作賓、伊博恩和張翠君均認為是葡萄科葡萄屬的多種植物 *Vitis* sp.；王家葵等《救荒本草校釋與研究》（313 頁）認為是葡萄科葡萄屬植物蘡薁 *Vitis adstricta* Hance ［*V. thunbergii* Sieb. et Zncc. var. *adstricta*（Hance）Gagnep.］。《河南野菜野果》（113 頁）記載當地山區稱為“野葡萄”的植物有葡萄科的山葡萄 *Vitis amurensis* Rupr.；刺葡萄 *V. dauidii*（Romna.）Foex.；復葉葡萄 *V. piasezkii* Maxim.；秋葡萄 *V. tomanettii* Roman.；河南毛葡萄 *V. ficifolia* Bunge；網脈葡萄

*V. wilsonae* Veitch 等，它們“均可生食或加工利用”，上述這些也許都是或其中一種屬於《救荒本草》所描繪的。

**358. 梅杏樹**〔一〕　生輝縣太行山山谷中。樹高丈餘。葉似杏葉而小，又頗尖艄，微澀。邊有細鋸齒。開白花。結實如杏實大；生青，熟則黄色。味微酸。

**救饑**　摘取黄熟梅果，食之。

**注釋**

〔一〕梅杏樹：伊博恩認為是薔薇科李屬植物梅 *Prunus mume* S & Z.；王作賓認為是薔薇科李屬植物杏 *Prunus simonii* Carr. 即鷄血李。

**359. 野櫻桃**〔一〕　生鈞州山谷中。樹高五、六尺。葉似李葉，更尖。開白花，似李子花。結實比櫻桃又小，熟則色鮮紅。味甘，微酸。

**救饑**　摘取其果紅熟者，食之。

**注釋**

②“野櫻桃”，即薔薇科櫻屬植物毛櫻桃 *Cerasus tomentosa*（Thunb.）Wall.，又名山櫻桃。

## 葉及實皆可食

### 《本草》原有

360. **石榴**〔一〕　《本草》名安石榴，一名丹若，《廣雅》謂之若榴。舊云：漢張騫使西域，得其種還。今處處有之。木不甚高大，枝柯附幹，自地便生作叢。種極易成，折其枝條，盤土中便生。其葉似枸杞葉而長，微尖；葉綠，微帶紅色。花有黃、赤二色。實亦有甘、酸二種，甘者可食，酸者入藥。味甘、酸，性温，無毒。又有一種，子白，瑩澈如水晶者，味亦甘，謂之水晶石榴〔二〕。

**救饑**　採嫩葉煠熟，油鹽調食。榴果熟時，摘取食之。不可多食，損人肺，及損齒令黑。

**治病**　文具《本草》果部條下。

**注釋**

〔一〕石榴：即石榴科石榴屬植物石榴 *Punica granatum* Linn.，古今植物名稱相同。

〔二〕水晶石榴：因果肉晶瑩透明，故稱水晶石榴。此種古今皆有種植。一說可能為石榴的變種瑪瑙石榴 *Punica granatum* L. var. Lagrellei Vanhoutte。

**361. 杏樹**〔一〕　《本草》有杏核人。生晉山川谷，今處處有之。其實有數種：黃而圓者名金杏〔二〕，熟最早；扁而青黃者，名木杏，其子皆入藥；又小者名山杏〔三〕，不堪入藥。其樹高丈餘。葉頗圓，淡綠，頗帶紅色。葉似木葛葉而光嫩，微尖。開花色紅。結實金黃色。核人味甘、苦，性温，冷利，有毒。得火良，惡黃芩、黃耆、

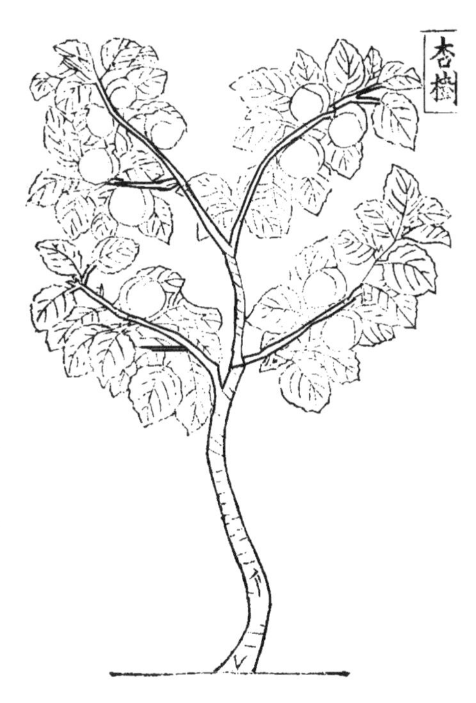

葛根，解錫毒。畏蘘草〔四〕。杏實味酸，性熱。

**救饑** 採葉煠熟，以水浸漬，作成黃色，換水淘淨，油鹽調食。其杏黃熟時，摘取食。不可多食，令人發熱及傷筋骨。

**治病** 文具《本草》果部“杏核人”條下。

**注釋**

〔一〕杏樹：即薔薇科李屬植物杏 *Prunus armeniaca* Linn.，植物名稱古今相同。

〔二〕金杏：古代杏的一種。唐段成式《酉陽雜俎·木篇》：“濟南郡之東南有分流山，山上多杏，大如梨，黃如橘，土人謂之漢帝杏，亦曰金杏。”明李時珍《本草綱目·果一·杏》〔集解〕引蘇頌曰：“黃而圓者名金杏。相傳種出自濟南郡之分流山。彼人謂之漢帝杏，言漢武帝上苑之種也。”

〔三〕山杏：即薔薇科李屬落葉喬木杏的變種 *Prunus armeniaca* L. var. *ansu* Maxim.。

〔四〕蘘草：即薑科屬多年生草植物蘘荷 *Zingiber mioga* (Thunb) Rosc. 的葉。

**362. 棗樹**〔一〕 《本草》有大棗，乾棗也。一名美棗，一名良棗。生棗出河東平澤及近北州郡，青、晉、絳、蒲州者特佳；江南出者，堅燥少肉。樹高一、二丈。葉似酸棗葉而大，比皂角葉亦大，尖艄光澤。葉間開青黃色小花。結實種數甚多，《爾雅》云：壺棗〔二〕，江東呼棗大而銳上者為壺，壺，猶瓠也；邊，腰棗，一名(1)細腰，又謂轆轤棗；櫅音賫，白棗，即今棗，子白乃熟；遵，羊棗，實小而圓，紫黑色，俗又呼為羊矢

棗；洗，大(2)棗，河東猗氏縣出〔三〕，大棗如鷄卵(3)；蹶泄，苦棗，云子味苦；皙，無實棗〔四〕，云不著子者；還味，棯棗，云還味，短味也；又有水菱棗、御棗，即撲落蘇也〔五〕；又有牙棗。皆味甘美。其餘不能盡别其名。大棗味甘，性平，無毒。殺烏頭毒，牙齒有病人切忌食。生棗味甘、辛，多食令人寒熱腹脹。羸瘦人不可食〔六〕。蒸煑食，補腸胃，肥中益氣。不宜合葱食。

**救饑**　採嫩葉煠熟，水浸做成黄色，淘淨，油鹽調食。其棗紅熟時，摘取食之；其結生硬未紅時，煑食亦可。

**治病**　文具《本草》果部“大棗”條下。

**校記**

(1) 一名：原本作“云子”，今據四庫本改。

(2) 大：原本、四庫本均作“太”，今據《爾雅・釋木十四》、《本草圖經》等本改。

(3) 卵：原本作“卯”，今據四庫本改，另《本草圖經》亦作“卵”。

**注釋**

〔一〕棗樹：即鼠李科棗屬植物棗 *Zizyphus jujuba* Mill.，古今植物名稱相同。

〔二〕壷棗：即鼠李科棗屬植物葫蘆棗 *Ziziphus jujuba* Mill. var. *jujuba* f. *lageniformis* (Nakai) Kitag.，因果實形狀酷似葫蘆而得名。壷，同壺。

〔三〕猗氏縣：西漢二年置，一直存在到北魏，均為河東郡屬縣。地在今山西臨猗縣。

〔四〕無實棗：即鼠李科棗屬植物無核棗 *Ziziphus jujuba* Mill. var. *anucleatus* Y. G. Chen，又名虛心棗、空心棗，因棗核退化成膠質核膜而沒有種子故名。《齊民要術》對此種也有記載，“邑有虛心棗，實小無核，一名無核棗，以枝移接再接者尤勝”。

〔五〕撲落蘇：即棗之一優良品種名。今山西臨猗等地仍有少量栽培，名“不落酥”，與“撲落蘇”諧音。此品種質緻密酥脆，汁液多，味道極甜，品質上乘。古又稱為水菱棗、御棗，《本草衍義》卷之十八《大棗》載，“御棗甘美輕脆，後眾棗熟，以其甘，故多生蟲，今人所謂僕落酥者是”。此種成熟期遇雨易裂果，惹蟲，植株抗逆性弱，不抗棗瘋病，亦合古人所述。

〔六〕羸瘦：瘦弱。

**363. 桃樹**〔一〕 《本草》有桃核人。生太山川谷，河南、陝西出者尤大而美。今處處有之。樹高丈餘。葉狀似柳葉而闊大，又多紋脈。開花紅色。結實品類甚多：其油桃，光小；金桃，色深黃；崑崙桃，肉深，紫紅色。又有餅子桃、麵桃、鷹嘴桃、雁過紅桃、涷桃之

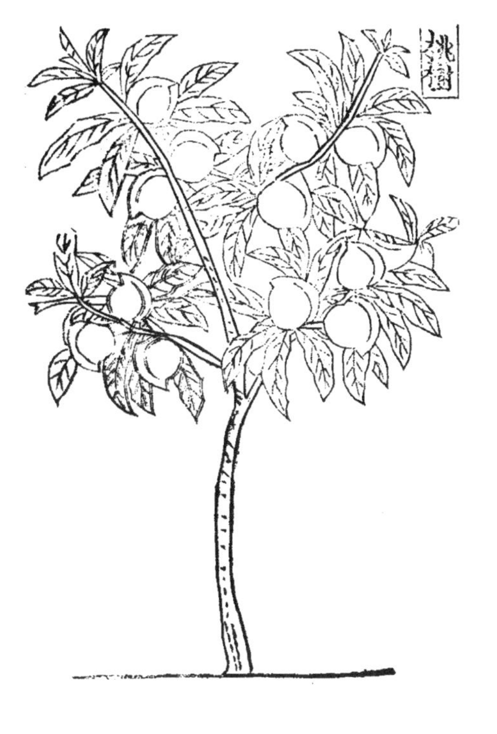


類，名多不能盡載。山中有一種桃，正是《月令》中“桃始花”者〔二〕，謂山桃。不堪食啗(1)，但中入藥。桃核人味苦、甘，性平，無毒。

**救饑**　採嫩葉煠熟，水浸做成黄色，换水淘淨，油鹽調食。桃實熟軟時，摘取食之；其結硬未熟時，亦可煮食；或切作片，晒乾為糁，收藏備用。

**治病**　文具《本草》果部“桃核人”條下。

**校記**

(1) 啗：即啗字之譌。啗，音ㄉㄢˋ，同“啖”。

**注釋**

〔一〕桃樹：即薔薇科李屬植物桃 *Prunus persica*（Linn.）Batsch.，植物名稱古今相同。

〔二〕月令：泛指古代月令類著作，如《夏小正》、《逸周書·時訓解》、《禮記·月令》、《淮南子·時則訓》，它們都有“桃始花”的記載。

## 新增

364. **沙果子樹**〔一〕　一名花紅。南北皆有，今中牟崗野中亦有之，人家園圃亦多栽種。樹高丈餘。葉似櫻桃葉而色深綠；又似急蘗音梅子葉而大(1)。開粉紅花，似桃花瓣，微長不尖。結實似李而甚大。味甘、微酸。

**救饑**　摘取紅熟果，食之。嫩葉亦可煠熟，油鹽調食。

**校記**

(1) 大:原本作“太”，今據四庫本、徐光啟本改。

**注釋**

〔一〕沙果子树：王作賓認為是薔薇科苹果屬植物花紅 *Malus asiatica* Nakai，為是。花紅别名沙果、林檎。

## 根可食

### 《本草》原有

365. **芋苗**〔一〕　《本草》一名土芝，俗名芋頭。生田野中，今處處有之，人家多栽種。葉似小荷葉而偏長，不圓。近蒂邊皆有一劐音霍兒。根狀如鷄蛋大〔二〕，皮色茶褐，其中白色。味辛，性平，有小毒。葉冷，無毒。

**救饑**　《本草》芋有六種：青芋，細長毒多，初煑需要灰汁，换水煑熟乃堪食。白芋、真芋、連禪芋、紫芋毒少〔三〕，蒸煑食之；又宜冷食，療熱止渴。野芋〔四〕，大毒，不堪食也。

**治病**　文具《本草》果部條下。

**注釋**

〔一〕芋苗：即天南星科芋屬植物芋 *Colocasia esculenta*（L.）Schott.，别

名芋頭。

〔二〕根：實際上是球莖，而不是根。

〔三〕紫芋：即天南星科芋屬多年生草本植物紫芋 *Colocasia tonoimo* Nakai。原產中國，因葉柄及葉脈紫黑色，十分醒目，故名。

〔四〕野芋：即天南星科芋屬多年生草本植物野芋 *Colocasia antiquorum* Schott [＝*Aum colocasia* L.；*C. esculentum* (L.) Schott var. *antipuorum* (Schott) Hubbard et Rehd]。別名野山芋、觀音蓮、山芋，莖肉質麄壯，皮黑褐色。有毒，若不慎食用，會發生口、喉、胃等灼痛，嚴重時可能導致死亡。文中提及的其他四種芋皆為芋 *Colocasia esculenta* (L.) Schott. 的各種栽培品系或變種。

366. 鐵葧音孛臍〔一〕 《本草》名烏芋，又名梟音夫茨，一名藉姑，一名水萍，一名槎音查牙，亦名茨菰，又名燕尾草。《爾雅》謂之芍。有二種：根黑皮厚肉硬白者，謂之猪葧臍；皮薄色淡紫肉軟者，謂之羊葧臍。生水田中。葉似莎草而厚肥，稍又長窄。葉間生葶，其葶三稜。

稍頭開花醬褐色。根即葧臍[二]。味苦、甘，性微寒。

**救饑**　採根煮熟食；製作粉，食之，厚人腸胃，不饑。服丹石人尤宜食，解丹石毒。孕婦不可食。

**治病**　文具《本草》果部“烏芋”條下。

**注釋**

〔一〕鉄荸臍：即莎草科荸薺屬多年生沼澤生草本植物荸薺 *Eleocharis dulcis*（Burm. f.）Trin. ex Henschel [= *Andropogon dulcis* Burm. f.; *Scirpus plantaginea* Retz.; *Heleochuris plantaginea* R. Br.; *Eleocharis tuberosa* Schult]，荸薺別名有鐵葧臍、烏芋、芍、鳧茈。

〔二〕根：此處實際上是荸薺的球莖，非根。

## 根及實皆可食

### 《本草》原有

367. **蓮藕**[一]　《本草》有藕實，一名水芝丹，一名蓮。生汝南池澤，今處處有之。生水中，其葉名荷。圓徑尺餘。其花，世謂之蓮花，色有紅、白二種。花中結實，謂之蓮房，俗名蓮蓬。其蓮，青皮裹白，子為的[二]，即蓮子也。的中青心為薏。其的至秋，表皮色黑而沉水，就蓬中乾者，謂之石蓮。其根謂之藕[三]。《爾雅》云：荷，芙蕖，其莖茄，其葉蕸，其本蔤音密，云是莖下白蒻音若在泥中[四]；藕節間初生萌芽也。其花菡萏，其實蓮，其根藕，其中的。的，中薏是也。芙蕖其總名，別名芙蓉。又云：其花未發為菡萏[五]；已發為芙蓉。蓮實、莖味甘，性平、寒，無毒。

**救饑**　採藕煠熟食，生食，皆可。蓮子蒸食或生食，亦可。又可休糧[六]，仙家貯石蓮子、乾藕經千年者，食之至妙；又以實，磨為麵食，或屑為米，加粟煑飯食，皆可。

**治病**　文具《本草》果部“藕實”條下。

**注釋**

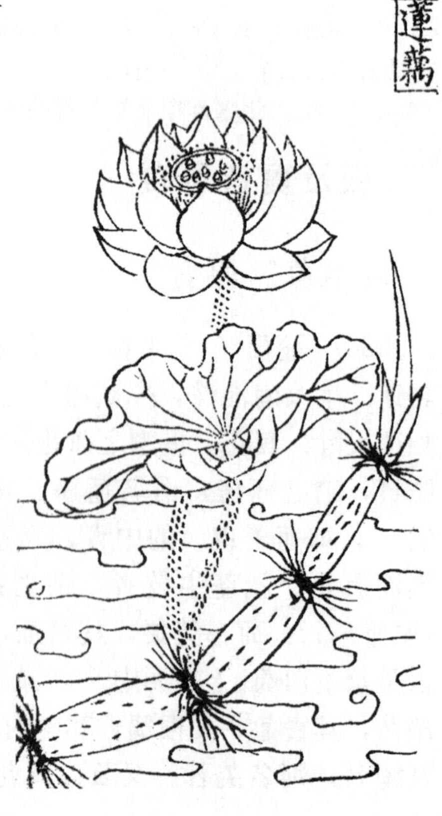


〔一〕蓮藕：即睡蓮科蓮屬多年生水生宿根草本植物蓮 *Nelumbo nucifera* Gaertm.。

〔二〕的：音ㄉㄧˋ，意為中心。

〔三〕根：此處實際上是蓮藕的根狀莖，非根。

〔四〕白蒻：藕的別名。《爾雅・釋草》“〔荷〕其本蔤”晉人郭璞注：“莖下白蒻，在泥中者。”清代高士奇《天祿識餘・白蒻》：“白蒻，藕也。”

〔五〕菡萏：音ㄏㄢˋ、ㄉㄢˋ，古人稱未開的荷花為菡萏，即花苞。

〔六〕休糧：本為

“辟穀”另一名稱，此處當作辟穀時以替代五穀的服食食物。

368. **鷄頭實**〔一〕　一名芡，一名雁喙實。幽人謂之雁頭〔二〕。出雷澤〔三〕，今處處有之。生澤中。葉大如荷而皺，背紫，有刺，俗謂鷄頭盤。花下(1)結實，形類鷄頭，故以名之。中有子，如皂莢子大，艾褐色。其近根莖蔌音耿嫩者名蔿音葦蔌，人採以為菜茹。實味甘，性平，無毒。

**救饑**　採嫩根莖煠食。實熟採實，剝人食之〔四〕。蒸過，烈日晒之，其皮即開，舂去皮，搗人為粉，蒸煠作餅，皆可食。多食不宜脾胃氣，兼難消化；生食，動風，冷氣。與小兒食，不能長大，故駐年耳〔五〕。

**治病**　文具《本草》果部條下。

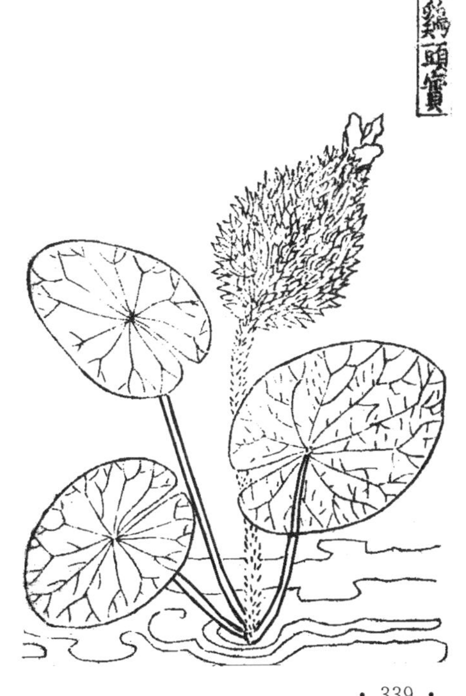


**校記**

(1) 下：原本、四庫本均無此字，文句不通，今據《本草圖經》文補。

**注釋**

〔一〕鷄頭實：即睡蓮科芡實屬一年生草本植物植物芡實 *Eury-*

*ale ferox* Salisb.，芡實別名鷄頭實、鷄頭，古今植物名稱相同。

〔二〕幽人：一說隱居的高士；此處似指幽州之人。幽州，古九州及漢十三刺史部之一，東漢時治所在薊縣（今北京市城區西南部的廣安門附近），州境大致包括今河北北部及遼寧一帶。魏晉以後，幽州轄境日漸縮小。

〔三〕雷澤：我國古代著名湖泊。古書多有記載，《尚書·禹貢》兖州："雷夏既澤"；《史記·五帝本紀》："舜耕歷山，漁雷澤"，皆指此。關於其地望，一說是雷水，在今山西永濟南，源出雷首山；一說在山東菏澤東北，又名雷夏澤。《水經注》卷二十四云"其陂東西二十餘里，南北十五里"。宋代以後，雷夏澤遂為黄河泥沙所淤涸。

〔四〕人：即果仁。下同。

〔五〕駐年：即延年卻老。三國魏人嵇康《答〈難養生論〉》："務光以蒲韭長耳，邛疏以石髓駐年。"《抱朴子內篇》卷十一《仙藥》："靈飛散、未央丸〔九八〕、制命丸、羊血丸，皆令人駐年卻老也"。

# 菜　部

## 葉可食

### 《本草》原有

369. **芸薹菜**〔一〕　今處處有。葉似菠菜葉，比菠菜葉兩傍(1)多兩叉。開黄花。結角似蔓菁角，有子如小芥子大。味辛，性温，無毒。經冬根不死。辟蠹音渡〔二〕。

**救饑**　採苗葉煠熟，水浸淘洗淨，油鹽調食。

**治病**　文具《本草》菜部條下。

**校記**

（1）傍：原本作“俤”，今據四庫本改。又原本“比菠菜葉”四字後有“下”字，文句不通，今據四庫本刪。

**注釋**

〔一〕芸薹菜：即十字花科芸薹屬植物油菜 *Brassica campestris* L.。

〔二〕蠹：蛀虫。

370. **莧菜**〔一〕　《本草》有莧實，一名馬莧，一名莫實〔二〕，細莧亦同〔三〕，一名人莧，幽、薊間訛呼〔四〕為人杏菜。生淮陽川澤及田中〔五〕，今處處有之。苗高一、二尺。莖有線楞。葉如小藍葉而大，有赤、白二色。家者，茂盛而大；野者，細小葉薄。味甘，性寒，無毒。不可與鱉肉同食，生鱉瘕〔六〕。

**救饑**　採苗葉煠熟，水淘洗淨，油鹽調食。晒乾，煠食尤佳。

**治病**　文具《本草》菜部條下。

### 注釋

〔一〕莧菜：即莧科莧屬一年生草本植物莧 *Amaranthus tricolor* Linn.，或同屬近緣植物凹頭莧 *Amaranthus ascendens* Loisel.，後者又名野莧菜等。

〔二〕一名馬莧，一名莫實：清代學者王太岳等編著的《四庫全書考證》指出："一名馬莧，一名莫寔，按陶隱居《名醫別録》馬莧即馬齒莧，與莧實名莫寔者異，此合為一，誤。"

〔三〕細莧：即野莧，又稱細莧、豬莧、綠莧、皺果莧。學名為 *Amaranthus viridis* L.。人可食，但多作豬飼料。明人李時珍《本草綱目・菜二・莧》〔集解〕："頌曰：'細莧俗謂之野莧，豬好食之，又曰豬莧。'莧竝三月撒種，六月以後不堪食……細莧即野莧也。"

〔四〕訛呼：錯稱。

〔五〕淮阳：古郡縣名，地在今河南省淮陽。周代為陳國都城宛丘。漢於此置淮陽國，後為淮陽郡。隋唐為陳州淮陽郡。1913 年，改原陳州府治淮寧縣為淮陽縣。

〔六〕鱉瘕：病癥名。八瘕之一。《諸病源候論・癥瘕病諸候》曰："鱉瘕者，謂腹中瘕結如鱉狀是也。"《雜病源流犀燭・

積聚癥瘕痃癖痞源流》云："鱉瘕，形大如杯，若存若亡，持之應手，其苦小腹內切痛，惡氣左右走，上下腹中痛，腰背亦痛，不可以息，面目黃黑，脱聲少氣，甚至有頭足成形者。"關於其病因，云有食鱉觸冷不消而生者；亦有食諸雜冷物變化而作者。

371. **苦苣菜**〔一〕　《本草》云：即野苣也，又名褊音扁苣，俗名天精菜。舊不著所出州土，今處處有之。苗搨地生。其葉光者，似黃花苗葉〔二〕；葉花者，似山苦蕒葉。莖葉中皆有白汁。味苦，性平；一云性寒。

**救饑**　採苗葉煠熟，用水浸去苦味，淘洗淨，油鹽調食；生亦可食。雖性冷，甚益人，久食輕身少睡，調十二經脈〔三〕，利五臟〔四〕。不可與血同食，作痔疾〔五〕；一云不可與蜜同食。

**治病**　文具《本草》菜部條下。

**注釋**

〔一〕苦苣菜：張翠君認為從葉形上看，應是菊科苦苣菜屬植物苣蕒菜 *Sonchus brachyotus* DC.，為是。吳其濬《植物名實圖考》卷三"苦菜條"說："《救荒本草》

所云苦苣，似即苦蕒，其所圖苦蕒，稍葉如鴉嘴形，俗名老鸛菜，自别一種。大抵苦蕒花小而繁，苦苣俗呼苣蕒，花稀而大，正同蒲公英花，園圃所種皆苣蕒。”明確指出苦苣即苣蕒菜。又《河南野菜野果》（70頁）所記載的地方名為“苦苣菜”的野菜，其學名即 *Sonchus brachyotus* DC.。至於上面提及的同屬植物裂葉苣蕒菜，“實為本種的異名”。

〔二〕黄花苗：即孛孛丁菜的别名。

〔三〕十二經脈：即人體經絡系統中的十二條主幹經脈的合稱，又稱“十二經”或“十二正經”。包括手三陰經：手太陰肺經、手少陰心經、手厥陰心包絡經；手三陽經：手陽明大腸經、手太陽小腸經、手少陽三焦經；足三陽經：足陽明胃經、足太陽膀胱經、足少陽膽經；足三陰經：足太陰脾經、足少陰腎經、足厥陰肝經。十二經脈具有運行氣血、聯接臟腑内外、溝通上下等功能。

〔四〕五臟：即人體内心、肝、脾、肺、腎五個臟器的合稱。五臟的主要生理功能是生化和儲藏精、氣、血、津液和神，在人體生命中起著重要作用。

〔五〕痔疾：即痔瘡，簡稱為痔，是肛門直腸底部及肛門黏膜的靜脈叢發生曲張而形成的一個或多個柔軟的靜脈團的一種慢性疾病。

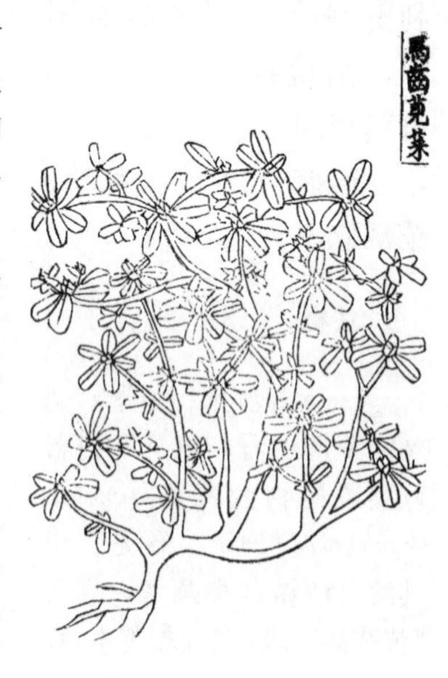


**372. 馬齒莧菜**〔一〕　又名五行草。舊不著所出州土，今處處有之。以其葉

青、梗赤、花黄、根白、子黑，故名五行草耳。味甘，性寒、滑。

**救饑**　採苗葉，先以水焯音綽過，晒乾煠熟，油鹽調食。

**治病**　文具《本草》菜部條下。

**注釋**

〔一〕馬齒莧菜：即馬齒莧科馬齒莧屬一年生肉質草本植物馬齒莧 *Portulaca oleracea* Linn.，古今植物名稱也相同。

373. **苦蕒菜**〔一〕　俗名老鸛菜。所在有之，生田野中。人家園圃種者，為家苦蕒。脚葉似白菜，小葉抪莖而生，稍葉似鴉嘴形。每葉間分叉攛葶，如穿葉狀，稍間開黄花。味微苦，性冷，無毒。

**救饑**　採苗葉煠熟(1)，以水浸淘，洗淨，油鹽調食。出蚕蛾時，切不可取拗〔二〕，令蛾子赤(2)爛。蠶婦忌食。

**治病** 文具《本草》菜部條下。

**校記**

（1）熟：原本作“孰”，今據四庫本改。

（2）赤：原本、四庫本及明人胡濙撰《衛生易簡方》均作“赤”，但《食療本草》、《證類本草》作“青”，後者為是，聊備一說。

**注釋**

〔一〕苦蕒菜：即菊科苦蕒菜屬多年生草本植物苦蕒菜 *Ixeris denticulata* (Houtt) Stebb. [ = *Lactuca denticulata* ( Houtt. ) Maxim. ]，古今植物名稱也相同。

〔二〕取拗：疑為“拗取”之倒文，意為折取。拗，音ㄠˇ，本義折斷。

**374. 莙蓬菜**〔一〕

所在有之，人家園圃中多種。苗葉搨地生。葉類白菜而短，葉莖亦窄，葉頭稍團，形狀似糜匙樣〔二〕。味鹹，性平、寒，微毒。

**救饑** 採苗葉煠

熟，以水浸洗淨，油鹽調食。不可多食，動氣，破腹。

**治病**　文具《本草》菜部條下。

**注釋**

〔一〕莙薘菜：藜科甜菜屬植物莙薘菜 *Beta vulgaris* L. var. cicla Linn.，古今植物名稱相同，形態特徵相吻合。

〔二〕糜匙：即粥勺。糜，本義粥。

375. **邪蒿**〔一〕　生田園中，今處處有之。苗高尺餘，似青蒿細軟。葉又似葫蘿蔔葉，微細而多花叉。莖葉稠密。稍間開小碎瓣黃花。苗葉味辛，性温、平，無毒。

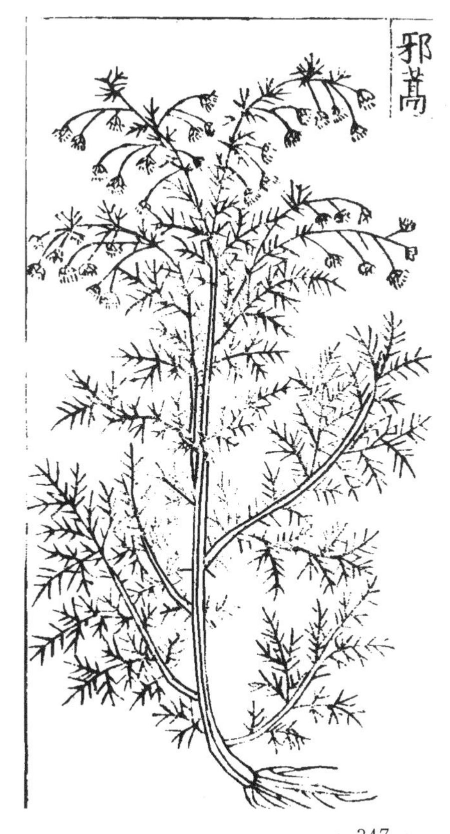


**救饑**　採苗葉煠熟，水浸洗淨，油鹽調食。生食，微動風氣。作羹食良。不可同胡荽音雖食，令人汗臭氣。

**治病**　文具《本草》菜部條下。

**注釋**

〔一〕邪蒿：王作賓

和伊博恩均認為是傘形科邪蒿屬植物 *Seseli libanotis* Kock.；王家葵等（《救荒本草校釋與研究》333 頁）認為《救荒本草》圖所繪邪蒿，頭狀花序特徵十分明顯，完全不同於傘形科植物之傘形花序，故前説“應非妥當”，而當是菊科植物香蒿 *Artemisia apiacea* Hance.。《救荒本草》圖確實存在問題，故徐光啟《農政全書》本改換無花型的植物圖，説明古人已認識到《救荒本草》圖不準確。應為傘形科邪蒿屬多年生草本植物邪蒿 *Seseli seseloides*（Fisch. Et Mey. Ex Turcz.）Hiroe，植物名稱古今一致。

376. **同蒿**〔一〕　處處有之，人家園圃中多種。苗高一、二尺。葉類葫(1)蘿蔔葉而肥大。開黄花，似菊花。味辛，性平。

**救饑**　採苗葉煠熟，水浸洗淨，油鹽調食。不可多食，動風氣，熏人心，令人氣滿。

**治病**　文具《本草》菜部條下。

**校記**

（1）原本“葫”字前衍“胡”，今據四庫本删。

**注釋**

〔一〕同蒿：又名茼蒿，即

菊科茼蒿屬植物茼蒿 *Chrysanthemum coronarium* Linn.，或者野生茼蒿 *Chrysanthemum coronarium* Linn. var. spatiosum Bailey.，古今植物名稱相同。

**377. 冬葵菜**〔一〕　《本草》：冬葵子，是秋種葵，覆養經冬，至春結子，故謂冬葵子。生少室山，今處處有之。苗高二、三尺，莖及花葉似蜀葵而差小，子及根俱味甘，性寒，無毒。黄芩為之使，根解蜀椒毒。葉味甘，性滑利。為百菜主，其心傷人。

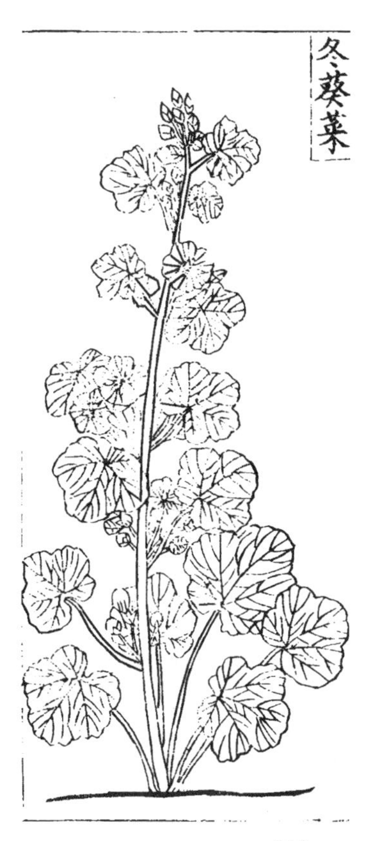


**救饑**　採葉煠熟，水浸淘淨，油鹽調食。服丹石人尤宜食。天行病後食之〔三〕，頓喪明。熱食亦令人熱悶動風。

**治病**　文具《本草》菜部條下。

**注釋**

〔一〕冬葵菜：王作賓和伊博恩認為是錦葵科錦葵屬二年生或一年生草本植物野葵 *Malva verticillata* Linn.。王家葵等（《救荒本草校釋與研究》334頁）認為是同屬植物冬葵 *Malva crispa* Linn. 或野葵 *Malva verticillata* Linn.。冬葵又名葵菜、冬寒菜、蘄菜。古今植物名稱相近，形態特徵吻合。冬葵菜是一種非常古老的蔬菜，漢代許慎《説文解字》曰："葵，菜也。"至於《素問》中所説的葵、藿、薤、葱、韭之"五菜"，就把葵放在首位，後元代王禎《農書》甚至説"葵為百菜之主"。唐代以降，葵菜受到各種引入的和新培育成的蔬菜的強大壓力，加以古人嫌棄冬葵"性太滑利，不益人"，"發宿疾，動風氣"，種植日趨減少，到明代已罕見種葵了。明代學者王世懋感慨道："古人食菜必曰葵，今乃竟無稱葵，不知何菜當之"。李時珍《本草綱目·草五·葵》説："葵菜，古人種為常食，今人種者頗鮮。"並以"今人不復食之"為由，把冬葵列入草部，不再當蔬菜看待了。

〔二〕天行病：即時疫。古人將能引起廣泛流行的温病稱為天行病。它不是單一的病種，而是温病中具有強烈傳染性甚至引起流行的一類疾病。

378. **蓼芽菜**〔一〕　《本草》有蓼實。生雷澤川澤，今處處有之。葉似小藍葉，微尖；又似水葒葉而短小，色微帶紅。莖微赤。稍間出穗。開花赤色。莖葉味辛，性温。

**救饑**　採苗葉煠熟，换水浸去辣氣，淘淨，油鹽調食。

**治病**　文具《本草》菜

部“蓼實”條下。

**注釋**

〔一〕蓼芽菜：伊博恩認為是蓼科蓼屬植物水蓼 *Polygonum hydropiper* Linn.；王作賓認為是同屬一年生草本植物酸模葉蓼 *Polygonum lapathifolium* Linn.。似後者形態特徵更為吻合。

379. **苜蓿**〔一〕　出陝西，今處處有之。苗高尺餘。細莖。分叉而生。葉似錦鶏兒花葉，微長；又似豌豆葉，頗小，每三葉攢生一處。稍間開紫花。結彎角兒，中有子，如黍米大，腰子樣。味苦，性平，無毒；一云微甘，淡；一云性凉。根寒。

**救饑**　苗葉嫩時，採取煠食。江南人不甚食。多食利大小腸。

**治病**　文具《本草》菜部條下。

**注釋**

〔一〕苜蓿：即豆科苜蓿屬多年生草本植物紫苜蓿 *Medicago sativa* Linn.。

380. **薄荷**〔一〕　一名雞蘇。舊不著所出州土，今處處有之。莖方。葉似荏子葉小，頗細長；又似香菜葉而大。開細碎黲白花。其根經冬不死，至春發苗。味辛、苦，性溫，無毒；一云性平。東平龍腦崗者尤佳〔二〕。又有胡薄荷，與此相類，但味少甘為別，生江浙間，彼人多作茶飲，俗呼為新羅薄荷。又有南薄荷，其葉微小。

**救饑**　採苗葉煠熟，換水浸去辣氣，油鹽調食。與薤作虀音賫食相宜。煎豉湯，暖酒和飲；煎茶，並宜。新病瘥人勿食〔三〕，令人虛汗不止。貓食之即醉，物相感爾。

**治病**　文具《本草》菜部條下。

**注釋**

〔一〕薄荷：即唇形科薄荷屬多年生宿根性草本植物薄荷 *Mentha haplocalrx* Brig.，別名有野薄荷、蘇薄荷等，古今植物名稱相同。

〔二〕東平：古郡國名，漢有東平國，南朝為郡，治無鹽（今山東東平東）。隋唐曾以鄆州為東平郡，治須昌（在今東平西北）。宋宣和時以鄆州為東平府，治須城，即今東平。明清為東平州。民國改東平縣。龍腦崗，具体地理位置不詳。

〔三〕新病瘥人：即病初癒之人。瘥，音ㄔㄞˋ，意為病癒。

381. **荆芥**〔一〕　《本草》名假蘇，一名鼠蓂，一名薑芥。生漢中川澤及岳州、歸德州〔二〕，今處處有之。莖方。窊面。葉似獨掃葉而狹小，淡黄緑色。結小穗，有細小黑子，鋭圓。多野生。以香氣似蘇，故名假蘇。味辛，性温，無毒。

**救饑**　採嫩苗葉煠熟，水浸去邪氣，油鹽調食。初生，香辛可噉，人取作生菜，醃食。

**治病**　文具《本草》菜部“假蘇”條下。

**注釋**

〔一〕荆芥：伊博恩認為是唇形科荆芥屬的幾種植物，*Nepeta tenuifolia* Benth. 或 *N. Japonica* Maxim 或 *N. glcchoma*；王作賓認為是唇形科裂葉荆芥屬植物多裂葉荆芥 *Schizonepeta multifida* (Linn.) Briquet.。從葉的裂片來看，王説有理。

〔二〕歸德州：州名，宋始置，地在今河南省商丘市。

382. **水蘄**〔一〕音勤　俗作芹菜，一名水英。出南海池澤〔二〕，今水邊多有之。根莖離地二、三寸，分生莖叉。其莖方，窊面四楞。對生葉，似痢見菜葉而闊短，邊有大鋸齒；又似薄荷葉而短。開白花，似蛇床子花。味甘，性平，無毒；又云大寒。春、秋二時，龍帶精入芹菜中，人遇食之，作蛟龍病。

**救饑**　發英時採之〔三〕，煠熟食。芹有兩種：秋芹取根〔四〕，白色；赤芹取莖葉，並堪食。又有渣音租芹〔五〕，可為生菜食之。

**治病**　文具《本草》菜部條下。

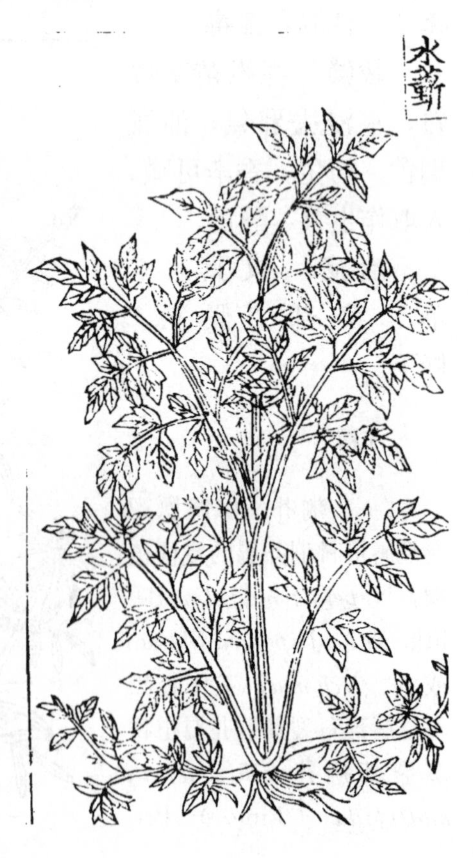


**注釋**

〔一〕水蘄：即傘形科水芹屬植物水芹 *Oenanthe stolonifera* DC.［= *O. Javanica*（Bl.）DC.］，古今植物名稱也相同。

〔二〕南海：郡名，

秦始置，治番禺（今廣州）。趙陀據其地建南越國。漢武帝時滅其國再置，直至隋唐。

〔三〕發英時：即花開時。

〔四〕秋芹：《證類本草》引作"萩芹"。

〔五〕柤：音 ㄓㄚ，木欄，同"楂"。

## 新增

383. **香菜**〔一〕　生伊洛間〔二〕，人家園圃種之。苗高一尺許。莖方，窊五化切面四稜，莖色紫。稔葉似薄荷葉〔三〕，微小；邊有細鋸齒，亦有細毛。稍頭開花作穗，花淡藕褐色。味辛香，性溫。

**救饑**　採苗葉煠熟，油鹽調食。

**注釋**

〔一〕香菜：王作賓、伊博恩、王家葵認為是唇形科羅勒屬一年生芳香草本植物羅勒 *Ocimum basilicum* Linn.，但王作賓又另加説明云"即香薷"，張翠君認為從花序上看，當是唇形科香薷屬一年生芳香草本植物香薷 *Elsholtzia ciliata*（Thunb.）Hyland.。究為何種，待考。

〔二〕伊洛間：即伊水、洛水之間的地區。

〔三〕稔葉：似指老葉。稔，成熟。

384. **銀條菜**〔一〕　所在人家園圃多種。苗葉皆似萵苣細長，色頗青白。攛葶高二尺許。開四瓣淡黃花。結蒴，似蕎麥蒴而圓，中有子，如油子大，淡黃色。其葉味微苦，性涼。

**救饑**　採苗葉煠熟，水浸淘淨，油鹽調食。生揉音柔亦可食。

### 注釋

〔一〕銀條菜：即十字花科蔊菜屬植物毬果蔊菜 *Rorippa globosa* (Turcz.) Thellung [= *Nasturtium globosum* Turcz]，毬果蔊菜別名為銀條菜、風花菜。

385. **後庭花**〔一〕　一名雁來紅。人家園圃多種之。葉似人莧葉，其葉中心紅色，又有黃色相間，亦有通身紅色者，亦有紫色者。莖葉間結實，比莧實微大。其葉，衆葉攢聚，狀如花朵。其色嬌紅可愛，故以名之。味甘、微澀，性凉。

**救饑**　採苗葉煠熟，水浸淘淨，油鹽調食。晒乾，煠食尤佳。

**注釋**

〔一〕後庭花：即莧科莧屬一年生草本植物莧 *Amaranthus tricolor* Linn. 莧的别名也叫雁來紅、後庭花。明人高濂的《草花譜》釋名曰："雁來紅以雁而色嬌紅，十樣錦有紅、紫、黄、綠四色。老少年至秋深，腳黄深紫而頂紅。少年老頂黄而葉綠。純紅者老少年。"

**386. 火焰菜**〔一〕　人家園圃多種。苗葉俱似菠菜，但葉稍微紅，形如火焰。結子亦如菠(1)菜子。苗葉味甜，性微冷。

**救饑**　採苗葉煠熟，水淘洗淨，油鹽調食。

**校記**

(1) 菠：原本作"波"。今據四庫本和前一句"苗葉俱似菠菜"改。

火焰菜

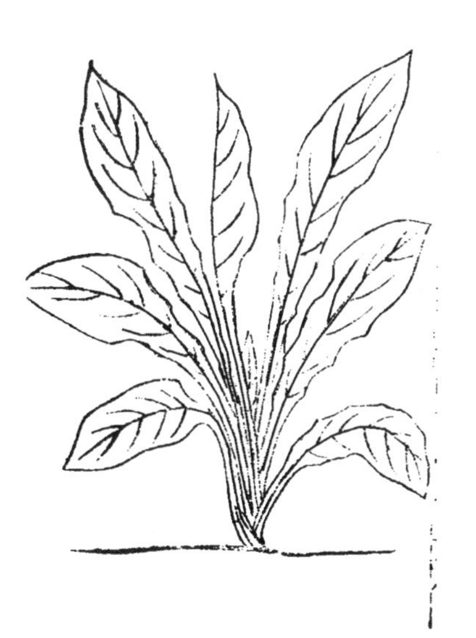

**注釋**

〔一〕火焰菜：即藜科甜菜屬二年生草本植物恭菜 *Beta vulgaris* Linn.，又名葉用恭（甜）菜，根小，以嫩葉為蔬菜。

**387. 山葱**〔一〕　一名隔葱，又名鹿耳葱。生輝縣太行山山野中。葉似玉簪葉，微團，葉中攛七官切葶，似蒜葶，甚長而澀。稍頭結骨葖音骨突似葱骨葖，微小。開白花。結子黑色。苗味辣。

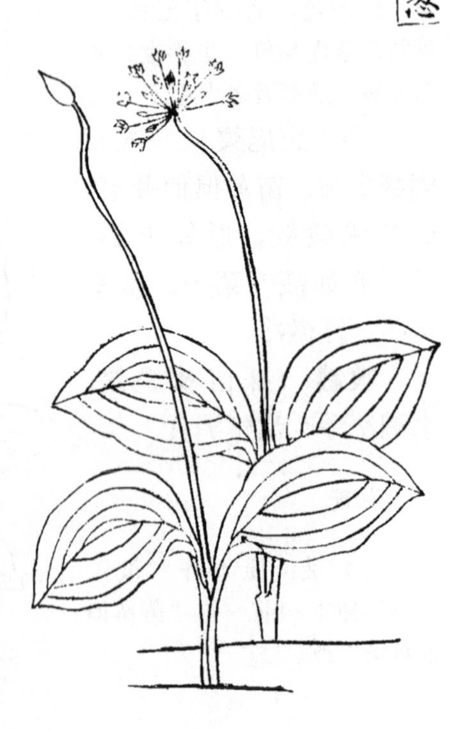


**救饑**　採苗葉煠熟，油鹽調食。生醃食，亦可。

**注釋**

〔一〕山葱：伊博恩認為是百合科葱屬多年生草本植物茖葱 *Allium victorialis* Linn，鑑定正確。古今植物名稱相同。另清人吳其濬《植物名實圖考》卷三“山葱”條云：“山葱，《爾雅》：茖，山葱。《千金方》始著錄。《救荒本草》謂之鹿耳葱。”山葱一名隔葱，即是《爾雅》茖葱之音轉。

**388. 背韭**〔一〕　生輝縣太行山山野中。葉頗似韭葉，而甚寬大。根似葱根。味辣。

**救饑**　採苗葉煠熟，油鹽調食。生醃食，亦可。

**注釋**

〔一〕背韭：王作賓和伊博恩都鑒定為百合科葱屬植物 *Allium* sp.，未鑑定到種。張翠君認為是同屬多年生草本植物野韭 *Allium hookeri* Thwaites.。《河南野菜野果》（75 頁）記載河南靈寶、盧氏、欒川、嵩縣、魯山、西峽、南召、內鄉等地多生長野韭，似張說亦可成立。

**389. 水芥菜**〔一〕　水邊多生。苗高尺許。葉似家芥菜葉，極小，色微淡綠，葉多花叉。莖叉亦細。開小黃花。結細短小角兒。葉味微辛。

**救饑**　採苗葉煠熟，水浸去辣氣，淘洗過，油鹽調食。

**注釋**

〔一〕水芥菜：伊博恩、張翠君認為是十字花科焊菜屬植物焊菜（野油菜）*Nasturtium montanum* Wall SD. ［＝*Rorippa montana*（Wall.）Small］；王作賓認為是同屬植物風花菜 *Rorippa palostris*（Leyss.）Bess.；王家葵等（《救荒本草校釋與研究》343 頁）認為是同屬草本植物沼生焊菜 *Rorippa islandica*（Oeder）Borbas。比較而言，後者更多吻合《救荒本草》圖文所述。

### 390. 遏音惡藍菜〔一〕

生田野中下濕地。苗初搨地生。葉似初生菠菜葉而小，其頭頗團。葉間攛葶分叉。上結莢兒，似榆錢狀而小。其葉味辛香、微酸，性微温。

**救饑** 採苗葉煠熟，水浸去(1)酸辣味，復用水淘淨，作虀，油鹽調食。

**校記**

（1）去：原本、四庫本均作“取”，與文義不合，今據理改。

**注釋**

〔一〕遏藍菜：即十字花科遏藍菜屬植物遏藍菜 *Thlaspi arvense* Linn.，且古今植物名稱相同。

391. **牛耳朵菜**〔一〕　一名野芥菜。生田野中。苗高一、二尺。苗莖似萵苣色，葉似牛耳朵形而小；葉間分攛葶叉。開白花。結子如粟粒大。葉味微苦辣。

**救饑**　採苗葉淘洗淨，煠熟，油鹽調食。

**注釋**

〔一〕牛耳朵菜：伊博恩認為是蓼科蓼屬植物春蓼 *Polygonmm persicaria* Linn.；王家葵等（《救荒本草校釋與研究》343 頁）認為是十字花科芸薹屬植物 *Brassica*；張翠君根據其“一名野芥菜”，推測它可能是十字花科南芥屬植物 Arabis sp.，但缺乏其他依據。蓼科一年生草本植物睫穗蓼 *Polygonum longisetum* De. Bruyn.，别名牛耳朵菜、牛耳朵蓼，形態特徵亦多有相似，或許是此種植物。

**392. 山白菜**〔一〕　生輝縣山野中。苗葉頗似家白菜，而葉莖細長，其葉尖艄，邊有鋸齒叉；又似莙薘菜葉而尖瘦，亦小。味甜、微苦。

**救饑**　採苗葉煠熟，水淘淨，油鹽調食。

**注釋**

〔一〕山白菜：王家葵認為似是十字花科芸薹屬植物 *Brassica*，品種不詳；張翠君認為《救荒本草》的描述太簡單，無法推斷出是哪一種植物，僅從植物名上判斷應是十字花科植物。佟屏亞《油菜史話》文中有載古代的山白菜演化成了白菜、芥菜及甘藍，從圖形看，像是油菜的一種。菊科多年生草本植物紫菀 *Aster tataricus* L.，別名山白菜，似為同名異物植物。此種待考。

**393. 山宜菜**〔一〕　又名山苦菜。生新鄭縣山野中。苗初搨地生。葉似薄荷葉而大，葉根兩傍有叉，背白；又似青莢兒菜葉，亦大。味苦。

**救饑**　採苗葉煠熟，油鹽調食。

**注釋**

〔一〕山宜菜：菊科萵苣屬植物高萵苣 *Lactnca raddeana* Maxim var. *elata* (Hemsl.) Kitam. [= *Lactnca elata* Hemsl.]。高萵苣的別名山苦菜，與《救荒本草》所載“又名山苦菜”一致，且植物形態特徵較吻合。

394. **山苦蕒**〔一〕　生新鄭縣山野中。苗高二尺餘。莖似萵苣葶而節稠。其葉甚盛(1)花，有三、五尖叉，似花苦萵苣葉，甚大。開淡棠褐花，表微紅。味苦。

**救饑**　採嫩苗葉煠熟，水淘去苦味，油鹽調食。

**校記**

(1) 盛：原本無此字，今據四庫本補。

**注釋**

〔一〕山苦蕒：王作賓認為是菊科苦苣菜屬植物苦苣菜 *Sonchus oleraceus* Linn.，為是。

**395. 南芥菜**〔一〕 人家園圃中亦種之。苗初搨地生，後攛葶叉。葉似芥菜葉，但小而有毛澀。莖葉稍頭開淡黃花。結小尖角兒。葉味辛辣。

**救饑** 採苗葉煠熟，水浸淘去澀味，油鹽調食。生焯過〔二〕，醃食亦可。

**注釋**

〔一〕南芥菜：伊博恩認為是十字花科南芥屬植物南芥菜 *Arabis perfoliata* Lain 或 *A. glabra* Bernh.；王作賓鑑定為十字花科芸薹屬植物 *Brassica* sp.，未鑑定到種；張翠君認為是十字花科南芥屬植物 *Arabis* sp.。此種有待進一步考訂。

〔二〕焯：音 ㄔㄠ，即放在開水裏稍微一煮就拿出來。

**396. 山萵苣**〔一〕 生密縣山野間。苗葉搨地生。葉似萵苣葉而小；又似苦萵葉而卻寬大。葉脚花叉頗少，葉頭微尖，邊有細鋸齒。葉間攛葶。開淡黃花。苗葉味微苦。

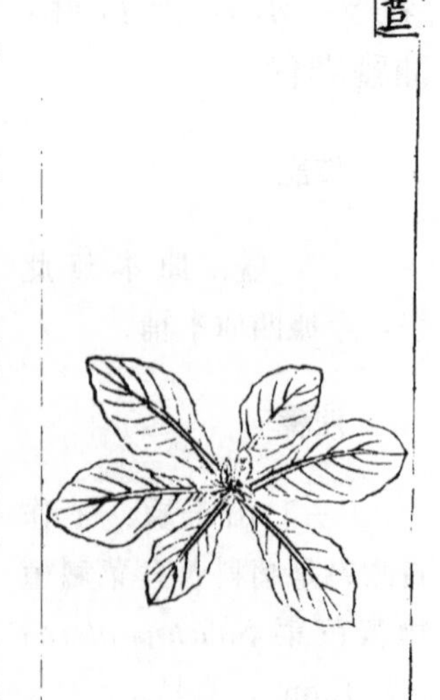


**救饑** 採苗葉煠熟，水浸

淘去苦味，油鹽調食。生揉亦可食。

**注釋**

〔一〕山萵苣：王作賓認為是菊科萵苣屬植物山萵苣 *Lactuca indica* Linn.，為是。

397. **黃鵪菜**〔一〕　生密縣山谷中。苗初搨地生。葉似初生山萵苣葉而小，葉脚邊微有花叉；又似孛孛丁葉而頭頗團。葉中攛生葶叉，高五、六寸許。開小黃花。結小細子，黃茶褐色。葉味甜。

**救饑**　採苗葉煠熟，換水淘淨，油鹽調食。

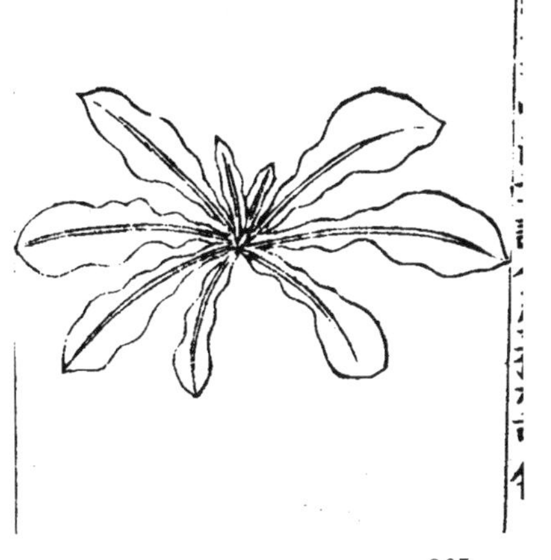


**注釋**

〔一〕黃鵪菜：即菊科黃鵪菜屬一二年生草本植物黃鵪菜 *Youngia japonica* (Linn.) DC. [=*Crepis japonica* (L.) Benth.]。此菜别名甚多，有黃瓜菜、毛連連、野芥菜、黃花枝香草、野青菜、山根龍、山菠蘐等二十幾種。

398. **鵞兒菜**〔一〕　生密縣山澗邊。苗葉搨地生。葉似匙頭樣，頗長；又似牛耳朶菜葉而小，微澀；又似山莴苣葉亦小，頗硬，而頭微團。味苦。

**救饑**　採苗葉煠熟，换水浸淘淨，油鹽調食。

鵞兒菜

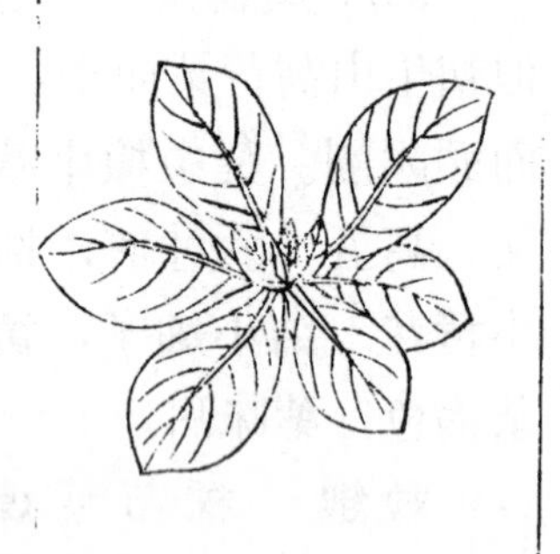

**注釋**

〔一〕鵞兒菜：此種植物《救荒本草》圖文描述太簡略，無法判斷是什麽植物，估計可能是十字花科或者菊科植物。有文章提及東北阿爾山市山林中存在許多野菜，其中一種名字就叫“燕兒菜”，不知是不是《救荒本草》中的此種。

399. **孛孛丁菜**〔一〕　又名黄花苗。生田野中。苗初搨地生，葉似苦莴葉，微短小。葉叢中間攛葶。稍頭開黄花。莖葉折之，皆有白汁。味微苦。

**救饑**　採苗葉煠熟，油鹽調食。

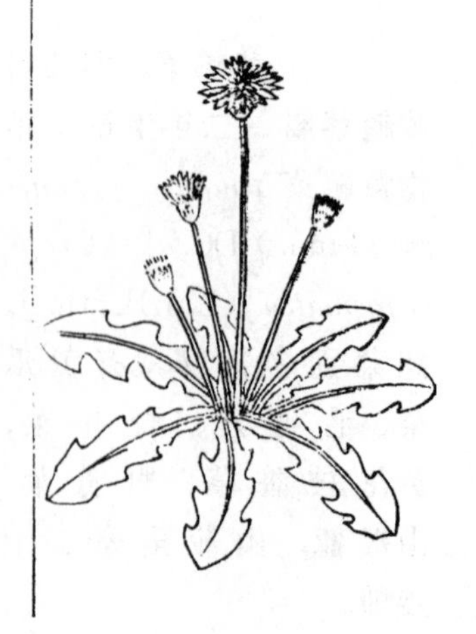

**注釋**

〔一〕孛孛丁菜：即菊科蒲公英屬多年生草本植物蒲公英 *Taraxacum mongolicum* Hand. - Mazz.，蒲公英别名有孛孛丁菜、婆婆丁、黄花地丁、黄花苗等，其中前二者皆蒲公英同音異寫。

400. **柴韭**〔一〕　生荒野中。苗葉形狀如韭，但葉圓細而瘦。葉中攛葶。開花如韭花狀，粉紫色。苗葉味辛。

**救饑**　採苗葉煠熟，水浸淘净，油鹽調食。生醃食，亦可。

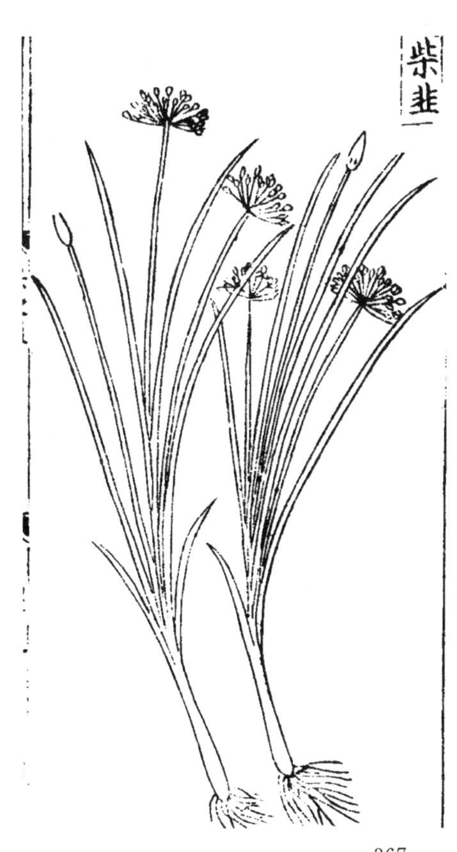


**注釋**

〔一〕柴韭：王作賓和伊博恩認為是百合科葱屬植物 *Allium* sp.，沒有鑑定出種名。王家葵等《救荒本草校釋與研究》（350 頁）根據吴其濬《植物名實圖考》卷三“山薤”所云“山薤或即苦藠，《救荒本草》謂之柴韭，山西亦呼野韭”，認為似為百合科葱屬多年生草本植物山韭 *Allium senescens*

Linn.。《河南野菜野果》(75 頁)亦載當地有山韭野菜。可備一說。

401. **野韭**〔一〕 生荒野中。形狀如韭苗。葉極細弱;葉圓,比柴韭又細小。葉中攛葶。開小粉紫花,似韭花狀。苗葉味辛。

**救饑** 採苗葉煠熟,油鹽調食。生醃食,亦可。

**注釋**

〔一〕野韭:王作賓和伊博恩認為是百合科蔥屬植物 *Allium* sp.,品種不能確定。《河南野菜野果》(350 頁)記載當地生長有同屬植物細葉韭 *Allium tenuissimum* L.,其葉細和圓狀特徵符合《救荒本草》的描述,有可能就是此種。

## 根可實

### 新增

402. **甘露兒**〔一〕 人家園圃中多栽。葉似地瓜兒葉,甚闊,多有毛澀,其葉對節生,色微淡綠;又似薄荷葉，亦寬而皺。開紅紫花。其根呼為甘露兒〔二〕，形如小指，而紋節甚稠，皮色黲白。味甘。

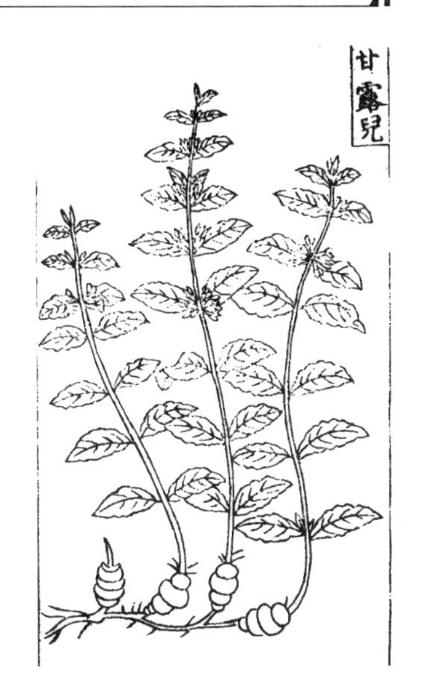


**救饑**　採根洗淨煠熟，油鹽調食。生醃食，亦可。

**注釋**

〔一〕甘露兒：即唇形科水蘇屬一年生或多年生草本植物甘露子 *Stachys sieboldii* Miq.，甘露子別名“甘露兒”，植物名稱古今相同。

〔二〕根：實際上是其地下串珠狀塊莖。

403. **地瓜兒苗**〔一〕　生田野中。苗高二尺餘。莖方，四楞。葉似薄荷葉，微長大；又似澤蘭葉，抪莖而生。根名地瓜〔二〕，形類甘露兒，更長。味甘。

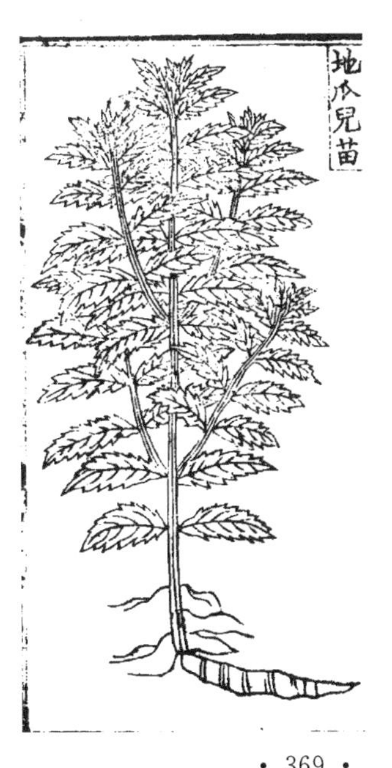


**救饑**　掘根洗淨，煠熟，油鹽調食。生醃食，亦可。

**注釋**

〔一〕地瓜兒苗：唇形科多年生

草本植物地瓜兒苗 *Lycopus lucidus* Turcz。古今植物名稱相同。

〔二〕根：實際上是根狀莖。

## 根葉皆可食

## 《本草》原有

**404. 澤蒜**〔一〕　又名小蒜。生田野中，今處處有之。生山中者，名蒿力的切。苗似韭菜，葉中心攛葶。開淡粉紫花。根似蒜而甚小〔二〕。味辛，性温，有小毒；又云熱，有毒。

**救饑**　採苗根作羹，或生醃，或煠熟，油鹽調，皆可食。

**治病**　文具《本草》菜部"小蒜"條下。

**注釋**

〔一〕澤蒜：是《河南野菜野果》（75 頁）記載的百合科蔥屬多年生草本植物小根蒜 *Allium macrostemon* Bunge.，小根蒜又名薤白，為野生的小蒜。其在河南新鄭、密縣就稱“澤蒜”。二者形態特徵亦吻合。

〔二〕根：實際上是鱗莖。

## 新增

405. **樓子葱**〔一〕　人家園圃中多栽。苗、葉、根、莖俱似葱〔二〕。其葉稍頭，又生小葱四、五枝，疊生三、四層，故名樓子葱。不結子，但掐(1)音恰下小葱，栽之便活。味甘、辣，性温。

**救饑**　採苗莖連根，擇去細鬚，煠熟，油鹽調食。生亦可食。

**治病**　文具《本草》菜部下“葱”同用。

### 校記

(1) 掐：原本及四庫本均為“搯”，因與注音及文意均不合，今據徐光啟本改。

### 注釋

〔一〕樓子葱：為百合科葱屬中葱的一個變種：多年生草本植物龍爪葱 *Allium fisulosum*

L. var. *viviparum* Makino，龍爪蔥別名樓子蔥、樓蔥。其形態特徵、生理特徵都與《救荒本草》描述極為吻合。《農政全書》卷五十九《荒政》“樓子蔥”條亦曰，“玄扈先生曰‘俗名龍爪蔥’。”

〔二〕根：實際上是鱗莖。

406. **薤韭**〔一〕　一名石韭。生輝縣太行山山野中。葉似蒜葉而頗窄狹；又似肥韭葉，微闊。花似韭花，頗大。根似韭根〔二〕，甚麄。味辣。

**救饑**　採苗葉煠熟，油鹽調食。生亦可食。冬月採取根，煠食。

**注釋**

〔一〕薤韭：伊博恩認為是百合科蔥屬多年生宿根草本植物薤 *Allium bakeri* Regel M. ch，即藠頭；王作賓認為是同屬植物韭菜 *Allium odomm* Linn.；張翠君認為是同屬多年生草本植物山韭 *Allium senescens* Linn.。王説似更吻合《救荒本草》描述。

〔二〕根：實際上是根狀莖。

407. **水蘿蔔**〔一〕　生田野下濕地中。苗初搨地生。葉似薺菜形而厚大，鋸齒尖。花葉又似水芥葉，亦厚大。後分莖叉。稍間開淡黃花。結小角兒。根如白菜根而大。味甘、辣。

**救饑**　採根及葉煠熟，油鹽調食。生亦可食。

**注釋**

〔一〕水蘿蔔：伊博恩認為是十字花科蔊菜屬植物印度蔊菜 *Rorippa indicum* (L.) Hiem；張翠君認為是十字花科蔊菜屬植物，但定為印度蔊菜，則葉子不像，待考；王作賓認為是同屬植物風花菜 *Rorippa palustris* (Leyss.) Bess.；王家葵等《救荒本草校釋與研究》（354 頁）認為，似與水芥菜一樣，“同為十字花科植物沼生蔊菜”。《河南野菜野果》（34 頁）記載開封、洛陽、鄭州等地稱作“水蘿蔔棵”的十字花科遏藍菜屬越年生或一年生草本植物馬康草，此植物又叫遏藍菜，形態特徵

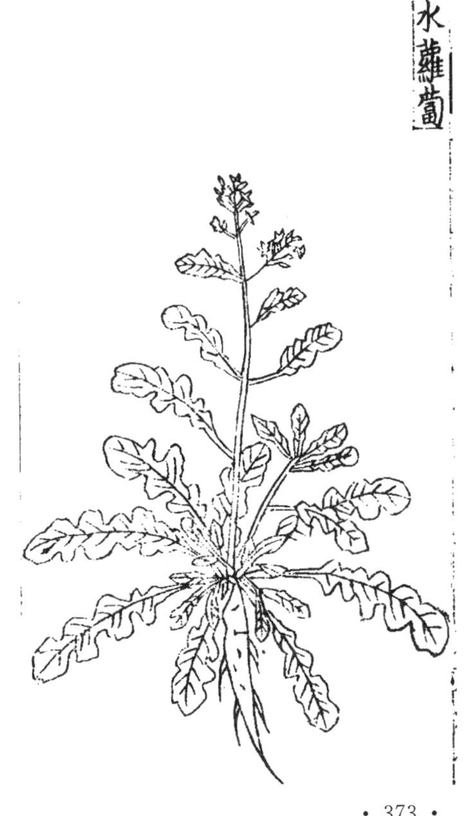

亦多與《救荒本草》描述相合，或許就是此種。

408. **野蔓菁**〔一〕 生輝縣栲栳音考老圈山谷中。苗似家蔓菁葉而薄小，其葉頭尖艄，葉脚花叉甚多。葉間攛出枝叉，上開黄花。結小角，其子黑色。根似白菜根，頗大。苗、葉、根味微苦。

**救饑** 採苗葉煠熟，水浸淘淨，油鹽調食。或採根，換水煮去苦味，食之，亦可。

野蔓菁

**注釋**

〔一〕野蔓菁：為十字花科芸薹屬二年生草本植物蕪菁 *Brassica rapa* Linn.。植物名稱古今相同。

## 葉及實皆可食

### 《本草》原有

409. **薺菜**〔一〕 生平澤中，今處處有之。苗搨地

生，作鋸齒葉。三、四月出葶，分生莖叉。稍上開小白花。結實小，似菥蓂子。苗葉味甘，性温，無毒。其實亦呼菥蓂音錫覓子〔二〕。其子味甘，性平。患氣人食之，動冷疾。不可與麵同食，令人背悶。服丹石(1)人，不可食。

**救饑**　採子，用水調攪，良久成塊，或作燒餅，或煑粥食，味甚粘滑。葉煠作菜食，或煑作羹，皆可。

**治病**　文具《本草》菜部條下。

**校記**

(1) 石：原本作“不”，今據四庫本改。

**注釋**

〔一〕薺菜：即十字花科薺菜屬越年生或一年生草本植物薺

*Capsella bursa - pastoris*（L.）*Medic.*，古今植物名稱相同，形態特徵相吻。

〔二〕菥蓂：即十字花科遏藍菜屬植物遏藍菜的別名。蓂，音ㄇㄧˋ，同“覓”。

410. **紫蘇**〔一〕　一名桂荏。又有數種：有勺蘇、魚蘇、山蘇。出簡州及無為軍〔二〕，今處處有之。苗高二尺許。莖方。葉似蘇子葉，微小。莖葉背面皆紫色，而氣甚香。開粉紅花。結小蒴，其子狀如黍顆。味辛，性温；又云味微辛甘，子無毒。

**救饑**　採葉煠食，煮飲亦可。子研汁煮粥，食之皆好。葉可生食；與魚作羹，味佳。

**治病**　文具《本草》菜部“蘇子”條下。

**注釋**

〔一〕紫蘇：伊博恩認為是唇形科紫蘇屬植物紫蘇 *Perilla nankinensis* Decne [＝*Perilla frutescens*（L.）Britton.]；王作賓認為是同屬植物紫蘇一變種尖葉紫蘇 *Perilla frutescens*（L.）Britl var. *acuta*（Thunb.）Kudo，又名野生紫蘇。

前説似為是，為多數人贊同，如張翠君、王家葵等。

〔二〕簡州：州名，隋始置，地在今四川簡陽縣。無為軍，宋地方行政區劃名，北宋淳化初年時屬淮南西路，領無為、巢、廬江三縣，治所在今安徽省無為縣。另據《太平寰宇記》：“無為軍本廬州巢縣之無為鎮，曹操征孫權，築城於此。攻吳無功，因號無為。”

**411. 荏子**〔一〕　所在有之，生園圃中。苗高一、二尺。莖方。葉似薄荷葉，極肥大。開淡紫花。結穗似紫蘇穗，其子如黍粒。其枝莖對節生，東人呼為蕪音魚，以其“蘇”字，但除禾邊故也。味辛，性温，無毒。

**救饑**　採嫩苗葉煠熟，油鹽調食。子可炒食；又研之雜米作粥〔二〕，甚肥美；亦可炸油用。

**治病**　文具《本草》菜部條下。

**注釋**

〔一〕荏子：即唇形科紫蘇屬一年生草本植物白蘇 *Perilla frutescens* (Linn.) Britton.。明人李時珍將紫蘇、白蘇合一，《本草綱目・草三・蘇》曰：“紫蘇、白蘇皆以二三月下種，或宿子在地自生。其莖方，其葉圓而有尖，四圍有鋸齒。肥地者面背皆紫，瘠地者面青背紫，其面背皆白者即白蘇，乃荏也。”

〔二〕研：即細磨。

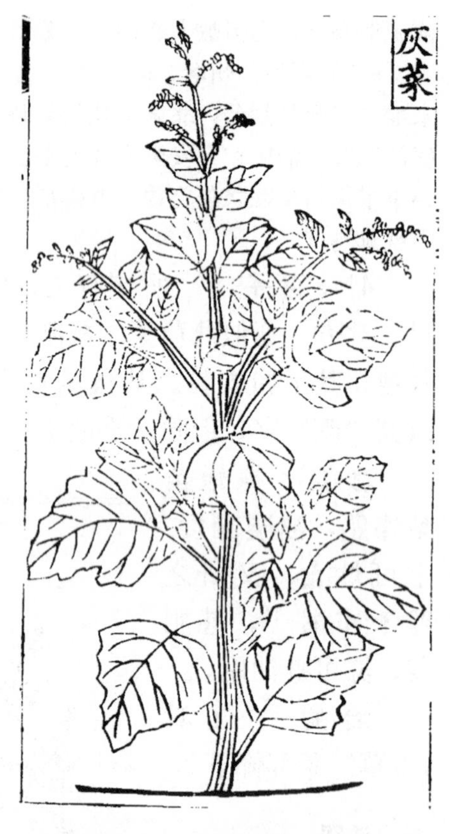


## 新增

412. **灰菜**〔一〕 生田野中，處處有之。苗高二、三尺。莖有紫紅線楞。葉有灰𦽯〔二〕音勃。結青子，成穗者甘，散穗者微苦。性暖。生牆下、樹下者，不可用。

**救饑** 採苗葉煠熟，水浸淘淨，去灰氣，油鹽調食。晒乾煠食尤佳。穗成熟時，採子擣為米，磨麵作餅蒸食，皆可。

### 注釋

〔一〕灰菜：即藜科藜屬一年生草本植物藜 *Chenopodium album* Linn.，藜別名又叫灰菜、灰條菜。

〔二〕灰𦽯：𦽯，麥屑。此指葉面上的灰綠色粉粒。

413. **丁香茄兒**〔一〕 亦名天茄兒。延蔓而生，人家

園圃籬邊多種。莖紫，多刺，藤長丈餘。葉似牽牛葉，甚大而無花叉；又似初生嫩檾葉，卻小。開粉紫邊紫色心筒子花，狀如牽牛花樣。結小茄，如丁香樣而大。有子如白牽牛子，亦大。味微苦。

**救饑**　採茄兒煠食，或醃作菜食。嫩葉亦可煠熟，油鹽調食。

**注釋**

〔一〕丁香茄兒：旋花科月光花屬多年生小灌木植物丁香茄 *Calonyction muricatum*（L.）G. Don。古今植物名稱相同，形態性徵也吻合。

## 根及實皆可食

### 《本草》原有

**414. 山藥**〔一〕　《本草》名薯蕷，一名山芋，一名

諸薯，一名脩脆音翠，一名兒草，秦楚名玉延，鄭越名土藷音諸。出明州、滁州，生嵩山山谷，今處處有之。春生苗，蔓延籬援。莖紫色。葉青，有三尖角，似千葉狗兒秧葉而光澤〔二〕。開白花。結實如皂莢子大。其根，皮色黲黃，中則白色。人家園圃種者，肥大如手臂，味美。懷孟間産者，入藥最佳。味甘，性温平，無毒。紫芝為之使，惡甘遂〔三〕。

**救饑**　掘取根，蒸食甚美，或火燒熟食，或煮食皆可，其實亦可煮食。

**治病**　文具《本草》菜部“薯蕷”條下。

**注釋**

〔一〕山藥：薯蕷科薯蕷屬植物薯蕷 *Dioscorea opposita* Thunb.。據《河南野菜野果》（81 頁）載，薯蕷在河南地方名叫野山藥。

〔二〕千葉狗兒秧：應是旋花科打碗花屬多年生草本植物纏枝牡丹 *Calystegia dahurica*（Herb.）Choisy f. anestia（Fernald）Hara。此植物在本書“葍子根”條中提及。

〔三〕甘遂：即大戟科多年生肉質草本植物甘遂 *Euphorbia kansui* T. N. Liou ex T. P. Wang。

# 【參考文獻】

1.（明）鮑山：《野菜博錄》三十二卷，四部叢刊本，北京，商務印書館，1963 年影印版。
2.（明）吳其濬撰：《植物名實圖考》三十八卷，北京，商務印書館，1957 年。
3. 石聲漢：《農政全書校注》，上海，上海古籍出版社，1979 年。
4.（明）徐光啟撰，陳煥良、羅文華校注：《農政全書》，長沙，嶽麓書社，2002 年。
5.［英］Bernard E. Read（伊博恩）：《Famine foods listed in the Chiu Huang Pen Ts'ao》（《〈救荒本草〉中所列的饑荒食物》），Shanghai Henry Lester Institute of Medical Research，1946 年。
6. 王家葵、張瑞賢、李敏：《救荒本草校釋與研究》，北京，中醫古籍出版社，2007 年。
7.（明）朱橚撰、程工校注：《野食》，北京，北京圖書館出版社，2006 年。
8. 張丹翎、張志偉主編：《明藩王朱橚科學成就研究》，中國文史出版社，2006 年。
9. 中國科學院植物研究所主編：《中國高等植物圖鑑》第 1～5 冊，北京，科學出版社，2002 年。

10. 中國科學院植物研究所主編：《中國高等植物圖鑑補編》第1～2冊，北京，科學出版社，2002年。
11. 陳貴廷：《本草綱目通釋》，北京，學苑出版社，1992年。
12. 江蘇新醫學院編：《中藥大辭典》，上海，上海科學技術出版社，1986年。
13. 丁寶章、王遂義主編：《河南植物誌》第1～2冊，鄭州，河南科技出版社，1981年，1988年。
14. 盧炯林、張俊樸、蘇金樂、李繼先編著：《河南野菜野果》，北京，中國國際廣播出版社，1996年。
15. 趙金光、韋旭斌、郭文揚主編：《中國野菜》，長春，吉林科學技術出版社，2004年。
16. 趙培潔、肖建中主編：《中國野菜資源學》，北京，中國環境科學出版社，2006年。
17. 楊毅、傅運生、王萬賢主編：《野菜資源及其開發利用》，武漢，武漢大學出版社，2000年。
18. 劉孟軍主編：《中國野生果樹》，北京，中國農業出版社，1998年。
19. 辛樹幟編著，伊欽恒增訂：《中國果樹史研究》，北京，中國農業出版社，1983年。
20. 中國科學院武漢植物研究所編：《湖北植物誌》，武漢，湖北人民出版社，1979年。
21. 陳默君，賈慎修主編：《中國飼用植物》，北京，中國農業出版社，2002年。
22. 朱立新主編：《中國野菜開發與利用》，北京，金盾出版社，2002 年。

23. 周肇基：《〈救荒本草〉的通俗性實用性和科學性》，《自然科學史研究》，1988 年第 1 期。
24. 宋之琪等：《〈救荒本草〉與我國古代對吸附分離法的應用》，《藥學通報》，1980 年第 9 期。
25. 羅桂環：《朱橚和他的〈救荒本草〉》，《自然科學史研究》，1985 年第 2 期。
26. 羅桂環：《〈救荒本草〉在日本的傳播》，《中國史研究動態》，1984 年第 8 期。
27. 羅桂環：《我國古代重要植物學著作〈救荒本草〉》，《植物雜誌》，1981 年第 1 期。
28. 羅桂環：《朱橚》，《中國古代科學家傳記》（下集），科學出版社，1993 年第 767～772 頁。
29. 閔宗殿：《讀〈救荒本草〉（〈農政全書〉本）劄記》，《中國農史》，1994 年第 1 期。
30. 王永厚：《〈救荒本草〉的版本源流》，《中國農史》，1994 年第 3 期。
31. 王星光：《朱橚生平及其科學道路略探》，《中國科技史求索》，天津人民出版社，1995 年。
32. 馬萬明：《試論朱橚的科學成就》，《史學月刊》，1995 年第 3 期。
33. 劉振亞、劉璞玉：《〈救荒本草〉與我國食用本草及本草圖譜的探討》，《古今農業》，1995 年第 2 期。
34. 閻現章：《明代〈救荒本草〉的編纂特色試探》，《河南大學學報》（社會科學版），1993 年第 4 期。

35. 姚振生、彭餘開、楊式亮:《〈救荒本草〉中的豆科藥用植物》,《江西中醫學院學報》,1994 年第 4 期。
36. 牛建強:《〈救荒本草〉三題》,《南都學刊》,1995 年第 3 期。
37. 尚志鈞:《〈救荒本草〉考察》,《基層中藥雜誌》,1995 年第 1 期。
38. 李學勇:《槭樹的名稱由來及誤用——為楓樹正名》,《現代育林》,1997 年第 2 期。
39. 倪根金:《明代植物與方劑學者朱橚生年考》,《學術研究》,2002 年第 12 期。
40. 蘇恒安:《明末救荒野蔬納入家庭菜譜之探討》,《中國飲食文化》,2003 年第 4 期。
41. 李會娥:《〈救荒本草〉中野菜利用方法初探.》,《農業考古》,2004 年第 3 期。

# 【後　記】

明代傑出植物方劑學者朱橚著《救荒本草》是一部享有世界聲譽的中國古代植物著作，問世以来就備受國内和日本社會的重視，多有翻刻或節錄；近世後，更爲歐美學界所推崇。做爲一位畢業於歷史學的農學史專業的後學，有機會從事它的校勘與注釋，無疑是一項極其有意義和富有挑戰性的工作。

校勘工作從2002年立項開始進行，到今天基本完工已斷斷續續六年了，時間拖了這樣久，一是近年雜事太多，難以有較完整時間專心做自己喜歡的工作；二是自己第一次進行古籍整理工作，要邊學邊幹，特別是植物名實考證方面費力尤甚。有學者自詡春節期間十幾天考訂植物名實百餘條，後學心拙，有時幾天查閱大量文獻亦不能確定一條，自然無法向能者看齊。在校勘中，我曾指導張翠君女士利用各類植物誌與《救荒本草》圖文對照比較，考訂所載植物種名，完成碩士學位論文《〈救荒本草〉植物今釋》，本書考證植物名實時曾參考了其部分研究成果，並有注明；同時，本書還參考了不少學者的研究成果，書中也多有注明，這裏不一一説明。如果説本書工作比前人所做更爲全面和紮實的話，那是因爲我們站在前人肩上，有後發之優勢。

今日，《救荒本草校釋》工作得以順利完成，是與有關部門和一些朋友、同事的關心和支持分不開的。首先要感謝國家古籍整理出版規劃辦公室，感謝中國農業出版社，感謝穆祥桐編審。没有國家古籍整理出版規劃辦公室將此書列爲國家古籍整理“十一五”規劃出版項目，這一項目根本不可能開展，我也不可能去做這個項目，而在其中穿針引線、發揮重要作用的是穆祥桐編審，正是由於他出於對華南農史隊伍的關心和幫助，我們這個項目和農史室其他幾項才得以立項；正是由於他的引薦和努力，著名古籍整理專家許逸民教授才得以千里迢迢來華農講授有關古籍整理的專業知識；正是由於一次又一次耐心地催促和鼓勵，我手上的稿子才得以完成；最後若没有穆先生的認真審讀，發現和糾正文稿中錯誤和筆誤，以及諸多合理建議，本書根本不可能以這樣的面貌和這麽快的速度呈現給讀者。扶持後學，其德大矣！

其次，要感謝我的導師周肇基教授。先生早年畢業於西北大學生物系，長期從事古代生物史和農史研究，對中國古代植物生理學史和《救荒本草》均有精深的研究，自忝列先生門下後，使我這個過去從未上過一節生物課的老學生也開始對植物有了丁點感覺，也因此有了接受《救荒本草校釋》工作的勇氣。《救荒本草校釋》完稿後，又承蒙先生對書中植物名稱今釋進行審訂，提出不少寶貴修改意見。

復次，要感謝學校和老校長駱世明教授，感謝他們對我們所做工作的理解和支持。在急功近利，講究課題經費和檔次的今日，要讓一些與現代科技打交道的人理解整理古籍與傳承文化的價值絶非易事。然而，老校長不僅理解，還爲此項目批了些配套經費，使我們才有可能在那昂貴的古籍翻拍費前不望而止步，其遠見卓識讓人敬佩。

最後，要感謝我的家人。時間對所有人都一視同仁，當我把大部分時間用於專業方面，自然無法給大家族和小家庭更多的時間，伴陪年邁父母、分擔愛人家務，以及孩子的教育培養，别人的孩子上學常有父母接送，我的孩子除上小學第一天、上初中第一天送他到校識路外，其餘時間都是他一個人來回。衷心感謝家人的理解和默默無聞的支持。正是他們的無私支持，我才可能在知識的海洋裏暢遊。

最後，衷心感謝所有關心、支持過我的人們，這個世界真美好！

倪根金謹識

2008年12月8日於華南農大農史室

國家圖書館出版品預行編目資料

救荒本草校注／朱橚作；倪根金校注；張翠君參注.
－－第一版－－台北市：宇河文化出版；
紅螞蟻圖書發行，2010.8
面　公分－－(古智慧；1)
ISBN 978-957-659-792-3(平裝)

1.食用植物

376.14　　99013416

古智慧 1

# 救荒本草校注

作　　者／朱橚
校　　注／倪根金
參　　注／張翠君
美術構成／ Chris' Office
校　　對／楊安妮、朱慧蒨
發 行 人／賴秀珍
榮譽總監／張錦基
總 編 輯／何南輝
出　　版／宇河文化出版有限公司
發　　行／紅螞蟻圖書有限公司
地　　址／台北市內湖區舊宗路二段121巷28號4F
網　　站／www.e-redant.com
郵撥帳號／1604621-1　紅螞蟻圖書有限公司
電　　話／(02)2795-3656（代表號）
傳　　眞／(02)2795-4100
登 記 證／局版北市業字第1446號
港澳總經銷／和平圖書有限公司
地　　址／香港柴灣嘉業街12號百樂門大廈17F
電　　話／(852)2804-6687
法律顧問／許晏賓律師
印 刷 廠／鴻運彩色印刷有限公司
出版日期／2010年 8 月　第一版第一刷

**定價 300 元　港幣 100 元**



**ISBN 978-957-659-792-3　　Printed in Taiwan**

ISBN 978-957-659-792-3 Printed in Taiwan